Hansjakob Krebs

Technischer Fortschritt und Produktionsvollzug in der Tuchweberei

Der Weg zur Automatisierung

Springer Fachmedien Wiesbaden GmbH

1959

ISBN 978-3-663-19998-4 ISBN 978-3-663-20349-0 (eBook)
DOI 10.1007/978-3-663-20349-0

Alle Rechte vorbehalten
© 1959 Springer Fachmedien Wiesbaden
Ursprünglich erschienen bei Westdeutscher Verlag, Köln und Opladen 1959.
Gesamtherstellung: Dr. Friedrich Middelhauve GmbH., Opladen

TECHNISCHER FORTSCHRITT UND PRODUKTIONS-VOLLZUG IN DER TUCHWEBEREI

Inauguraldissertation
zur
Erlangung des Doktorgrades
der
Wirtschafts- und Sozialwissenschaftlichen Fakultät
der
Universität zu Köln

1 9 5 8

vorgelegt
von
Diplom-Kaufrann Hansjakob Krebs
aus
A n r a t h

Referent: Prof. Dr. Theodor Beste
Korreferent: Prof. Dr. Theodor Baldus
Tag der Promotion: 28. Juli 1958

Vorwort

Die vorliegende Untersuchung bemüht sich, die betriebswirtschaftlichen Zusammenhänge und Probleme, die unter dem Einfluß des technischen Fortschrittes für den Produktionsvollzug der Tuchwebereien bedeutungsvoll sind, zu sammeln, aufzuzeigen und – wo möglich – zu klären.

Die Verfolgung dieses Zieles erschien besonders reizvoll, da die Tuchwebtechnik gerade in unseren Tagen in auffälliger Wandlung und Gärung begriffen ist.

Eben diese Aktualität machte jedoch die Suche nach allgemein gültigem Tatsachenmaterial und fundierten Erfahrungen äußerst schwierig, zumal die Fachliteratur nur spärliche Unterstützung bot und die Mehrzahl der Betriebe ihre Unterlagen in teils unverständlicher, teils gebotener Eifersucht geheimhält und hütet. Hinzu kommt die außergewöhnliche Individualität der Betriebe, die für die Tuchindustrie charakteristisch ist.

Es wurde versucht, trotz dieser Schwierigkeiten – vor allem mit Hilfe strenger deduktiver Systematik – betriebswirtschaftliche Überlegungen anzustellen und Erkenntnisse zu finden, die für jeden Betrieb in seiner Individualität, aber auch in seiner gesamtwirtschaftlichen Verbundenheit Gültigkeit haben.

So darf gehofft werden, daß die nachfolgenden Ausführungen als Ergänzung zu den überlieferten Erfahrungen und den sich häufig intuitiv bildenden Anschauungen, nach denen die Geschicke der tief in der Tradition wurzelnden Tuchwebereien vorwiegend geleitet werden, von Nutzen sind.

Köln, im Sommer 1959 *Hansjakob Krebs*

Inhalt

Vorwort 5

I. Technischer Fortschritt im allgemeinen und insbesondere
   in der Tuchweberei 13

   1. Grundsätzliche Erörterungen 13
      a) Die Verwirrung um den Begriff des technischen Fortschrittes .. 13
      b) Der Wertinhalt des Begriffs „technischer Fortschritt" 14
         1) Der Wertinhalt im allgemeinen 14
         2) Die spezifisch betriebswirtschaftliche Wertkritik 15
      c) Der Begriff des technischen Fortschrittes in der Tuchweberei 17

   2. Die Entwicklungsstufen des technischen Fortschrittes im Produktionsvollzug der Tuchweberei................................. 18
      a) Die Webvorrichtung und der Handwebstuhl 18
      b) Der mechanische Webstuhl 20
      c) Der automatische Webstuhl 24
         1) Der Halbautomat 24
         2) Der Vollautomat 25
      d) Die Aufnahme des technischen Fortschrittes durch die Praxis in der Gegenwart 26
      e) Die Entwicklung der betriebswirtschaftlichen Probleme im Zuge des technischen Fortschrittes in der Tuchweberei 28

II. Die Auswirkungen des technischen Fortschrittes im Leistungsbereich
    des Produktionsvollzuges..................................... 31

    1. Vorbemerkungen über Begriff, Maß und Aussagekraft der Leistung 31

    2. Die Steigerung der Grundleistung durch technischen Fortschritt
       bei mechanischen und automatischen Webstühlen 33
       a) Leistungssteigerung durch Erhöhung der Tourenzahl 33
       b) Unterschiedliche Auswirkungen der Leistungssteigerung durch automatisches Spulenwechseln................................ 34
       c) Vor- und Nachteile der Leistungsbeeinflussung durch die Verwendung von Großraumschützen 39

3. Die Untergrabung der Leistungssteigerung durch Stuhlstillstände im Lichte technischen Fortschrittes 41
   a) Das grundsätzliche Postulat der Reduzierung von Stuhlstillständen und seine zunehmende Dringlichkeit im Zuge der technischen Vervollkommnung 41
   b) Möglichkeiten und Grenzen der Vermeidung des Fadenbruchs als dem hartnäckigen Gegner der Automatisierung 42
      1) Ansatzpunkte für das Einschreiten gegen Fadenbrüche 42
      2) Die Anpassung der Rohstoffqualität an die neuen technischen Verhältnisse im Websaal 43
      3) Die Wirksamkeit zusätzlicher Vorbeugungsmaßnahmen in der Webereivorbereitung 46
      4) Die Klimatisierung des Websaales als Mittel gegen Fadenbruch 50
      5) Maßnahmen zur Minderung der Fadenbeanspruchung im Webstuhl 51
   c) Die gesteigerte Notwendigkeit und die Möglichkeiten der Einschränkung leistungshemmender Kettwechselfolgen 55
      1) Die Notwendigkeit der Einschränkung 55
      2) Die Möglichkeiten der Einschränkung 59
   d) Die Reparaturen als Stillstandsursache im Lichte technischen Fortschrittes 67
   e) Die Überlagerung von Stillständen als leistungshemmende Begleiterscheinung technischen Fortschrittes 70
      1) Die Ursachen der Überlagerung 70
      2) Die Erfassung und Messung der Leistungsverluste durch Stillstandsüberlagerungen 71
      3) Möglichkeiten zur Verhütung beziehungsweise Eindämmung von Stillstandsüberlagerungen 75

4. Technischer Fortschritt und leistungssteigernde Mehrschichtarbeit in der Weberei 79

5. Die Arbeitsteilung als Bundesgenosse technischen Fortschrittes im Streben nach Leistungssteigerung 81
   a) Die Dezentralisation der Aufgabenbereiche als Folge technischen Fortschrittes und als Voraussetzung seiner Leistungswirksamkeit 81
   b) Die Stellenzahl je Arbeitskraft im technisch-fortschrittlichen Websaal 84
      1) Die Stellenzahl je Fertigungskraft (Weber) 84
      2) Die Stellenzahl je Hilfskraft 91

6. Die Anteiligkeit menschlicher Arbeitskraft an der technisch-fortschrittlichen Leistungserstellung 95

III. Die Auswirkungen des technischen Fortschrittes im Kostenbereich des Produktionsvollzuges 98

1. Grundsätzliche Vorbemerkungen 98
2. Die Analyse der Kostenarten im Hinblick auf die Auswirkungen des technischen Fortschrittes 100
    a) Die Analyse der Fertigungseinzelkosten 100
        1) Steigende und fallende Tendenzen der Fertigungsmaterialkosten 100
        2) Der Anstieg der Energiekosten 104
        3) Der Rückgang der Fertigungslohnkosten, seine Ursachen, sein Ausmaß und seine Folgen 105
    b) Die Analyse der Webereigemeinkosten 113
        1) Die Zunahme der Hilfslohn- und Gehaltskosten 113
        2) Der Anstieg des Kapitaldienstes 117
        3) Das Verhalten der Instandhaltekosten gegenüber technischem Fortschritt 125
        4) Die Abnahme der Raumkosten je Leistungseinheit trotz der Zunahme der raumabhängigen Kosten je Stuhl 128
        5) Die Verringerung der Zinskosten für das im Produktionsvollzug gebundene Umlaufkapital 133
        6) Die Indifferenz der sonstigen Webereigemeinkosten 135
3. Interdependäre Kostenänderungen durch technischen Fortschritt .. 136

IV. Die Auswirkungen technischen Fortschrittes auf die Wirtschaftlichkeit des Produktionsvollzuges 140

1. Grundsätzliche Vorbemerkungen 140
    a) Der Begriff der Wirtschaftlichkeit und der Sinn ihrer Berechnung 140
    b) Kritik und Wahl der Berechnungsmethoden 141
        1) Die begrenzte Tauglichkeit der „wissenschaftlich-mathematischen" Formelrechnung für die Ermittlung der Wirtschaftlichkeit technischen Fortschrittes im Produktionsvollzug der Weberei 141
        2) Die Methode der statistischen Gegenüberstellung von Leistungen und Kosten sowie zusätzlicher Ergänzungsrechnungen 142

c) Besondere Gesichtspunkte bei der Erfassung der Leistungen und Kosten im Hinblick auf die Berechnung der Wirtschaftlichkeit technischen Fortschrittes 142

2. Die Darstellung der Entwicklung der Wirtschaftlichkeit des Produktionsvollzuges mit fortschreitender Technik 146
   a) Die Gegenüberstellung von Leistungen und Kosten verschiedener technischer Entwicklungsstufen 146
      1) Die Ermittlung der Kosten je Leistungseinheit 146
      2) Die Auswertung des Rechnungsergebnisses 148
   b) Die Ergänzungsrechnungen zur Wirtschaftlichkeitsberechnung .. 150
      1) Die mit technischem Fortschritt wachsende Bedeutung des Maschinenlastgrades für die Wirtschaftlichkeit des Produktionsvollzuges 150
      2) Die mit technischem Fortschritt wachsende Bedeutung des Zeitgrades für die Wirtschaftlichkeit des Produktionsvollzuges 156
      3) Die Entwicklung der Wirtschaftlichkeit bei verändertem Zinsfuß 157
      4) Die Bedeutung der Nutzungsdauer für die Wirtschaftlichkeit des Produktionsvollzuges in verschiedenen technischen Entwicklungsstufen 161
      5) Die mit wachsender Betriebsgröße zunehmende Bedeutung technischen Fortschrittes für die Wirtschaftlichkeit 165
      Exkurs: Die strukturelle Bedeutung der wachsenden Mindeststuhlzahl 167

V. Die Auswirkungen technischen Fortschrittes im Bereich imponderabler Faktoren 170

1. Die imponderable Bedeutung der Verschiebung der Lohn- und Kapitalkostenrelationen 170
2. Der Einfluß technischen Fortschrittes auf die Elastizität des Produktionsvollzuges 175
   a) Die Bedeutung der Produktionselastizität als wichtige imponderable Grundlage für die Unternehmenspolitik von Tuchwebereien 175
   b) Der technische Fortschritt und die verschiedenen Möglichkeiten produktionstechnischer Anpassung 176
      1) Technischer Fortschritt und quantitative Elastizität des Produktionsvollzuges 176
      2) Technischer Fortschritt und qualitative Elastizität des Produktionsvollzuges 181

3) Technischer Fortschritt und räumliche Elastizität des Produktionsvollzuges 185
   4) Technischer Fortschritt und zeitliche Elastizität des Produktionsvollzuges 187

 3. Der Einfluß technischen Fortschrittes auf den sozialen Bereich des Produktionsvollzuges 192
   a) Die Umgestaltung der Arbeitsanforderungen 192
     1) Die Wandlung der physischen Anforderungen 192
     2) Die Wandlung der verstandesmäßigen Anforderungen 194
     3) Die Wandlung der psychischen Anforderungen 195
   b) Die Umgestaltung der Arbeitsentlohnung 196

 4. Die Überwindung der Abhängigkeit des Produktionsvollzuges vom Arbeitsmarkt 197
   a) Die kritische Lage auf dem Arbeitsmarkt in der Tuchindustrie .. 197
   b) Der technische Fortschritt als wirksames Mittel zur Überwindung der Arbeitskräfteverknappung sowie des Lohnkostenanstieges .. 198

VI. Die Finanzierung technischen Fortschrittes im Produktionsvollzug der Tuchweberei 200

 1. Die engen Grenzen der Selbstfinanzierung 200
 2. Die geringe Bedeutung der Eigenfinanzierung für die Tuchindustrie 202
 3. Die Finanzierung mit fremden Mitteln 203

VII. Hemmnisse und Schrittmacher technischen Fortschrittes im Produktionsvollzug der Tuchweberei 205

Literaturverzeichnis 210

I. Technischer Fortschritt im allgemeinen und insbesondere in der Tuchweberei

1. Grundsätzliche Erörterungen

a) Die Verwirrung um den Begriff des technischen Fortschrittes

Unsere Zeit hält uns mit einer Fülle von Nachrichten über die vielfältigsten und unterschiedlichsten Entwicklungen auf technischem Gebiet in Atem. Die technischen Neuerungen befruchten sich gegenseitig. Sie treiben immer neue Sprößlinge und verästeln sich zu einem dichten Gestrüpp. Der Einzelmensch hat längst die Übersicht über das Wachstum der Technik verloren. Den Versuch, sich in ihm zurechtzufinden, hat er aufgegeben. Auf der anderen Seite aber kann sich niemand den direkten oder indirekten Auswirkungen der Bewegung, die die Technik erfaßt hat, entziehen. Sie kommen auf jeden von uns im Alltag und in unseren Zukunftsplänen zu.

Es kann daher nicht verwundern, wenn aus diesem Zwiespalt eine mehr oder weniger deutlich empfundene Hilflosigkeit gegenüber der vielfältigen technischen Entwicklung erwächst. Diese Hilflosigkeit regt begreiflicherweise zu Gedanken an, die, teils in nüchternem Ernst, teils auf phantasievollen Pfaden ihren Weg suchend, allenthalben in Literatur, Presse und Unterhaltung von Mensch zu Mensch diskutiert werden. Es fehlt nicht an Äußerungen aus berufenem und unberufenem Munde. Kernpunkt solcher Diskussionen ist der Begriff des sogenannten „technischen Fortschrittes".

Der erwähnte Wust technischer Neuerungen, die Individualität des persönlichen Gedankens und nicht zuletzt die Häufigkeit der Diskussionen, in denen der Begriff sozusagen abgegriffen wurde, haben den Ausdruck „technischer Fortschritt" zu einem weitverbreiteten Schlagwort werden lassen, hinter dem sich klare und verschwommene, blasse und schillernde, einseitige und umfassende, unvoreingenommene und tendenziöse Vorstellungen verbergen.

Mit Rücksicht auf die Bedeutung dieses Begriffs für die vorliegende Untersuchung ist es geboten, an ihren Anfang den Versuch zu stellen, ihn aus seiner Verworrenheit und Schlagwortanonymität herauszuheben. Eine klare Vorstellung von dem, was wir unter dem Begriff des technischen Fortschrittes verstanden wissen wollen, sowie über den Wertinhalt, den wir ihm beimessen, wird dem Verständnis und der Beurteilung der weiteren Ausführungen dienlich sein und die in sie zu setzenden Erwartungen in die rechte Richtung weisen und abgrenzen.

b) Der Wertinhalt des Begriffs „technischer Fortschritt"

1) Der Wertinhalt im allgemeinen

Außer der Unklarheit über das „Gesicht" des technischen Fortschrittes an sich, auf das wir noch zurückkommen werden, geben in besonderem Maße auch unterschiedliche Vorstellungen und Urteile über seinen *Wert* Anlaß zu mehr oder weniger leidenschaftlichen Auseinandersetzungen. Ebenso wie jener so wäre auch dieser Mangel an Klarheit und Eindeutigkeit dem Verständnis der vorliegenden Arbeit nicht zuträglich. Es soll daher versucht werden, die Wertmaßstäbe, die wir von unserem betriebswirtschaftlichen Standpunkt aus an den technischen Fortschritt zu legen haben, in das richtige Blickfeld zu rücken.

Der Ausdruck „technischer Fortschritt" selbst bildet die Hauptquelle der Meinungsverschiedenheiten. Dafür erkennen wir zwei Gründe.

a) Im allgemeinen Sprachgebrauch werden mit dem Wort „Fortschritt" nicht immer die gleichen Vorstellungen verknüpft. Zwar verbindet sich für jeden von uns mit „Fortschritt" der Ausdruck der Bewegung. Das entspricht dem antistatischen Inhalt des Wortstammes „-Schritt". Der Zusatz „fort-" verstärkt die Dynamik; er scheint sie aber auch gleichzeitig in eine bestimmte Richtung zu weisen, nämlich voran, nach vorne. Und in diesem Punkte scheiden sich die Auffassungen. Optimisten sind der festen Überzeugung, der Schritt nach vorne sei grundsätzlich etwas Gutzuheißendes. „Der technische Fortschritt wird als ein Gut an sich, als etwas Unbedingtes, Unbezweifelbares, Begeisterndes, Herrliches, Erhebendes uneingeschränkt und unkontrolliert bejaht", wie Rüstow [1] sich etwas exaltiert ausdrückt. Alles andere sei eben kein Fortschritt. Manche ziehen das in Zweifel. Sie sind skeptischer. Für sie steht es keineswegs fest, daß der Schritt vorwärts mehr ist als eine neutrale Bewegung, daß er unter allen Umständen ein Positivum ohne nennenswerte Nachteile ist. „Im Gegensatz zu weitverbreiteten Ansichten, ist technischer Wandel nicht einfach gleichbedeutend mit Fortschritt im Sinne einer Verbesserung (approved direction)." [2]

Je nach der Deutung, die dem Wort Fortschritt gegeben wird, ist es also nicht so selbstverständlich, daß es „als leere Tautologie nicht erst bewiesen werden müsse, daß für die Technik selbst der technische Fortschritt ein Fortschritt sei" [3]. Niemand wird sich weigern zuzugeben, daß die Erfindung der automatischen Wächtervorrichtungen an Webstühlen zum Beispiel als technischer Fortschritt anzusehen ist. Außer dem Positivum der selbsttätigen Fadenkontrolle jedoch wird man die Augen vor dem erhöhten Verschleiß, dem das Garn durch die Vorrichtungen ausgesetzt wird, nicht verschließen können.

Solange sich die Argumente der verschiedenen Auffassungen innerhalb der Bereichsgrenzen des Technischen selbst halten, wird eine Einigung zwischen ihnen

---

[1] *A. Rüstow*, Kritik des technischen Fortschrittes, a. a. O., S. 386.
[2] Vgl. *W. E. Moore*, a. a. O., p. 241.
[3] *A. Rüstow*, a. a. O.

nicht unmöglich sein. Denn die Technik als solche mißt mit konkreten Maßen, an denen letzten Endes nicht zu deuteln ist. Zumindest sind Vor- und Nachteile einer Entwicklung technisch eindeutig zu erfassen und abzuwägen. Meistens aber werden die Grenzen der Technik bei ihrer Beurteilung gesprengt. An den technischen Fortschritt werden Maßstäbe gelegt, die mit eigentlich-technischer Wertung nichts gemein haben.

b) Damit ist bereits im wesentlichen der zweite Grund der Meinungsverschiedenheiten um den Wertinhalt des Begriffs des technischen Fortschrittes skizziert: in den wenigsten Fällen begnügt man sich damit, den Fortschritt für die Technik absolut zu betrachten. Vielmehr zieht man „die Bilanz des technischen Fortschrittes, bezogen nicht auf die Technik, sondern auf den Menschen" [4], auf das Individuum und die Gemeinschaft, auf technisch-ökonomische und soziale Zusammenhänge, auf das Erreichen materieller und ideeller Ziele, über deren Wert ihrerseits keine Einhelligkeit besteht, und auf dergleichen mehr. „Technik an sich ist weder gut noch böse" [5], sie ist „ein neutraler Faktor" [6]. Die Werte, die man dem technischen Fortschritt im allgemeinen und im besonderen beimißt, unterscheiden sich nach der Warte, von der aus die Betrachtung erfolgt.

Zum Beispiel mag man den volkswirtschaftlichen Wert des technischen Fortschrittes unter anderem an den nachhaltigen materiellen Vorteilen messen, die durch ihn der Gesamtheit der Konsumenten geboten werden. Dem vom technischen Fortschritt unmittelbar betroffenen Weber kann man jedoch nicht verdenken, daß er sein Werturteil über den automatischen Webstuhl nach anderen Gesichtspunkten, zum Beispiel nach Arbeitsbelastung, Entlohnung und Arbeitsplatzsicherheit, fällt.

2) Die spezifisch betriebswirtschaftliche Wertkritik

Auch unser Ziel kann es nicht sein, den technischen Fortschritt in der Tuchweberei lediglich aus der Sicht des Technikers zu beurteilen. Es ist vielmehr darüber hinaus unsere Aufgabe, nach dem spezifisch betriebswirtschaftlichen Wert des technischen Fortschrittes für den Produktionsvollzug zu forschen.

Dieser Wert wird bestimmt durch das Ausmaß der Vorteile (oder Nachteile), die die Verwendung der technischen Neuerung für die *wirtschaftliche* Situation des Unternehmens mit sich bringt. Quantitative und (oder) qualitative Steigerungen der Leistungen als solchen veranlassen den „reinen" Techniker bereits, im technischen Fortschritt eine Verbesserung zu sehen. Die Kritik des Betriebswirtes muß weitergehen. Er betrachtet die Leistung im Verhältnis zu den durch sie verursachten Kosten. Dieses Verhältnis gibt ihm Aufschluß über die Wirtschaftlichkeit des technischen Fortschrittes. Sie ist einer der wichtigsten (betriebs-

---

[4] *A. Rüstow*, a. a. O., S. 386.
[5] *K. Jaspers*, Vom Ursprung und Ziel der Geschichte, München 1949, S. 149.
[6] *W. A. Waffenschmidt*, a. a. O., S. 291.

wirtschaftlichen) Maßstäbe für den Wert des technischen Fortschrittes hinsichtlich der wirtschaftlichen Situation des Unternehmens. Aber sie ist nicht der einzige Maßstab. Auch das Verhältnis von Leistungen und Kosten zu den Erlösen [7] für die Leistungen ist in diesem Zusammenhang von Bedeutung. Nehmen wir an, der automatische Webstuhl erlaube zwar einen qualitativen Leistungsanstieg; die Kosten stiegen aber relativ stärker als die Qualität der Leistung; die Wirtschaftlichkeit der Leistungserstellung habe folglich gelitten. Ist nun aber aus irgendeinem Grunde der Markt bereit, für den Leistungsanstieg Preise zu zahlen, die relativ noch stärker steigen als die Kosten, so hat der automatische Webstuhl die wirtschaftliche Situation des Unternehmens trotz rückläufiger Wirtschaftlichkeit gebessert. – Es ist aber auch der Fall denkbar, daß die Automatisierung im Websaal eine erhebliche quantitative Leistungssteigerung und gleichzeitige relative Kostensenkung (Stückkostensenkung) mit sich bringt. Findet nun aber die Mehrleistung (zum Beispiel stapelwarenmäßige Übermengen von Nouveautés) keinen oder nur preisungünstigen Absatz, so nützt die noch so rapide ansteigende Wirtschaftlichkeit in der Leistungserstellung als solcher dem Unternehmen nichts.

Die dargelegten Maßstäbe sind – sei es ex ante oder ex post – exakt berechenbar. Auf andere trifft das nicht zu. Sie sind imponderabel. Aber deswegen müssen sie nicht minder wichtig sein als jene. Einer der bedeutsamsten imponderablen Maßstäbe ist zum Beispiel der Grad der Produktionselastizität. Des weiteren hat man erkannt, daß auch die sozialen Folgen technischen Fortschritts nicht nur ethisches, sondern konkretes wirtschaftliches Interesse verdienen. Der Betriebswirt darf sie daher nicht übersehen, wenn es ihm um die Bestimmung des Wertes des technischen Fortschrittes zu tun ist.

Aus den bisherigen Überlegungen ergibt sich zweierlei:

a) Die Untersuchung erfolgt von der Warte des Betriebswirtes aus. Sie ist insofern subjektiv. Nur innerhalb ihres eigenen Blickfeldes kann sie – selbst hier mit gewissen Einschränkungen – Anspruch auf Objektivität erheben. Es soll nicht verkannt werden, daß Betrachtungen des technischen Fortschrittes, die von anderen Standorten ausgehen, zu abweichenden Ergebnissen führen können. Aber gerade deswegen ist es wichtig, im Interesse einer klaren und vorurteilslosen betriebswirtschaftlichen Wertfindung, alle fremden Betrachtungsweisen des technischen Fortschrittes gleich zu Anfang aus unseren Überlegungen zu bannen.

b) Für die folgenden Untersuchungen darf mit dem Begriff „technischer Fortschritt" nicht von vornherein die wertende Vorstellung einer Verbesserung verbunden werden. Mit Fortschritt ist zunächst nur der Wandel in der Technik des Produktionsvollzuges bezeichnet. Aufschluß über den Umfang dieses Wan-

---

[7] Diesem Maßstab der Erlöse kann im Rahmen der vorliegenden Untersuchung, die sich vorwiegend mit den *innerbetrieblichen* Auswirkungen des technischen Fortschrittes befaßt, nämlich mit denjenigen, die er auf den Produktionsvollzug ausübt, nur am Rande Beachtung geschenkt werden.

dels soll der geschichtliche Überblick über den technischen Fortschritt in der Tuchweberei geben. Wert oder Unwert dieses Wandels ergeben sich erst nach und nach aus der Betrachtung der Leistungen und Kosten, der Wirtschaftlichkeit sowie der imponderablen Faktoren, soweit sie vom technischen Fortschritt berührt werden.

c) Der Begriff des technischen Fortschrittes in der Tuchweberei

Allgemein pflegt man sämtliche Änderungen auf technischem Gebiet unter den Begriff „technischer Fortschritt" zu fassen. Darunter fallen sowohl umwälzende, mutative [8] technische Neuerungen wie auch organisch gewachsene, folgerichtige und stetige [9] Weiterentwicklungen [10].

Für die Tuchweberei ist die Technik seit der umwälzenden Erfindung des mechanischen Webstuhles im großen und ganzen stetig fortgeschritten. Diese Entwicklung ist bis zur Automatisierung des Webstuhles und der Konstruktion der sogenannten Webmaschine gediehen. Für den Tuchweber repräsentiert der automatische Webstuhl den technischen Fortschritt. Wenn er vom technischen Fortschritt spricht oder reden hört, denkt er in erster Linie an den Webautomaten beziehungsweise an entsprechende automatisierende Weiterentwicklungen des mechanischen Stuhles. Das besagt nicht, daß sich nicht auch andere erwähnenswerte technische Veränderungen in der Tuchweberei eingeführt hätten. Dagegen sprechen zum Beispiel die vollautomatischen Schußspulaggregate, Anknüpfmaschinen und anderes mehr, die die Technik der Produktion moderner Webereien mit gestalten. Aber der Webstuhl steht unangefochten im Mittelpunkt des Produktionsvollzuges in der Weberei. Im Verlauf der späteren Ausführungen wird deutlich werden, daß dem automatischen Webstuhl heute mit Fug und Recht die Vorzugsstellung in der Betrachtung technischen Fortschrittes in der Tuchweberei zugemessen wird. Daher wird auch der Schwerpunkt unserer Untersuchungen auf denjenigen (betriebswirtschaftlichen) Problemen liegen, die der technische Fortschritt in Gestalt des automatischen Webstuhles für den Vollzug der Produktion aufwirft.

Ohne den eingehenden Ausführungen über die technische Entwicklung vorzugreifen, können wir feststellen, daß sich mit dem Begriff des technischen Fortschrittes in der Tuchweberei in unseren Tagen nichts von dem aufregenden, unheimlichen Nimbus verbindet, den wir leicht und oft zu voreilig ihm zuzulegen geneigt sind. Der technische Fortschritt, dem wir uns hier gegenübersehen,

---

[8] *K. Pentzlin*, Rationelle Produktion, a. a. O., S. 151.
[9] *E. Gutenberg*, Grundlagen der Betriebswirtschaftslehre, Bd. 1, 1. Auflage, S. 57.
[10] Wegen der verschiedenen Konsequenzen, die sich aus diesen beiden Erscheinungsformen technischen Fortschrittes für die Technik selbst, aber vornehmlich auch mikroökonomisch (betriebswirtschaftlich), makroökonomisch (volkswirtschaftlich) und allgemein menschlich, ethisch ergeben, ist es ratsam, sie scharf auseinanderzuhalten.

ist durchaus verständlich. Das gilt, obgleich zu seiner Charakterisierung das „heiße" Wort *automatisch* herangezogen werden kann. Man ist versucht, ihn im Vergleich zu Entwicklungen auf anderen Gebieten industrieller Fertigung als „harmlos" zu bezeichnen. Das nimmt ihm nichts von seiner Aktualität, und es tut seiner Bedeutung und Problematik keinen Abbruch.

2. *Die Entwicklungsstufen des technischen Fortschrittes im Produktionsvollzug der Tuchweberei*

Für denjenigen, der sich mit den Problemen des technischen Fortschrittes im Produktionsvollzug der Tuchweberei zu befassen gedenkt, liegt der Wunsch nahe, zu Anfang seiner Betrachtungen Aufschluß über den Weg zu erlangen, den die Entwicklung der Webtechnik gegangen ist.

Gewiß, dieser Weg ist nicht leicht zu überschauen. Er nimmt seinen Ursprung weit zurück in der Vergangenheit. Doch gerade deswegen verdient er Beachtung. Eine analysierende Betrachtung nur des letzten Schrittes der technischen Entwicklung, beziehungsweise des Überganges vom vorletzten zum letzten Schritt, den wir aus eigenem Erleben kennen, würde von vornherein an Unvollständigkeit kranken.

Der Dynamik, die der technische Fortschritt umfaßt, wäre auf diese Weise nicht im geringsten Genüge geleistet. Darüber hinaus hieße ein solches Vorgehen, sich mit einer allmählich gewachsenen Situation auseinandersetzen, ohne ihre Wurzeln zu kennen. Schenken nicht die Ärzte der Krankheitsgeschichte große Aufmerksamkeit, deren Kenntnis bei der Diagnose des Krankheitsbildes und der anschließenden Therapie von Vorteil sein kann? Es wird sich zeigen, daß auch in unserem Fall die chronologische Verfolgung der Entwicklung der Webtechnik – die sich allerdings auf das Wesentlichste beschränken muß – zur Einführung in die aktuellen Probleme des technischen Fortschrittes und zu deren Verständnis von Nutzen ist.

a) Die Webvorrichtung und der Handwebstuhl

Bei der Herstellung von Geweben gilt es seit jeher, eine Anzahl von parallel zueinander geordneten Längsfäden (Kette) rechtwinklig mit Querfäden (Schuß) zu kreuzen und zu verflechten (binden). Bereits die Völker Ägyptens, Indiens, Chinas sowie Mittel- und Südamerikas verwendeten in frühen Epochen ihrer Kultur Vorrichtungen, mit deren Hilfe sie Gewebe aus Flachs, Seide, Baumwolle oder Wolle nach dem angedeuteten Prinzip herzustellen wußten. Ägyptische Mumienhüllen, Leinengewebe aus dem vierten Jahrtausend v. Chr., assyrische Reliefplatten, Hinweise im alten Testament [11], griechische Vasenmalereien

---

[11] Vgl. *Job,* VII, 6; zitiert bei *J. Smith,* Memoirs of Wool and Trade, a. a. O., p. 3.

und dichterische Schilderungen, germanische Grabfunde und anderes mehr vermitteln eine deutliche Vorstellung von der frühen Verbreitung der Webkunst. Den ersten Vorläufer des heutigen Web-*Stuhles* haben wir etwa im vierten Jahrtausend v. Chr. in der Webvorrichtung der Ägypter zu vermuten [12].

Abgesehen von der Übereinstimmung im Webprinzip dieser „Vorrichtung" mit einem modernen Webstuhl weist sie doch so wenig spezifisch *technische* Merkmale auf, daß das technische Gerät gegenüber der menschlichen Arbeitskraft und Geschicklichkeit völlig in den Hintergrund tritt. Dennoch aber haben wir in diesen Webvorrichtungen die Anfänge der Webtechnik zu sehen.

Nachdem von technischem Fortschritt in der „Webkunst" jahrtausendelang nicht die Rede sein konnte, da die Entwicklung stagnierte, werden im Mittelalter Webgeräte bekannt, deren Konstruktion es dem Weber gestattet, seine Arbeit größtenteils sitzend zu verrichten [13].

Die meisten der vorher gebräuchlichen Vorrichtungen erforderten, daß zur Bildung des Faches vor dem Eintragen des Schusses die Kette durch Holzscheite gespalten wurde. Von nun an wird das Fach mit Hilfe der Schäfte geöffnet, bei deren Bewegung sich die jeweils erfaßte Gruppe von Fäden hebt oder senkt und das Fach bildet, durch das der Schützen, ohne Widerstand zu finden, eingetragen werden kann. Der Weber steuert auf dem Handwebstuhl indirekt durch die Bedienung einer Fußtrittvorrichtung die Bewegung der Schäfte. Der Schützen wird von Hand durch das Fach geworfen.

Erlaubte es die Breite des Stuhles dem Wollweber jedoch nicht, von seinem Sitz aus beide Seiten des Faches zu erreichen, so war er auf eine Hilfskraft angewiesen, die den durch ihn von rechts (links) geworfenen Schützen am entgegengesetzten Ende des Faches auffing und zurückwarf. Bei entsprechender Breite des Stuhles bedurfte es also zu seiner Bedienung zweier Menschen [14].

Da die Vorbereitung der Kette sowie ihr Einlegen in den Stuhl mühevolle Arbeit erfordert, – eine Tatsache, die auch heute noch eine gewichtige Rolle in unseren Wirtschaftlichkeitsüberlegungen spielt – und sich die Bedienung eines breiten Stuhles nicht entscheidend in ihren Anforderungen von der eines schmalen Stuhles unterscheidet, ist das Bestreben verständlich, möglichst breit zu bauen, um wirtschaftlich zu arbeiten.

Die Breite des Stuhles wird ausschlaggebend durch die Reißfestigkeit des Garnes begrenzt, an die mit der Verbreiterung des Stuhles progressiv steigende Anforderungen gestellt werden. Mit weiterem Weg des Schützen muß nämlich seine Anfangsgeschwindigkeit größer werden und damit auch die den Faden belastende Kraft. Entsprechend der Garnstärke sind Wollwebstühle in der Regel doppelt so breit wie Seiden- oder Baumwollwebstühle.

[12] Vgl. *A. Lang*, Der Schönherr'sche Buckskin-Webstuhl, a. a. O., S. 567.
[13] Die älteste Darstellung eines derartigen Handwebstuhles mit Trittvorrichtung stellt u. E. eine Nürnberger Malerei aus dem Jahre 1381 n. Chr. dar.
[14] Vgl. *E. Lipson*, The History of the Woollen and Worsted Industries, a. a. O., p. 138.

Außer der Bedienung der Schäfte und dem Einwerfen des Schützen hatte der Weber auf dem Handwebstuhl die Lade mit dem Kamm (auch Riet oder Webblatt genannt) gegen die Gewebekante zu schlagen, um den Schußfaden an das bereits gebundene Gewebe anzudrücken. Ferner oblag es dem Weber, auf ein richtiges Abwickeln der Kette beziehungsweise Aufwickeln der Ware zu achten, wovon die Spannung der Fäden sowie – daraus folgend – ihre Beanspruchung, ferner die Gewebefestigkeit und -gleichmäßigkeit abhängen. Bis in unsere Tage ist es dem technischen Fortschritt noch nicht gelungen, des Problems der Fadenspannung und optimalen Fadenbelastung restlos Herr zu werden, wenngleich von wichtigen Erleichterungen die Rede sein kann.

Schließlich galt es für den Handweber noch, etwaige Fadenbrüche zu erkennen und zu heilen, um häßliche Gewebefehler zu vermeiden. Die Aufgabe des Heilens wird der menschlichen Hand schwerlich je von der Technik abgenommen werden können.

Die gekrümmte, vorgeneigte Haltung des Handwebers war denkbar ungesund und ermüdend, so daß mehrstündiges Arbeiten am Handwebstuhl vielfach zu einer Qual wurde, was sich unvermeidbar in einer variierenden Güte des Gewebes niederschlug.

b) Der mechanische Webstuhl

Nach der Entwicklung des Handwebstuhles schlief der technische Fortschritt in der Webtechnik fast völlig ein und verlief sich mehr und mehr in einer sterilen Stagnation. Rüstow [15] kommentiert dieses Dahindämmern der Technik jener Zeit wie folgt: „Das uns heute geläufige und selbstverständliche Tempo des technischen Fortschrittes ist in Wirklichkeit eine ganz exzeptionelle und ganz extreme Erscheinung, die erst seit kaum 200 Jahren Platz gegriffen hat, während bis dahin der Fortschritt der Technik sich in einem Zeitmaß vollzog, das für unsere Begriffe von einer kaum vorstellbaren Langsamkeit war. Die technische Entwicklung ... war gehemmt durch die religiöse und philosophische Konzeption jener Epochen. Technik war etwas Teuflisches, Menschenunwürdiges, ... allenfalls zu Spielmechanismen heranzuziehen."

Der Fortschritt in der Technik des Webstuhlbaus brauchte mehrere hundert Jahre, um sich gleichsam auszuruhen, ehe er im 18. Jahrhundert in ein neues, entscheidendes Stadium eintrat, in dem sich die Umgestaltung des Handwebstuhles zum mechanischen Webstuhl vollzog.

Die neue Entwicklung begann mit der Erfindung des sogenannten „Schnellschützen" durch den Engländer John Kay im Jahre 1733 [16]. Es gelang ihm, eine

---

[15] *A. Rüstow*, Kritik des technischen Fortschrittes, a. a. O., S. 373.
[16] Vgl. *E. Lipson*, a. a. O., p. 142 a. f.

Vorrichtung zum selbsttätigen Hin- und Herwerfen des Schützen zu konstruieren. Der besondere Nutzen dieses Patents lag darin, daß
1. der Weber beide Hände frei hatte zur Bedienung der Lade und zum Heilen von Fadenbrüchen, da er den Schützen nicht mehr von Hand einwerfen mußte,
2. ein Weber auch den breitesten Stuhl alleine bedienen konnte [17],
3. die Haltung des Webers gesünder war, da er aufrecht sitzen konnte und damit größere Arbeitsausdauer erzielt wurde,
4. durch diese Vorteile die Produktivität des Webers stark anstieg, sein Verdienst erheblich wuchs und die Ware billiger wurde. (Vgl. Tabelle 1)

Tabelle 1[18]

Arbeitszeit und -kosten für das Weben eines Stückes (feines Tuch) = 34 Ellen[19]

Jahr[20]	beteiligte Personen	Arbeitszeit in Stunden	Kosten je Stck.	Wochenverdienst	
1781–1796	2 Männer 1 Kind	364	2L 15s 6d	Weber: Hilfsweber: Kind:	12s 3¾d 3s 6d 2s 0d
1796–1805	1 Mann 1 Kind	252	2L 11s 6d	Weber: Kind:	1L 2s 6d 0L 2s 0d

Einem Sohn von Kay, Robert Kay, gelang 30 Jahre später die Konstruktion der sogenannten „Wechsellade" zum Einschießen verschiedenfarbiger Fäden, wie es die Herstellung bunter Gewebe erfordert.

Die Erfindung der Dampfmaschine [21] im Jahre 1769 gab den Anstoß zur Entwicklung des Kraftstuhles, des eigentlichen *mechanischen* Webstuhles, dessen vervollkommnete Ausführungen heute noch den weitaus überwiegenden Anteil am Webstuhlpark der europäischen Webereien besitzen. Die Zuwendung zum Fortschritt und der aufkeimende Glaube an den Nutzen der Technik für den Menschen wurzelten in jener Zeit im Geistigen. Es waren daher vornehmlich Laien, die sich mit dem technischen Fortschritt beschäftigten. Auch auf dem Gebiet der Webtechnik wurden die ersten Patente, die auf die Mechanisierung des Webstuhles abzielten, von einem Außenseiter angemeldet, dem Dichter und Pfarrer E. Cartwight[22]. Der von ihm in den Jahren 1784 bis 1787 entwickelte Webstuhl,

---

[17] Kleine Handreichungen besorgte, wie auch früher schon, ein Kind. (Vgl. Tab. 1.)
[18] Aus: Parliamentary Papers, London 1840, zitiert bei *E. Lipson*, a. a. O., p. 258.
[19] 1 englische Elle = 1,43 m; 34 Ellen also 48,62 m.
[20] In der Zeit von 1781 bis 1796 war der Schnellschützen noch nicht verbreitet, dagegen kam er 1796 bis 1805 auf.
[21] Um 1678 war bereits ein Wasserkraftwebstuhl von M. de Gennes erfunden worden. Er wurde aber nicht verwendet. Auch Leonardo do Vinci entwarf um 1500 bereits eine „Webmaschine", die mit Wasserkraft angetrieben werden sollte.
[22] Vgl. *E. Lipson*, a. a. O., p. 164 a. f.

wie auch der 1822 von Roberts erfundene Stuhl, eigneten sich jedoch nur für leichte Gewebe. Erst der Amerikaner Crompton trat im Jahre 1867 mit einem uneingeschränkt brauchbaren Kraftstuhl für schwere Gewebe an die Öffentlichkeit. Ihm folgte 1876 Louis Schönherr mit einem verbesserten Patent. In Berlin wurde 1879 von Werner Siemens der erste elektrisch angetriebene Webstuhl ausgestellt.

Fortan führte der maschinell angetriebene Webstuhl alle Bewegungen (wie Schützenschlag, Schaft- und Ladenbewegung usw.) in bisher ungekannter Geschwindigkeit [23] und mit anhaltender Gleichmäßigkeit selbsttätig aus. Der Weber brauchte nurmehr auf Fadenbrüche zu achten und abgelaufene Schußspulen durch volle zu ersetzen.

Allerdings beansprucht die hohe Stuhlgeschwindigkeit die Aufmerksamkeit des Webers in stärkerem Maße als vorher. Um kostspielige Gewebefehler zu vermeiden, muß er nämlich den Stuhl sofort abstellen, sobald Kett- oder Schußfäden gebrochen oder Spulen abgelaufen sind. Fadenbrüche pflegen nicht etwa mit voraussehbarer Regelmäßigkeit aufzutreten. Deshalb verlangt der mechanische Webstuhl dem Weber andauernde und unverändert gespannte Aufmerksamkeit ab. Ebenso genaue Beobachtung muß der Weber auf die Schußspulen verwenden, da es sich bei der schnelleren Schußfolge sehr schwer gestaltet, den Stuhl gerade dann abzustellen, wenn eine Spule abgelaufen ist [24]. Verfrühtes Spulenauswechseln aber bedingt hohe Garnverluste, und verspätetes Abstellen des Stuhles verursacht unweigerlich Gewebefehler. Im Gegensatz zum Handwebstuhl bestimmt nicht mehr der Weber den Rhythmus seiner Arbeit, sondern umgekehrt zwingt der Stuhl den Weber, seiner Arbeitsweise zu folgen.

Soviel Arbeit auch dem Menschen durch den technischen Fortschritt abgenommen worden ist, so wird durch jeden Webstuhl doch immer noch die volle Arbeitskraft eines Webers gebunden.

Der Fortschritt in der Technik des Produktionsvollzuges, den die Erfindung des mechanischen Webstuhles mit sich brachte, war von umwälzender Bedeutung. Dessen ungeachtet – zum Teil aber auch gerade deswegen – vollzog sich der Übergang vom Handwebstuhl zum Kraftstuhl nur äußerst schleppend. Der technische Fortschritt hatte es schwer, sich durchzusetzen. Das lag einerseits an tatsächlichen technisch-ökonomischen Schwierigkeiten, so zum Beispiel an den infolge höherer Garnbeanspruchung hohen Fadenbruchzahlen, die den Kraftstuhl unwirtschaftlich machten. Auf der anderen Seite waren es die Weber, die sich aus Angst, die vervielfachte Produktivität des mechanischen Stuhles raube ihnen Arbeitsplatz und Lebensunterhalt, mit allen Mitteln [25] derart gegen die Einführung des neuen Patentes wehrten, daß diese vorerst zu einem großen Wagnis wurde.

---

[23] 80–100 Schuß/Min. bei mittleren Wollgeweben.
[24] Vgl. Seite 34.
[25] Die erste mit Cartwright-Stühlen ausgerüstete Weberei wurde 1791 von Webern niedergebrannt.

Die Entwicklungsstufen des technischen Fortschritts im Produktionsvollzug

Die Langsamkeit, mit der sich der technische Fortschritt im Produktionsvollzug durchsetzte, wird durch die Tabellen auf Seite 24 anschaulich widergespiegelt. An der Wende zu unserem Jahrhundert, also mehr als 100 Jahre nach der Erfindung des ersten mechanischen Webstuhles und über 30 Jahre nach der Entwicklung des Universal-Wollwebstuhles[26], war in Preußen noch etwa jeder vierte Webstuhl ein Handwebstuhl. Noch im Jahre 1912 sagt Oppel[27], auf den Übergang vom Handwebstuhl zum Kraftstuhl hinweisend: „Beim Weben benutzt man entweder den im Laufe der Zeit vielfach verbesserten Handstuhl oder den Maschinen(kraft-)stuhl. So sehr der letztere auch um sich gegriffen hat, so ist sein Vorgänger und Konkurrent in der Wollindustrie noch nicht verdrängt."

Auffällig ist die Parallelität der Entwicklung zu den heutigen Verhältnissen[28]: mit der gleichen Zähigkeit, mit der sich zu jener Zeit der Handwebstuhl gegenüber dem technisch-fortschrittlichen mechanischen Stuhl behauptete, versucht dieser heute seinerseits, seinen Stand im Produktionsvollzug der Webereien gegenüber dem vordringenden Webautomaten zu halten. Wie im Verlaufe der weiteren Darlegungen ersichtlich werden wird, hat ein Großteil der Kräfte, die sich damals dem technischen Fortschritt entgegenstemmten, bis heute an Wirksamkeit nichts eingebüßt.

Zur gleichen Zeit aber, als Oppel noch die Bedeutung des Handwebstuhles unterstreicht, werden – vor allem in der amerikanischen Baumwollindustrie – bereits die ersten erfolgreichen Versuche zum Automatisieren des Webstuhles durchgeführt: die Webtechnik ist im Begriff, den nächsten Schritt voran zu tun.

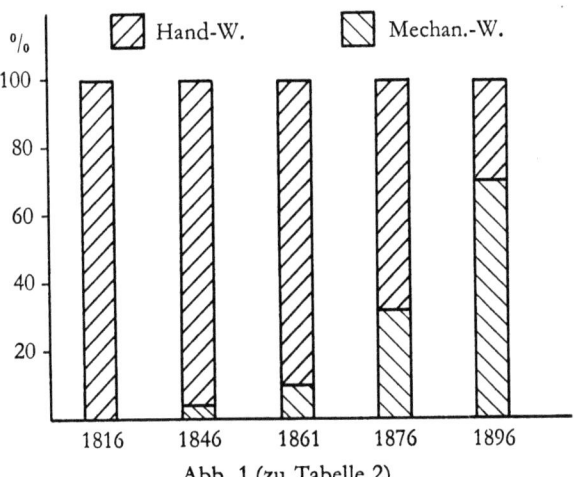

Abb. 1 (zu Tabelle 2)

[26] Unter Universal-Webstühlen versteht man solche Stühle, auf denen alle üblichen Tuchgewebe, also neben Uni-Geweben auch stark ausgemusterte Dessins gewebt werden können.
[27] A. Oppel, Die deutsche Textilindustrie, a. a. O., S. 94.
[28] Vgl. Seite 29 f.

Tabelle 2

Handwebstühle und mechanische Webstühle für Wolle in Preußen[29]

Jahr	Hand-Webst.	mech. Webst.	insges.	mech. Webst. in % aller Webst.
1816	18 238	–	18 238	–
1846	22 967	1 424	24 391	5,84
1861	33 273	3 704	36 976	10,01
1876	30 478	18 277	48 755	37,48
1896[30]	22 742	77 005	99 747	77,20

Tabelle 3

Anzahl der im Jahre 1835 in England laufenden mechanischen Wollwebstühle[31]

Grafschaft[32]	Kammgarn	Streichgarn
Yorkshire	688	2 856
Lancashire	1 142	–
Westmorland	8	–
Cheshire	8	–
Leicestershire	89[33]	–
Gloucestershire	4	–
Somersetshire	74[34]	–
Montgomeryshire	4	–
Northumberland	6	–
Norfolk	–	–
insgesamt	2 023	2 856

c) Der automatische Webstuhl

1) Der Halbautomat

Wie wir bereits sahen, verwendet der Weber, der einen mechanischen Webstuhl bedient, einen nicht unerheblichen Teil seiner Arbeitszeit auf das *Beobachten* der Kette. Die Kettfäden verwirren oder verfilzen sich leicht, zuweilen verlieren einzelne Fäden ihre Spannung, was meistens auf Mängel beim Schären und Bäumen der Kette zurückzuführen ist. Bei früheren Arbeitsgängen bereits gebrochene und wieder geknotete Fäden können sich unter Umständen infolge der anspannenden und nachgebenden Bewegung im Stuhl wieder lösen, oder die Knoten verfangen sich mit anderen Fäden und in den Geschirrösen. All dies sind Gründe für die

---
[29] Nach *A. Oppel*, a. a. O., S. 77.
[30] Deutsches Reich.
[31] Nach *E. Lipson*, a. a. O., p. 188.
[32] Es sind nur die Grafschaften aufgeführt, in denen die Tuchweberei heimisch war.
[33] Für Kamm- und Streichgarn.
[34] Nur teilweise mechanisiert.

andauernde Möglichkeit, daß Fadenbrüche eintreten können. Da der Stuhlmechanismus, ungeachtet ob ein Faden gerissen ist, weiterläuft, hat jeder vom Weber nicht rechtzeitig erkannte und behobene Fadenbruch einen Gewebefehler zur Folge, der – wenn überhaupt – dann nur mit großen Schwierigkeiten und erheblichem Aufwand zu beheben ist. – Aus demselben Grund hat der Weber am mechanischen Webstuhl auch dem Schußfaden gleiche Aufmerksamkeit zu widmen, der ebenfalls einer starken Beanspruchung ausgesetzt ist.

Durch die Erfindung der sogenannten *Fadenwächter* um die Jahrhundertwende [35] wird es mit einem Mal möglich, diese Beobachtungszeit einzusparen. Die Fadenwächter kontrollieren jeden einzelnen Kettfaden sowie den Schußfaden. Sie setzen den Stuhl selbsttätig aus, sobald ein Faden bricht oder erheblich an Spannung verliert. Erst dann braucht der Weber den schadhaften Faden aufzusuchen und zu heilen. Derartig mit Kett- und Schußfadenwächtern ausgerüstete Webstühle werden als *Halbautomaten* bezeichnet.

Die erübrigte Zeit, die dem Weber neben dem Heilen der Fadenbrüche und dem Auswechseln der Schußspulen verbleibt (etwaige Arbeiten beim Kettwechsel und Handreichungen bei kleineren Reparaturen nicht eingerechnet), kann er von nun an einem zweiten Stuhl widmen. Treten infolge einer sehr starken Kette und bruchfesten Schußgarnes nur sehr wenig Fadenbrüche ein, so lassen sich sogar drei halbautomatische Stühle von einem Weber bedienen.

Trotz dieser erheblichen Abwälzung von Arbeitsaufgaben auf die Maschine, die der technische Fortschritt auf diese Weise ermöglichte, verbleibt es dem Weber nach wie vor, seine Stühle auf das Ablaufen der Schußspulen hin zu beobachten und den Stuhl im gegebenen Augenblick abzustellen, um die Spule zu wechseln.

2) Der Vollautomat

Da einer Steigerung der Stuhlgeschwindigkeit infolge der Beschaffenheit des Garnes sowie der durch den Webvorgang bedingten komplizierten Stuhlmechanik gewisse natürliche Grenzen gesetzt sind, mußte sich fürderhin der Fortschritt in der herkömmlichen Webtechnik darauf konzentrieren, dem Menschen mehr und mehr Handarbeit abzunehmen. Es währte jedoch mehrere Jahrzehnte, bis Versuche, dem Webstuhl auch die Arbeit des Webers beim Ersatz der Schußspulen zu übertragen, in der Tuchindustrie zum Erfolge führten. Immerhin aber werden schon seit etwa 30 Jahren auf dem Weltmarkt derartige Stühle, die sowohl mit automatischer Fadenkontrolle als auch mit selbsttätigem Schußspulen- oder Schützenersatz arbeiten, angeboten. Diese Webstühle bezeichnen wir als *vollautomatisch*.

Mechanische Stühle, die nachträglich durch den Anbau von Fadenwächtern und Vorrichtungen zum automatischen Spulenwechseln automatisiert wurden, was

---

[35] Wir kennen heute sowohl mechanische als auch elektrische und elektro-optische Fadenwächter.

unter gewissen Voraussetzungen möglich ist, werden Anbau-Automaten genannt. Ein einziger Weber genügt, um ohne weiteres je eine Gruppe von vier bis acht Automaten zu bedienen, wobei er physisch nicht mehr belastet wird als vorher bei der Bedienung von einem mechanischen Stuhl oder zwei bis drei halbautomatischen Stühlen.

In den letzten Jahren bringen verschiedene Maschinenfabriken Webstuhlkonstruktionen heraus, die gänzlich neuartige Wege zum Herstellen von Geweben beschreiten. Die Technik des Produktionsvollzuges erfährt durch sie eine wesentliche Änderung. Besondere Beachtung unter diesen technischen Neuerungen verdienen die schützenlosen Webmaschinen („Greiferstühle"). Bei ihnen wird nicht mehr der ganze Garnkörper, von dem sich der Faden abwickelt, durch das Fach geworfen, sondern der Faden wird von einem außerhalb des Faches feststehenden, um ein Vielfaches größeren Garnkörper (Kreuzspule) abgegriffen und von dem flachen Greiferplättchen durch das Fach gezogen. Auf diese Weise können die Fachöffnung bedeutend verkleinert und die Schußkraft stark verringert werden, wodurch das Garn erheblich geschont wird und bei vergrößerter Arbeitsbreite eine Verdoppelung oder sogar Verdreifachung der Schußzahl in der Minute zu erreichen ist. In der Tuchindustrie beginnt man zur Zeit, die ersten Erfahrungen mit diesen Maschinen zu sammeln [36]. – Über die Brauchbarkeit der im Jahre 1955 bekanntgewordenen Patente zum Einspritzen des Schusses mit Luft oder Wasser für die Tuchweberei ist bisher nichts bekannt [37].

Es besteht kein Zweifel daran, daß dem technischen Fortschritt in Gestalt des vollautomatisierten Webstuhles – und, wie zu erwarten ist, erst recht den Greiferwebmaschinen – eine ähnlich umwälzende Bedeutung beizumessen ist, wie sie der Erfindung des mechanischen Webstuhles zukam, als er den Handwebstuhl verdrängte.

d) Die Aufnahme des technischen Fortschrittes durch die Praxis in der Gegenwart

Wir erinnern uns, wie sich nach der Entwicklung des mechanischen Webstuhles zeigte, daß die Praxis entweder nicht gewillt oder nicht fähig war, sich entschlossen und rasch auf die neue Webtechnik umzustellen. Ähnliches beobachten wir heute hinsichtlich des technisch fortschrittlichen Webautomaten. Ihm ist bisher nur in sehr geringem Umfange der Schritt aus der Stufe der Entwicklung und Konstruktion bei den Erfindern und Maschinenfabriken in das Stadium seiner Verwendung in den Websälen der Tuchwebereien gelungen. Die auf Seite 27 folgende Tabelle 4

---

[36] Vgl. *Sulzer*-Webmaschine (Patentbericht), a. a. O., S. 395; ebenso: Die Sulzer-Webmaschine, Mitteilung über Textilindustrie, a. a. O., S. 167.
[37] Diese Patente betreffen vorerst in erster Linie die Seidenindustrie.

spiegelt anschaulich die Entwicklung des Verhältnisses von mechanischen zu automatisierten Stühlen in der Bundesrepublik wider.

Obwohl bereits vor 30 Jahren automatische Tuchwebstühle bekannt waren, haben sie bis 1956 lediglich einen Anteil am gesamten Webstuhlpark von noch nicht einmal 10% erobern können. Der Zuwachs von Jahr zu Jahr ist kläglich und beschleunigt sich nicht.

Noch erstaunlicher erscheint diese Tatsache angesichts des Alters der vorhandenen Webstühle, mit deren Hilfe sich die Produktion vollzieht. Die Tabelle 5,

Tabelle 4

Betriebsbereite Webstühle in der Tuchindustrie der Bundesrepublik[38]

Jahr	Gesamt-zahl	automatische Stühle					
		Anbau-Autom.	% von Ges.-zahl	Voll-Autom.	% von Ges.-zahl	insges.	% von Ges.-zahl
1953	18 660	?	?	?	?	560	3,0
1954	18 825	375	2,0	858	4,6	1 233	6,6
1955	18 500	450	2,4	1007	5,5	1 457	7,9
1956	17 515	683	3,9	1053	6,0	1 736	9,9

Jahr	Gesamt-zahl	mechan. Stühle		Aut.-Zuwachs gg. Vorj.	
		Anzahl	% von Ges.-zahl	Anzahl	% von Ges.-zahl
1953	18 660	?[39]	97,0	–	–
1954	18 825	17 572	93,4	673	3,6
1955	18 500	17 043	92,1	224	1,3
1956	17 515	15 779	90,1	279	2,0

Seite 28, zeigt, daß die Hälfte aller 1954 in der Bundesrepublik laufenden Webstühle vor dem Jahre 1930 angeschafft wurden. Allerdings wird ebenfalls deutlich, daß sich die Anschaffungen nach dem Kriege zum weitaus größten Teil auf automatische Stühle erstreckten. Mehr als die Hälfte der 1954 eingesetzten Webautomaten ist nach Kriegsende angeschafft worden, wobei dieses *Verhältnis* jedoch nicht über die niedrige *absolute* Zahl der Automaten hinwegtäuschen darf, die aus der Tabelle 4 ersichtlich ist. –

[38] Zusammengestellt und berechnet nach: Textilstatistik GmbH., Frankfurt-M., sowie Forschungsbericht des Landes Nordrhein-Westfalen, Nr. 222, 1956.
[39] Hier fehlt der statistische Nachweis.

Tabelle 5[41]

Das Alter der im Jahre 1954 in der Tuch- und Kleiderstoffindustrie der Bundesrepublik laufenden Webstühle

Jahr der Anschaffung	mechan. Stühle Anzahl	%	Anbau-Aut. Anzahl	%	Voll-Aut. Anzahl	%	insgesamt Anzahl	%
vor 1930	8 960	51	60	16	230	27	9 250	49
1930–1945	3 840	22	110	29	200	23	4 150	22
nach 1945	4 790	27	205	55	430	50	5 425	29
Gesamt-Stühle	17 590		375		860		18 825	

In anderen europäischen Ländern ergibt sich ein günstigeres Bild[40]. Jm Jahre 1953, als in der Bundesrepublik 3 v. H. der Tuchwebstühle automatisiert waren, beliefen sich die entsprechenden Prozentsätze in Großbritannien auf 20 v. H., in Frankreich auf 15,9 v. H., in Holland auf 10 v. H., in Belgien auf 4 v. H. und in Italien auf 3,6 v. H. Vergleicht man dagegen diese Zahlen mit der Situation in den Vereinigten Staaten, so hat es den Anschein, als ständen die dortigen Webereien dem technischen Fortschritt unvergleichlich aufgeschlossener gegenüber. In den USA beträgt nämlich der in den Produktionsvollzug eingegliederte Anteil von Webautomaten seit langem bereits über 80 v. H. (1950: 86 v. H.[42]).

Es wäre verfrüht, an dieser Stelle bereits nach den Gründen für den Widerstand zu fragen, dem der Webautomat in Europa offenbar bisher begegnet ist, beziehungsweise eine Erklärung zu verlangen für die entgegengesetzte Entwicklung in den USA. Diese Aufschlüsse werden sich im Verlaufe der späteren Untersuchungen ergeben.

e) Die Entwicklung der betriebswirtschaftlichen Probleme im Zuge des technischen Fortschrittes in der Tuchweberei

Der Betrachter der Entwicklungsgeschichte des Webstuhles findet in ihr die bereits während der grundsätzlichen Erörterungen über das Gesicht des technischen Fortschrittes in der Tuchweberei getroffene Feststellung bekräftigt, daß der neuzeitliche automatische Webstuhl nicht das Ergebnis einer revolutionären technischen Entdeckung ist, die der Uneingeweihte, durch Berichte aus anderen Industriezweigen „Verwöhnte", hinter den Worten „Fortschritt" und speziell „automatisch" vermuten könnte. Wenn auch die Entwicklung der Webtechnik im Laufe der Jahrhunderte zuweilen recht einschneidende Änderungen im Produktionsvollzug mit sich brachte, so gingen diese Auswirkungen doch stets nur von einer *evolu-*

---

[40] Nach *M. Kaiser*, Probleme einer Analyse..., a. a. O., S. 77.
[41] Nicht veröffentlichte Tabelle des Statistischen Bundesamtes.
[42] Vgl. Industrie Lainière, a. a. O., p. 186.

tionären Verbesserung der Webtechnik auf der Grundlage des unveränderten Webprinzips aus.

Mit der allmählichen Vervollkommnung der Technik des Produktionsvollzuges werden auch die entsprechenden wirtschaftlichen Zusammenhänge nach und nach mannigfaltiger und komplizierter. Daher erschien die Verfolgung der technischen Entwicklung sehr geeignet als Einführung in eine Anzahl betriebswirtschaftlicher Probleme, die die moderne Webereiproduktion aufwirft. Immer wieder heben sich in der Darlegung der Webstuhlentwicklung die technischen Komponenten ab, die die betriebswirtschaftlichen Schlüsselgrößen Leistung, Kosten und Wirtschaftlichkeit maßgeblich bestimmen.

Mit den erhöhten Anforderungen der Konstruktion und Arbeitsweise des Webstuhles an die Faser rücken deren Eigenschaften um so mehr in den Vordergrund wirtschaftlicher Überlegungen, als der Nutzen des Maschineneinsatzes für den Betrieb mehr und mehr von einem hohen Ausnutzungsgrad der teuren Stühle abhängt. – Das Einsparen menschlicher Arbeitskraft beim Produktionsvollzug zugunsten der Technik wird, mit der Verbilligung technischer Anlagen und der Verteuerung der Arbeitskraft einerseits sowie dem bewußteren Streben nach Erleichterung der Arbeitsbedingungen auf der anderen Seite, zu einem immer dringlicheren Postulat. Das wirtschaftliche Abwägen aber zwischen dem Einsparen von Arbeitskraft und dem vermehrten Bedarf an Sachgütern macht in zunehmendem Maße Kopfzerbrechen. Zudem ist die Konkurrenz auf den nationalen und internationalen Märkten ständig im Wachsen begriffen, was schärfere Kalkulationen notwendig macht. Technische Programme zur Leistungssteigerung und Kostensenkung mit dem Zweck der Hebung der Wirtschaftlichkeit müssen strenger Kritik und wirtschaftlicher Durchleuchtung unterzogen werden, ehe sie in die Tat umgesetzt werden können.

Die wirtschaftlichen Schwierigkeiten bei der Umstellung des Produktionsvollzuges auf technische Neuerungen haben sich seit dem Übergang vom Handwebstuhl zum mechanischen Stuhl nicht verringert. Die Frage nach der Verwendung der veralteten, aber oft noch verhältnismäßig leistungsfähigen Maschinen wollte stets beantwortet sein. – Immer größere Kapitalbeträge gilt es aufzubringen. Betriebsleitung und Arbeiter müssen sich in die neuen Verhältnisse einarbeiten. Die langfristigen Rückwirkungen der Verwirklichung des Fortschrittes auf die Konkurrenzlage, Produktionselastizität und dergleichen mehr sind abzuschätzen und zu berücksichtigen.

In keinem Falle ist der Fortschritt radikal und umfassend genug gewesen, um den alten Stand der Technik *mit einem Male* aus dem Felde zu schlagen. Es bedurfte vielmehr erbitterter und langwieriger Konkurrenzkämpfe, ehe er sich allgemein durchzusetzen vermochte. Aus dieser Tatsache des Nebeneinander verschiedener Stadien technischer Entwicklung ergeben sich weitere betriebswirtschaftliche Probleme. Vor allem werden hierdurch die Fragen aufgeworfen einerseits nach dem Zeitpunkt, zu dem es notwendig und (oder) möglich ist, sich von weiteren alten Anlagen zu trennen, andererseits nach dem Ausmaß, in dem sich die Ablösung der alten Anlagen durch neue vollziehen soll und kann.

Einer großen Zahl dieser in der Betrachtung der geschichtlichen Entwicklung des technischen Fortschrittes angeklungenen Fragen wird im Verlaufe der weiteren Untersuchungen nachzugehen sein.

II. Die Auswirkungen des technischen Fortschrittes im Leistungsbereich des Produktionsvollzuges

1. Vorbemerkungen über Begriff, Maß und Aussagekraft der Leistung

Ehe wir uns der Betrachtung der Einflüsse technischen Fortschrittes auf die Leistung des Produktionsvollzuges im einzelnen zuwenden, wie es im vorangehenden bereits als naheliegend und notwendig dargestellt und begründet wurde, bedarf es im Interesse eines leichten und eindeutigen Verständnisses der folgenden Überlegungen einiger grundsätzlicher Bemerkungen.

1. In der allgemeinen, speziell aber auch in der betriebswirtschaftlichen [43] Literatur sowie nicht minder in der Praxis werden dem *Begriff* der Leistung sehr unterschiedliche Bedeutungen beigemessen. Daher nimmt es nicht wunder, daß solcherart unterschiedliche Interpretationen zu Mißverständnissen bei denjenigen Untersuchungen und Auseinandersetzungen führen, die mit dem Begriff der Leistung operieren, ohne eine genaue Erklärung dessen voranzuschicken, was im Einzelfall unter dieser Bezeichnung verstanden werden soll. Es liegt auf der Hand, daß die Unterlassung einer entsprechenden Klärung auch dem Verständnis der nachfolgenden Ausführungen, in deren Mittelpunkt die Leistung als eines der repräsentativen Kriterien der Auswirkungen technischen Fortschrittes auf den Produktionsvollzug steht, abträglich sein würde.

Mit dem Begriff der Leistung bezeichnen wir ausschließlich das quantitative Ergebnis der Tätigkeit eines Webstuhles oder auch anderer Produktionsmittel. Damit schließen wir uns unter anderem auch Geldmacher [44] an, der Leistungen als „Ergebnisse der (betrieblichen) Tätigkeit" definiert und zur Erläuterung „gebräuchliche Bezeichnungen wie wirtschaftstechnische Leistung, Produkt, Leistungseinheit oder Stück ..." anführt. Es ist in diesem Zusammenhang zunächst ohne Belang, welche und wie viele Güter (Betriebsmittel, menschliche Arbeit u. a. m.) bei der Tätigkeit des Stuhles verzehrt werden. Vielmehr wird das Ergebnis dieser Tätigkeit bzw. – durch Vergleiche mehrerer Ergebnisse – die Leistungswirksamkeit technischen Fortschrittes rein quantitativ an der Menge der erstellten Güter ermessen. Die Leistung ist in diesem Sinne somit kein Maß für den Wert der erstellten Erzeugnisse. Sie sagt weder etwas aus über das, was zu ihrer Erstellung hergegeben werden muß (Kosten), noch über das, was sie dem Betrieb einbringt (Erlös).

2. Über die Auseinandersetzung und Klärung des Begriffs der Leistung hinaus bedarf es weiter der Entscheidung für ein *Maß*, mit dem die Leistung zu messen

---

[43] Vgl. *Th. Beste*, Was ist Leistung in der Betriebswirtschaftslehre, a. a. O., S. 1–18.
[44] *E. Geldmacher*, Grundbegriffe ... des Rechnungswesens, a. a. O., S. 6.

ist. Auch in dieser Hinsicht fehlt es in Literatur und Praxis an Einhelligkeit.
Die Leistung kann zweifellos nur genau erfaßt und gekennzeichnet werden durch eine Maßgröße, die in einem direkten Verhältnis (Proportion) zur Maschinentätigkeit steht. „Jedes Messen", so führt Rummel [45] hierzu aus, „erfolgt nach Maßstäben, für die nur Größen in Betracht kommen, die in einer Proportion zu den zu messenden Größen stehen." Besteht keine derartige Proportionalität zwischen Maßgröße und wirklicher Tätigkeit der Maschine, so wird das Ergebnis ihrer Tätigkeit (Leistung) ungenau, wenn nicht sogar gänzlich falsch erfaßt.

Aus diesem Grunde darf die Webstuhlleistung beispielsweise nicht an den Gewebemetern gemessen werden, die der Stuhl zu erstellen in der Lage ist. Diese Maßgröße, die vielfach in offiziellen Statistiken Verwendung findet, übersieht, daß das Weben eines Quadratmeters Tuch je nach der Gewebedichte und Gewebebreite unterschiedliche Stuhlleistungen erfordert und daß zwischen hergestellten Quadratmetern und wirklicher Stuhlleistung somit kein direktes Verhältnis besteht. Dieser Maßstab kommt deshalb für uns nicht in Frage.

Die eigentliche Tätigkeit des Stuhles erstreckt sich auf das Einschießen der Schußfäden in die Kette. Die Suche nach einer Maßgröße, die zu dieser Tätigkeit im direkten Verhältnis steht, führt zu dem naheliegenden Schluß, daß nur die *Schußanzahl*, die der Webstuhl in die Kette einträgt, zu seiner Leistung proportional ist. Das Ergebnis der Stuhltätigkeit wächst mit der eingetragenen Schußzahl (und zwar ausschließlich mit ihr) um das gleiche Maß. Es gibt keine andere Größe, für die dasselbe zutrifft. Im folgenden wird darum die erzielte Schußzahl als Maß für die Leistung des Webstuhles angesehen. In den Fällen, in denen mit der Angabe der Leistung eine Aussage über das Verhältnis von Leistung und Leistungsfähigkeit einer technischen Einrichtung verknüpft werden soll, findet der indirekte – und gewissermaßen tendenziöse – Maßstab des Nutzeffektes Verwendung, der jedoch auch auf der Grundlage der geleisteten Schußzahl (allerdings unter Einbeziehung der jeweiligen Tourenzahl) aufbaut.

3. Hinsichtlich der Frage nach dem Sinn der leistungsmäßigen Betrachtung der Auswirkungen technischen Fortschrittes und ihrer Aussagekraft ist als erstes hervorzuheben, daß sie den gesamten quantitativen Einflußbereich des technischen Fortschrittes im Produktionsvollzug erschließt. Sie wirft gleichzeitig organisatorische Probleme auf und fordert deren Lösung. Vor allem aber bildet sie das unerläßliche Fundament für die anschließenden Kosten- und Wirtschaftlichkeitsüberlegungen, erarbeitet für diese gewissermaßen das Rüstzeug und zeigt Wege und Wegrichtungen auf, die diese späteren Untersuchungen zu beachten haben, und die bis ins kleinste zu kennen für sie von großer Bedeutung sein wird. Darüber hinaus lassen sich aus der leistungsorientierten Analyse der Auswirkungen des technischen Fortschrittes eine Reihe von nicht bezifferbaren, sogenannten imponderablen Folgen der Einführung technischen Fortschrittes in den Produktionsvoll-

---

[45] *K. Rummel*, Einheitliche Kostenrechnung, a. a. O., S. 2.

zug ableiten, ja, sie werden zum Teil nur auf Grund einer solchen Betrachtung erkennbar sein. So sind die folgenden Ausführungen nicht zuletzt auch bereits im Hinblick auf ihre spätere Verwendung und Bedeutung zu werten.

2. Die Steigerung der Grundleistung durch technischen Fortschritt bei mechanischen und automatischen Webstühlen

Die Fortschritte moderner Webtechnik, soweit sie an der *Menge* der Webstuhlleistung zu messen sind, werden gemeinhin darin gesehen, daß
a) die Tourenzahlen wesentlich erhöht werden konnten und damit ein höherer Schußeintrag je Zeiteinheit verbunden ist, und daß
b) die Stillstände wegen Schußspulenwechsels beim Automaten fortfallen, wodurch infolge des kontinuierlicheren Stuhllaufes eine erheblich höhere Ausnutzung der Maschinen zu erreichen ist.

Diese Ansicht bedarf jedoch einer genauen Überprüfung, in erster Linie hinsichtlich des definitiven Ausmaßes der Leistungssteigerung, dann aber auch, um aufzuzeigen, ob diese Steigerung in jedem Falle zu erzielen ist oder ob sie – sei es prinzipiell, sei es nur graduell – von gewissen Bedingungen abhängt.

Im Interesse einer eindeutigen Analyse soll sich die Untersuchung zunächst nur auf die „Grundleistung" erstrecken. Unter Grundleistung ist die Leistungskraft des Webstuhles zu verstehen, die er besäße, wenn er ohne Stillstand laufen würde; bei mechanischen Stühlen werden jedoch die Stillstände beim Auswechseln der Schußspulen einbezogen, die beim Automaten nicht auftreten. Die in praxi unvermeidlichen Stillstände, vor allem bei Fadenbrüchen und Kettenwechsel, werden vorerst außer acht gelassen. Wegen ihrer Abhängigkeit von verschiedenen und schwankenden Einflußgrößen bedürfen sie einer gesonderten Durchleuchtung.

a) Leistungssteigerung durch Erhöhung der Tourenzahl

Die Folgen der Erhöhung der Tourenzahl für die Grundleistung sind eindeutig und bedürfen keiner Diskussion. Moderne Webstühle erreichen Tourenzahlen von 110 bis 150 Umdrehungen in der Minute (= U/Min.) [46]. Dies gilt sowohl für Automaten als auch für mechanische Webstühle, die auch heute noch einen großen Anteil an der Fabrikation der Webstuhlfabriken haben. Bei manchen Automaten geht ihr komplizierter Mechanismus allerdings auf Kosten der Tourenzahl, so bei dem derzeitig einzigen, seit längerem erprobten Pic-à-pic-Automaten für vier Farben, der mit maximal 120 U/Min. offeriert wird.

Betrachtet man ausschließlich die Tourenzahl, so kann man also keine eindeutige Überlegenheit des Automaten gegenüber fortschrittlichen mechanischen Stüh-

---
[46] Die Sulzer-Webmaschine (vgl. S. 26) leistet ein Mehrfaches dieser Tourenzahl.

len feststellen. Beide haben in den letzten Jahren im Vergleich zu den bisher bekannten Stühlen, deren Schußzahl bei einem Durchschnitt von etwa 105 U/Min. liegt, eine Steigerung der Grundleistung [47] über die Tourenzahl von 15 bis 45 v. H. erfahren.

Bei Leistungs- und Wirtschaftlichkeitsvergleichen zwischen mechanischen und automatischen Webstühlen wird vielfach von der (meist tendenziösen) Fiktion ausgegangen, daß nur Automaten den Vorteil der höheren Tourenzahl aufweisen, anstatt richtigerweise *zwei moderne* Maschinen miteinander zu vergleichen.

b) Unterschiedliche Auswirkungen der Leistungssteigerung durch automatisches Spulenwechseln

Weniger eindeutig als die Erhöhung der Leistung mit Hilfe der Tourenzahl ist ihre (relative) Steigerung infolge des Einsparens von Schußwechselstillständen bei Automaten festzulegen. Sie hängt nämlich von der *Dauer* und der *Häufigkeit* der Wechselvorgänge beim mechanischen Webstuhl ab, wobei beide Faktoren nicht konstant sind.

So wird die Stillstandszeit für das Auswechseln der Spule in erster Linie durch Aufmerksamkeit, Erfahrung und Geschicklichkeit des Webers bestimmt. (Die Bedeutung der Konstruktion der Spindellagerung und der Fadenführung im Schützen ist nicht nennenswert.) Sobald eine Spule abgelaufen ist, muß der Stuhl vom Weber stillgesetzt werden, damit eine volle Spule in den Schützen eingelegt werden kann. Geübte Weber wechseln die Spule, kurz bevor sie völlig abläuft. So wird unnötiger Garnverlust vermieden und gleichzeitig ein umständliches und aufhaltendes Zurückweben und Wiederaufsuchen des verlorenen Faches umgangen.

Als Ergebnis durchgeführter Refa-Zeitstudien konnte festgestellt werden, daß mit einer Stillstandszeit des Stuhles während des Spulenwechsels von $t_{sp} = 0,25$ Minuten gerechnet werden muß. Das entspricht bei einer Tourenzahl von 120 U/Min. einem Ausfall von 30 Schuß, bei 140 U/Min. einem Ausfall von 35 Schuß je Spulenwechsel.

Die zweite Komponente, von der die Unterlegenheit der Grundleistung mechanischer Webstühle gegenüber Webautomaten abhängt, ist die Häufigkeit der Spulenwechsel. Diese wird ihrerseits bestimmt durch die Stuhlgeschwindigkeit sowie durch das je nach Schützengröße und Garn-Nummer variierende Fassungsvermögen der Spule [48]. (Die Rietbreite wird als konstant betrachtet.)

Auf Grund dieser Abhängigkeit errechnet sich der Leistungsverlust mechanischer Stühle infolge Spulenwechselns gegenüber Automaten wie folgt:

---

[47] Auf den Einfluß der Erhöhung der Tourenzahl auf die Fadenbruchhäufigkeit, die die Steigerung der Grundleistung u. U. untergräbt, gehen wir an anderer Stelle (vgl. S. 44) ein.
[48] Für die Wechselhäufigkeit ist die Anzahl der Schußfarben (jede Farbe = eine Spule) ohne Bedeutung. Die Wechsel verteilen sich lediglich je nach der Spulenanzahl in anderer Folge auf die Gesamtzeit.

Die Laufzeit (T) der Spule ergibt sich aus dem Verhältnis der Fadenmeter je Spule zu der Garnabwicklung in m/Min.:

(1) $$T = \frac{g \cdot Nm}{U \cdot R};$$

dabei bedeuten: g = Nettogewicht der Spule; Nm = metrische Garnnummer; U = Schuß je Minute; R = Rietbreite.

Dividiert man die Laufzeit durch die Zeiteinheit (60 Min.), so ergibt sich daraus die Anzahl, beziehungsweise die Häufigkeit (n) der Spulenwechsel in der Stunde:

(2) $$n = \frac{U \cdot R \cdot 60}{g \cdot Nm};$$

Die Multiplikation der Wechsel je Stunde mit der für jeden Wechsel erforderlichen Zeit und der Tourenzahl ergibt den absoluten Leistungsverlust mechanischer, beziehungsweise Leistungsvorteil automatischer Stühle je Stunde in Schuß:

(3a) $$V_{absol.} = n \cdot t_{sp} \cdot U;$$

Setzt man in diese Gleichung für n den Wert der Gleichung (2), so erhält man:

(3b) $$V_{absol.} = \frac{U \cdot R \cdot 60 \cdot t_{sp} \cdot U}{g \cdot Nm};$$

$$= \frac{U^2 \cdot R \cdot t_{sp} \cdot 60}{g \cdot Nm}$$

Dann beträgt der prozentuale Leistungsverlust (in v. H. der Leistung automatischer Stühle):

(3c) $$V_{relat.} = \frac{U^2 \cdot R \cdot t_{sp} \cdot 60 \cdot 100}{g \cdot Nm \cdot U \cdot 60}$$

$$= \frac{U \cdot R \cdot t_{sp} \cdot 100}{g \cdot Nm};$$

Der Ausdruck (3c) läßt leicht erkennen, daß sich die Kluft zwischen der Grundleistung mechanischer und automatischer Stühle um so weiter öffnet (enger schließt), je kleiner (größer) der Schützen beziehungsweise die Spindel, je gröber (feiner) das Garn und je höher (niedriger) die Tourenzahl ist (vgl. die Abbildungen 2, 3 und 4, Seiten 36 u. 37).

Über die Kenntnis der *grundsätzlichen* Zusammenhänge und der *Tendenz* ihrer Auswirkungen auf das Leistungsvermögen hinaus ist es zur gerechten Beurteilung dieser Auswirkungen vor allem wichtig, sich über ihr Ausmaß Klarheit zu verschaffen.

Diesem Zwecke sollen die folgenden Beispiele dienen. Sie veranschaulichen das Ausmaß der Leistungsänderungen infolge der Variation jeweils einer der drei Einflußgrößen: Tourenzahl, Garn-Nummer und Spulengewicht. Die Streubreite der Variation hält sich dabei innerhalb der Grenzen der gebräuchlichen Größen der Praxis. Für die konstanten Faktoren wurden Mittelwerte gewählt. Demnach greifen die Beispiele keine außergewöhnlichen Fälle heraus, sondern erläutern durchaus die normalen Verhältnisse. Ein Sonderfall ist lediglich die letzte Spalte in Fall 3 (g = 150) der Tabelle Seite 38; auf ihn wird im Zusammenhang mit der Besprechung des Großraumschützens noch gesondert einzugehen sein.

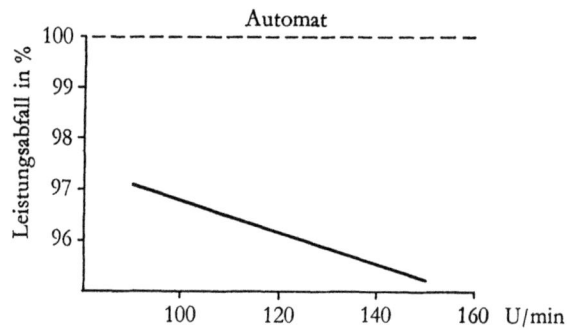

Abb. 2: Die Abhängigkeit von der Tourenzahl (U)

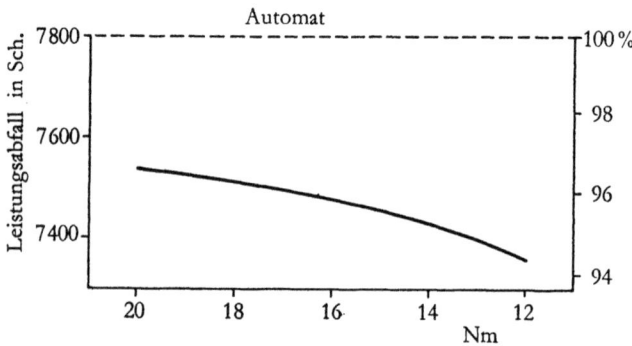

Abb. 3: Die Abhängigkeit von der metrischen Nummer (Um)

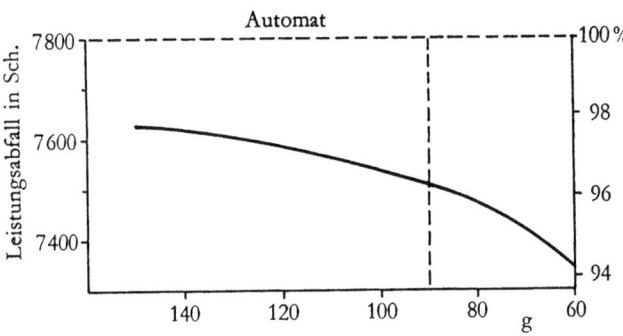

Abb. 4: Die Abhängigkeit vom Spulengewicht (g)

Abb. 2–4: Die Abhängigkeit des Maßes der Leistungssteigerung durch automatisches Spulenwechseln von Tourenzahl, metrischer Nummer und Spulengewicht

Erster Fall: Die Abhängigkeit der Grundleistung von der Tourenzahl (U); vgl. Abbildung 2, Seite 36.

Bedingungen: $\dfrac{R \cdot t_{sp}}{g \cdot Nm} = c$; $g = 80$; $R = 1{,}65$ cm[49]; $Nm = 16$;

	U = 90	U = 100	U = 110	U = 120	U = 130	U = 140	U = 150
$V_{absolut}$ in Schuß	156	193	234	278	327	378	434
$V_{relativ}$ in v. H.	2,9	3,2	3,5	3,8	4,2	4,5	4,8

Zweiter Fall: Die Abhängigkeit der Grundleistung von der metr. Garn-Nr. (Nm); vgl. Abbildung 3, Seite 36.

Bedingungen: $\dfrac{R \cdot U \cdot t_{sp}}{g} = c$; $U = 130$; $g = 80$; $R = 165$ cm ;

	Nm = 12	Nm = 14	Nm = 16	Nm = 18	Nm = 20
$V_{absolut}$ in Schuß	436	373	327	290	261
$V_{relativ}$	5,5	4,8	4,2	3,7	3,4

[49] Mit zunehmender Rietbreite nimmt die Laufzeit der Spule ab. Daher treten die in den folgenden Beispielen dargelegten Leistungsunterschiede um so deutlicher hervor, je größer die Webbreite ist.

Dritter Fall: Die Abhängigkeit der Grundleistung vom Spulengewicht (g); vgl. Abb. 4, S. 37
Bedingungen: $\frac{R \cdot U \cdot t_{sp}}{Nm} = c$; U = 130 ; R = 165 cm ; Nm = 16

	g = 60	g = 70	g = 80	g = 90	g = 100	g = 150
$V_{absolut}$ in Schuß	436	373	327	290	261	174
$V_{relativ}$	5,5	4,8	4,2	3,7	3,4	2,2

Die Beispiele lassen unter anderem folgende Schlußfolgerungen zu:

1. Die Leistungsunterschiede bewegen sich innerhalb eines Spielraumes von über 3 v. H. Sie lassen den mechanischen Webstuhl gegenüber dem Automaten von 2,2 v. H. = 174 Schuß/Std. bis zu 5,5 v. H. = 436 Schuß/Std. in der Grundleistung unterlegen sein. Nimmt man an, daß die effektive Maschinenauslastung (Nutzeffekt) 85 v. H. beträgt, und rechnet man mit einem Gewebe von 18 Schuß je cm, so entsprechen die genannten Leistungsunterschiede einer Produktionsunterlegenheit mechanischer Stühle von rd. 8 bis 21 cm/Std. Wenn ein Unterschied von 8 cm/Std. vielleicht noch tragbar erscheint, so fällt eine Minderleistung von über 20 cm/Std. doch sicherlich spürbar ins Gewicht. Dies erhellt auch die Überlegung, daß 20 cm je Stuhl und Stunde bei einer mittleren Weberei mit 70 Stühlen eine Produktion von 112 m Ware je Schicht ausmacht[50].

2. Die Beispiele stellen nur einige Normalfälle der Praxis dar. Bei jedem Beispiel wurden für die konstanten Größen Mittelwerte eingesetzt. Es sind darüber hinaus aber auch Fälle denkbar, in denen *alle* Werte an der oberen beziehungsweise alle Werte an der unteren Grenze der normalen Spannweite liegen. Das eine wäre gegeben, wenn die Tourenzahl 150 U/Min., die Garn-Nummer Nm = 12 und das Spulengewicht g = 60 betrügen, das andere, wenn 90 U/Min. bei Nm = 20 und g = 150 wären. Der Leistungsunterschied würde sich dann auf 8,6 v. H. beziehungsweise 1,2 v. H. belaufen.

3. Während eine Änderung der Tourenzahl linearen Leistungsabfall zur Folge hat, wird die Wirkung einer Erhöhung des Spulengewichtes oder die Verfeinerung des Garnes (Erhöhung der Nm) immer schwächer. Hat die Gewichtserhöhung um 10 g von 60 auf 70 g noch eine Leistungssteigerung von 1,3 v. H. zur Folge, so beträgt der Unterschied im Bereich von 90 zu 100 g nur noch 0,3 g. Eine Gewichtserhöhung um 50 g, von 100 auf 150 g, hat insgesamt einen geringeren Leistungseffekt als eine Erhöhung um nur 10 g von 60 auf 70 g. (Vgl. auch die Ausführungen über den Großraumschützen auf Seite 39 f.)

---

[50] Obwohl sich der Betriebswirt mit einer derartigen reinen (Leistungs-)*Mengen*-Betrachtung nicht begnügen darf, da er sie stets in bezug auf Kosten, Wirtschaftlichkeit und Rentabilität sehen muß, gibt sie ihm doch Aufschlüsse, auf die er schon allein deshalb nicht verzichten kann, weil er sie als Unterlage für seine weiteren Berechnungen benötigt.

4. Aus der Tatsache, daß der Nutzeffekt mechanischer Webstühle oder, mit anderen Worten, das Mengenergebnis des Produktionsvollzuges spürbar durch das Fassungsvermögen der Schußspulen beeinflußt wird, erwächst die wichtige Forderung nach *gleichmäßigen* Spulengewichten, auf die in der Schußspulerei großer Wert zu legen ist. Mehrfache Stichproben in einem Webereibetrieb haben beispielsweise Schwankungen im Nettogewicht der Spulen zwischen 60 und 85 g aufgedeckt. Das entspricht, wie aufgezeigt, Schwankungen im Nutzeffekt von fast 2 v. H.

Darüber hinaus werden diese Nachteile noch erheblich verstärkt durch die Verwirrung, die ungleicher Spulenablauf im Arbeitsrhythmus des Webers beziehungsweise des Spuleneinlegers bei Automaten stiftet, wodurch der Nutzeffekt einen weiteren Druck erfährt.

5. Das Ausmaß der Grundleistungsunterschiede zwischen automatischen und mechanischen Stühlen hängt offenbar von den Artikeln ab, die gewebt werden, da sie die Garn-Nummer und – mehr oder weniger – auch Tourenzahl und Spulengewicht bestimmen. Das Fertigungsprogramm entscheidet also mit darüber, in welchem Umfang die Unterschiede im einzelnen Betrieb zur Geltung kommen.

Darüber hinaus sollte sich auch die Disposition der dargelegten Zusammenhänge bewußt sein und ihrer bei der Planung der Belegung der Stühle Rechnung tragen.

Auch bei der Investition neuer Webstühle ist es ein wichtiges Erfordernis, auf die Abhängigkeit der Leistungsunterschiede von Tourenzahl, Garn-Nummer und Spulengewicht zu achten.

c) Vor- und Nachteile der Leistungsbeeinflussung durch die Verwendung von Großraumschützen

Die Überlegung, daß sich die Grundleistung mechanischer Stühle mit wachsendem Fassungsvermögen des Schußgarnkörpers näher an die Leistung automatischer Stühle heranheben läßt (vgl. Beispiel 3, Seite 38), hat in der Praxis immer wieder zu Versuchen geführt, diesem Ziel durch die Verwendung übergroßer Schützen näherzukommen.

Und in der Tat rühmt man sich mancherorts, mit Hilfe solcher „Großraumschützen" sehr günstige Ergebnisse erzielt zu haben. Leider gelang es nicht, für die vorliegende Arbeit genaue Unterlagen über solche Erfolge verfügbar zu machen.

Dagegen konnte ein Versuch mit Großraumschützen beobachtet werden, der zu keinem befriedigenden Ende führte. Es wurde dabei nämlich schon nach kurzer Erprobung offenbar, daß einerseits die direkte Wirkung auf die Leistung verhältnismäßig gering war und daß ihr auf der anderen Seite erhebliche Nachteile gegenüberstanden, die sich allerdings zum Teil nur indirekt auf die Leistung auswirkten oder sich in der Leistung selbst überhaupt nicht niederschlugen. Die Nachteile waren so zahlreich, daß sie zu starken generellen Zweifeln an den angeblichen Vorteilen der Großraumschützen Anlaß geben.

Im folgenden werden die Ergebnisse des erwähnten Versuches, untermauert und ergänzt mit Hilfe von Befragungen verschiedener Betriebe und erfahrener Praktiker, dargelegt. Exaktes Zahlenmaterial liegt allerdings auch hier nicht vor, weil der Versuchszeitraum für die entsprechenden Ermittlungen nicht ausreichte, da der Versuch abgebrochen wurde, als sich schon bald die *Tendenz* der Wirkungen unverkennbar abzuzeichnen begann [51].

1. Durch den Austausch einer Spule von 80 g gegen eine Großraumspule von 150 g hätte eine Steigerung der Grundleistung von rd. 2 v. H. erreicht werden müssen. Außerdem hatte nach Vorausberechnungen (auf der Grundlage einer durchschnittlichen Garn-Nummer 18) jedem Weber ein zusätzlicher Stuhl zugeteilt werden sollen, ohne die Befürchtung, daß dadurch der Gesamtnutzeffekt der Stühle sinken würde.

2. Die effektive Leistung aber lag im Versuchsbeispiel nicht um 2 v. H. über der früheren Leistung, sondern sogar um 2 v. H. *darunter*. Dies war darauf zurückzuführen, daß das Schußgarn der infolge der Schützenschwere erhöhten Zugkraft nicht gewachsen war, so daß entweder die Tourenzahlen gedrosselt oder höhere Fadenbruchzahlen in Kauf genommen werden mußten. An eine höhere Stuhlzahl je Weber ohne gleichzeitige Senkung des Nutzeffektes war nicht zu denken.

Als man widerstandsfähigeres Garn verwendete, für das im Rahmen des Fertigungsprogrammes an sich nur relativ wenig Bedarf vorlag, wurde das Absinken der Leistungsmenge zwar vermieden, und die Steigerung der Grundleistung konnte sich auch in der effektiven Leistung behaupten; die folgenden Nachteile jedoch ließen sich auch dann noch nicht ausschalten:

3. Schuß- und Kettgarn sind durch Großraumschützen einem höheren Verschleiß während des Webprozesses unterworfen. Der Schußfaden wird einer verstärkten Spannung ausgesetzt, die im Gewebe Fehler sichtbar macht. Der schwerere Schützen verursacht eine größere Reibung auf der Gleitbahn der Kette im Fach. Das Fach selbst muß weiter aufgerissen werden als für einen flachen Schützen [52]. Auch hierdurch leidet die Kette nicht unbeträchtlich. Eine Erhöhung der Fadenbruchzahl durch diese Ursache wurde im Versuchsfall festgestellt.

4. Schwerere Schützen und größere Fachöffnung bedingen eine entsprechend stabilere Konstruktion des ganzen Webstuhles. Auf leichte Schützen hin gebaute

---

[51] Der Vollständigkeit wegen läßt es sich bei der Aufzählung der Versuchsergebnisse nicht umgehen, von dem Vorsatz abzuweichen, vorerst ausschließlich den *Leistungsbereich* des Produktionsvollzuges zu beachten. Hinzu kommt, daß das Problem des Großraumschützens im weiteren Verlauf der Untersuchungen nicht mehr behandelt werden soll, da es, wie nunmehr deutlich werden wird, zu große und ungerechtfertigte Verwirrung stiften würde. Ein Teil der Folgen des Einsatzes von Großraumschützen, vor allem Ziff. 7 und 8, treten in ähnlicher Form auch beim Einsatz automatischer Stühle auf. Sie werden uns insofern noch weiter beschäftigen. Zu den Nachteilen der Verwendung von Großraumschützen vgl. auch *K. Schwabe*, Die natürlichen Grenzen des Großraumschützens, a. a. O., S. 255.

[52] Vgl. *J. Deussen*, Buntautomaten, Mischwechselautomaten oder Großraumschützen? a. a. O., S. 293.

Stühle zeigen sich schon nach kurzer Zeit den erhöhten Anforderungen nicht gewachsen. Gußbrüche, ausgeschlagene Lager usw. sind die Folge. Die Stühle müssen also umgebaut werden, vorausgesetzt, daß dieser Weg überhaupt technisch gangbar ist. Ein Umbau aber verursacht gegebenenfalls nicht unter 10 v. H., oft bis zu 30–40 v. H. der ursprünglichen Anschaffungskosten als Umbauaufwand.

5. Der schwerere Stuhlbau verlangt mehr Antriebsenergie.
6. Der Ersatzteilbedarf ist höher als bei leichten Schützen. Schlagriemen, Schlagstöcke, Picker usw. verschleißen rascher.
7. Das häufigere Auswechseln der Ersatzteile macht höhere Stillstände wegen dieser Reparaturen erforderlich.
8. Da nicht jeder Artikel mit Großraumschützen zu weben ist, kann allenfalls nur ein Teil des Webstuhlparkes einer Weberei mit ihnen ausgerüstet sein. Das hat alle Nachteile eines nicht einheitlichen Maschinenparkes zur Folge, wie zum Beispiel:

Ausdehnung des Ersatzteillagers, sowohl quantitativ wie qualitativ;
Um- und Einstellung der Schußspulerei auf die größeren Spindeln;
Umstellung von Webern und Meistern auf die neuen Stühle; das erschwert die Austauschbarkeit des Bedienungspersonals und bringt neue Fehlerquellen mit sich;
Erschwerung der Arbeit der Lohnermittlung sowie der Arbeitsvorbereitung.

Mit der Untersuchung der Möglichkeiten der Leistungssteigerung durch Großraumschützen hat die Behandlung des Einflusses technischen Fortschrittes auf die Grundleistung der Webstühle ihren Abschluß gefunden.

3. Die Untergrabung der Leistungssteigerung durch Stuhlstillstände im Lichte technischen Fortschrittes

a) Das grundsätzliche Postulat der Reduzierung von Stuhlstillständen und seine zunehmende Dringlichkeit im Zuge der technischen Vervollkommnung

Außer den zwangsläufigen Stillständen bei mechanischen Webstühlen, von denen der Webautomat durch den technischen Fortschritt befreit werden konnte, gibt es andere Stillstände während des Produktionsvollzuges, die nach wie vor sowohl die Leistung mechanischer wie auch automatischer Webstühle drosseln. Ursachen derartiger Stillstände sind Fadenbrüche in Kette und Schuß, Ablauf einer Kette und Einlegen der neuen in den Stuhl, Maschinenpflege und Reparaturarbeiten sowie das Warten des Stuhles auf Bedienung. Bereits im Verlaufe der Untersuchung der Grundleistung ließ der Leistungsunterschied zwischen mechanischen und automatischen Stühlen, der durch die unvermeidlichen Spulenwechsel bedingt war, erkennen, daß die Leistung eines Webstuhles sehr empfindlich auf Unterbrechungen des Stuhllaufes reagiert.

Wir sahen auch, daß der Leistungsausfall um so größer ist, je höhere Tourenzahlen der Webstuhl an sich leistet. Stuhlstillstände wirken also allein am Maschinenausstoß gemessen [53] um so schwerer, je leistungsfähiger die Maschine ist, die von ihnen betroffen wird. Ein Stillstand von einer Minute bedeutet bei der einen Maschine den Ausfall von 100 Schuß, bei der anderen, modernen, das Anderthalbfache (150 Schuß).

Hinzu kommt, daß der technische Fortschritt durch die Automatisierung die Erhöhung der Stuhlzahl je Weber ermöglicht hat, worauf wir noch eingehend zu sprechen kommen werden. In diesem Zusammenhang sei lediglich darauf hingewiesen, daß durch die Erhöhung der Stellenzahl auch die Fälle zunehmen, in denen ein Stuhl auf Bedienung warten muß, weil der Weber soeben mit einem anderen Stuhl seiner Gruppe beschäftigt ist. Solche Wartezeiten, die um so häufiger auftreten können, je mehr Stühle einem Weber zugeteilt sind, erhöhen die Stillstandszeit für dieselbe Ursache bei Automaten gegenüber mechanischen Stühlen.

Vergleicht man beispielsweise die Auswirkungen eines Fadenbruches bei einem mechanischen Webstuhl älterer Bauart, der jedoch bereits mit Fadenwächtern ausgerüstet ist (Halbautomat), mit denen bei einem modernen Webautomaten, so ist es sehr augenfällig, daß dieser Fadenbruch im zweiten Fall wegen der höheren Tourenzahl und etwaiger Wartezeiten eine weit größere Leistungseinbuße hervorruft als im ersten Fall. Je mehr Stillstände eintreten, um so stärker machen sich diese Unterschiede bemerkbar.

Daraus ergibt sich das grundsätzliche Postulat, daß die Vermeidung beziehungsweise Reduzierung von Stillständen um so dringlicher wird, je vollkommenere Webstühle in den Produktionsprozeß eingespannt sind.

Auf die Bedeutung der Stuhlstillstände hinsichtlich der zuteilbaren Stellenzahl je Weber und Hilfskraft wird, wie schon erwähnt, in anderem Zusammenhang näher eingegangen. Hier sei lediglich auf das leicht einzusehende Prinzip hingewiesen, daß die Stellenzahl – und damit die Leistung je Arbeiter (Arbeitsproduktivität) – um so mehr erhöht werden kann, je weniger Arbeitskraft zur Behebung von Stillständen beansprucht wird.

b) Möglichkeiten und Grenzen der Vermeidung des Fadenbruches als dem hartnäckigen Gegner der Automatisierung

1) Ansatzpunkte für das Einschreiten gegen Fadenbrüche

Mit der Entwicklung der Fadenwächter, die den Stuhl stillsetzen, sobald ein Kett- oder Schußfaden gebrochen ist, und dadurch dem Weber einen Großteil seiner Beobachtungszeit sowie langwieriges Zurückweben und grobe Gewebefehler ersparen, ist die Technik anscheinend zunächst an eine Grenze der Möglichkeit

---

[53] ganz abgesehen von dem Wirtschaftlichkeitserfordernis besserer Kapitalausnutzung, das später noch zu behandeln sein wird.

gekommen, dem Menschen Hantierungs- und Beaufsichtigungsarbeit abzunehmen. Nach wie vor muß der Weber einen einmal gebrochenen Faden aufsuchen – was vor allem bei bunten Ketten häufig Mühe macht – und knoten. Diese Arbeit ist dem Weber neben der Beobachtung der Ware als einzige seiner zahlreichen ehemaligen Aufgaben verblieben. Es ist nicht zu erwarten, daß auch diese Arbeiten noch durch weitere Technisierung und Automatisierung verkürzt und dem Menschen abgenommen werden können.

Bemühungen zur Vermeidung oder doch wenigstens Einschränkung der stets Stillstände verursachenden Fadenbrüche, deren Auswirkungen, wie wir sahen, mit fortschreitender Technik immer schädlicher werden, können sich folglich nur darauf erstrecken, dem Übel von der Wurzel her zu Leibe zu rücken, das heißt, die Ursache der Fadenbrüche zu erkennen und womöglich auszuschließen.

Es besteht nicht immer Klarheit über Zahl und Charakter der Faktoren, die für das Brechen von Fäden im Webstuhl verantwortlich sind. Ehe die Wege beleuchtet werden, die sich zu ihrer Bekämpfung anbieten, sollen diese Faktoren daher in knapper Form zusammen- und vorausgestellt werden.

Die für die Entstehung von Fadenbrüchen maßgeblichen Faktoren:
1. Die Beschaffenheit des Rohstoffes,
   a) die natürliche Beschaffenheit,
   b) die Vorbearbeitung des Rohstoffes (Kette und Schuß) in der Webereivorbereitung,
   c) die klimatischen Verhältnisse im Produktionsraum;
2. die Beschaffenheit der Maschine,
   a) der Grad der Beanspruchung des Rohstoffes durch den Mechanismus des Webstuhles,
   b) der Grad der Rohstoffbeanspruchung durch den Zustand (Alter, Pflege) der Maschine.

2) Die Anpassung der Rohstoffqualität an die neuen technischen Verhältnisse im Websaal

Der Webprozeß beansprucht das zu verwebende Garn in erheblichem Maße durch seine fortwährenden heftigen Ruckbewegungen und die auf dem Faden lastenden, teilweise recht unterschiedlichen Spannungen. Nicht jedes Garn ist dieser Beanspruchung in gleicher Weise gewachsen. Ausschlaggebend für die Widerstandsfähigkeit und damit auch für die Bruchfestigkeit des Garnes ist die von Fall zu Fall sehr unterschiedliche Reißfestigkeit und die Elasitzät der einzelnen Faser[54] sowie die Drehung und der Durchmesser des Fadens. Der Grad der Beanspruchbarkeit schwankt nicht nur von Qualität zu Qualität, sondern auch innerhalb der selben Qualität. Die Beschaffenheit der Fasern „ist nach den einzelnen Herkunftsgebieten weitgehend differenziert durch Klima, Wetter und Bodenbeschaffenheit,

[54] Vgl. Ciba-Rundschau, a. a. O.

ja selbst die Rohstoffe mit denselben Anbau- und Zuchtbedingungen weisen von Jahr zu Jahr wesentliche, für ihre industrielle Verarbeitung bedeutsame qualitative Unterschiede auf"[55]. Diese Unterschiede treten in den Betrieben um so mehr zutage, je größer die Zahl der Qualitäten im Fertigungsprogramm ist und je stärker die klimatischen Bedingungen im Websaal, denen das Material ausgesetzt ist, schwanken.

Die Tabelle 5 zeigt zum Beispiel die Bruchlast- und Dehnungswerte für einige charakteristische Garnqualitäten des keineswegs ungewöhnlichen Fertigungsprogrammes einer Tuchfabrik.

Tabelle 5

lfd. Nr.	Nm	Qualität	Bruchl. in g			Dehnung in v. H.		
			höchst	niedr.	⌀	höchst	niedr.	⌀
1.	32/1	Cheviot	203	120	177	11,8	4,6	6,8
2.	32/1	Cheviot	198	76	142	16,7	5,3	9,6
3.	32/1	Merino	154	108	132	7,0	4,9	5,9
4.	40/1	Merino	140	87	125	13,7	5,2	7,9
5.	40/1	Trevira	438	236	352	28,0	17,4	24,5
6.	56/1	Trevira	376	132	225	25,3	15,2	22,2

Die Belastungsgrenze schwankt innerhalb einer Qualität bis zu 260 v. H. (2) beziehungsweise bis zu 284 v. H. (6). Ähnliches gilt für die Dehnungsfähigkeit (Elastizität). Die Unterschiede in der durchschnittlichen Belastbarkeit verschiedener Qualitäten sind, selbst bei gleicher metrischer Nummer, ebenfalls beträchtlich. Besonders auffällig ist der Unterschied in der durchschnittlichen Widerstandsfähigkeit zwischen Woll- und Kunstfaserqualitäten, der zum Beispiel von 4) zu 5) 280 v. H. beträgt. (Vgl. Seite 45.)

In derselben Weberei wurden Fadenbruchaufnahmen bei verschiedenen Garnqualitäten und metrischen Nummern (von Nm 28/2 bis 40/1) auf Webautomaten mit 130 U/Min. durchgeführt. Es ergaben sich Unterschiede in der Fadenbruchhäufigkeit (bei Kette und Schuß) von 3 bis zu 25 je Stuhlstunde. Diese Unterschiede waren eindeutig auf unterschiedliche Widerstandsfähigkeit des Garnes zurückzuführen. Andere Ursachen waren im Versuchsfall eliminiert.

Das Streben nach einem möglichst hohen Ausnutzungsgrad technisch fortschrittlicher Webstühle ist offensichtlich von vornherein illusorisch, wenn Qualitäten verwebt werden, die sich für die hohen Ansprüche dieser Maschinen nicht eignen. Da dieses Streben aber nicht nur hinsichtlich der mengenmäßigen Ausbringung, sondern auch im Hinblick auf die Wirtschaftlichkeit des Produktionsvollzuges [56]

---

[55] *H. Frackenpohl,* Probleme der Begutachtung..., a. a. O., S. 18; vgl. auch *L. Pohl,* Die wirtschaftliche Bedeutung..., a. a. O., S. 27/28, ferner *H. Croon,* Das Sortenproblem..., a. a. O., S. 1700.

[56] Vgl. S. 150 ff.

im Zuge der modernen Technik zu einem unumgänglichen Erfordernis geworden ist, ergibt sich daraus *die zwingende Voraussetzung der ausschließlichen Verarbeitung „automatenreifer" Garne auf automatischen Webstühlen.*

Charakteristisch für diese Tatsache, wenn auch ein wenig überspitzt und einseitig formuliert, ist die Feststellung Bissingers [57], der bezüglich der Automatisierung in der Textilindustrie zu dem Schluß kommt: „die Automatisierung hängt am (Woll-)Faden". Andere Autoren gaben der gleichen Tatsache bereits früher mit Betonung Ausdruck. „Die Tatsache, daß die textilen Grundstoffe ... organischer Natur und daher von nicht absoluter Gleichmäßigkeit und Fehlerhaftigkeit waren, daß es bis heute ... keine Möglichkeiten gibt, diese Schwankungen schon vor oder während ihrer Entstehung zu verhüten, war für die Wirtschaftlichkeit ihrer industriellen Verarbeitung von jeher von großer Bedeutung, vor allem dadurch, daß die Unregelmäßigkeiten des Materials, die sich nur durch die kontrollierende und ausgleichende menschliche Hand bewältigen lassen und welche sich die halbautomatische oder automatische Maschine nicht gefallen läßt, oft ganz wesentliche Hemmnisse der Mechanisierung und vor allem der Automatisierung der Produktion gewesen sind [58]."

Die Bedeutung und Kompromißlosigkeit des Postulats der ausschließlichen Verarbeitung automatenreifer Artikel auf modernen Webautomaten ist in der Praxis noch keineswegs allgemein erkannt. Immer wieder hört man Klagen über die „Unbrauchbarkeit" automatischer Webstühle. Der erreichbare Nutzeffekt sei viel zu niedrig, um eine ausreichende Wirtschaftlichkeit zu gewährleisten. Geht man solchen Klagen auf den Grund, so stößt man in vielen Fällen darauf, daß das Garn, mit dem die Stühle belegt werden, überhaupt nicht für Automaten brauchbar ist. Nicht alle Artikel sind eben dazu geeignet, auf automatischen Stühlen gewebt zu werden. Darüber sollte man sich von Anfang an klarsein, ehe man Automaten im eigenen Websaal aufstellt. Für Webereien mit einem Produktionsprogramm, das keine automatenreifen Garnqualitäten umfaßt, bleibt daher nur die Wahl zwischen entsprechender Aufnahme geeigneter Qualitäten und Verzicht auf automatische beziehungsweise hochtourige nichtautomatische Webstühle. In dieser Tatsache, der nicht genug Beachtung gezollt werden kann, ist wohl auch einer der Gründe zu sehen für das zögernde Vordringen automatischer Webstühle in der Tuchindustrie.

Derartige Überlegungen lassen ebenfalls die Bedeutung der in jüngerer Zeit mehr und mehr Boden gewinnenden *Kunstfasern* für die Tuchindustrie in einem besonderen Licht erscheinen. Die Kunstfasern (zum Beispiel Trevira, Diolen u. a. m.) eignen sich nämlich in vorzüglicher Weise wegen ihrer großen Reißfestigkeit für automatisches Weben. Es wundert daher nicht, daß sich gerade solche Betriebe, die derartige Kunstfasern verarbeiten, besonders mit der Automatisierung ihrer We-

---

[57] *E. Bissinger*, Die Automation hängt am Wollfaden, *Die Welt*, 31. 12. 1956.
[58] *H. Frackenpohl*, a. a. O., S. 20; in enger Anlehnung an: *H. v. Beckerath*, Der moderne Industrialismus, a. a. O., S. 130 f. und *L. Pohl*, a. a. O., S. 28.

bereieen befassen und sie alles daransetzen, den Absatz von Kunstfasergeweben zu forcieren, um die bereits vorhandenen Automaten auszulasten sowie um eine weitere Automatisierung zu ermöglichen. Andere Fabrikanten beginnen sich der Kunstfaser zuzuwenden und sie in ihr Produktionsprogramm aufzunehmen, in der Hoffnung, auf diese Weise eine breitere und zuverlässigere Grundlage für ihre modernen Webereimaschinen zu schaffen. Die Kunstfaser ist zu einem der besten Verbündeten des technischen Fortschrittes geworden.

3) *Die Wirksamkeit zusätzlicher Vorbeugungsmaßnahmen in der Webereivorbereitung*

Trotz ihrer Schlüsselstellung hinsichtlich der Fadenbruchanfälligkeit von Kette und Schuß im Webstuhl ist es nicht so, daß der Einfluß, den die Betriebsleitung auf die Häufigkeit der Fadenbrüche nehmen kann, auf die Wahl des Rohstoffes beschränkt ist. Vielmehr kann durch eine wohlüberlegte Behandlung des Fadens in der Webereivorbereitung seine – ihm von der Natur vielleicht nur in beschränktem Maße mitgegebene – Widerstandsfähigkeit entscheidend erhöht werden.

Dafür bieten sich vornehmlich drei Möglichkeiten an:

1. Befreiung des Schußfadens von groben Unreinlichkeiten (Flusen, Fremdkörper usw.) sowie Vor-Ausscheiden besonders dünner und daher bruchempfindlicher Stellen in der Schußspulerei.

Der technische Fortschritt hat, wie wir an anderer Stelle noch näher ausführen werden, das Umspulen sehr erleichtert, es andererseits aber auch, zumindest für Automatenwebereien ohne vorgeschaltete Spinnerei, zu einer unvermeidlichen Voraussetzung gemacht.

2. Stärkung des Fadens durch Einhüllung in einen „Schutzfilter" in der Leimerei.

3. Besondere Sorgfalt auf parallele Lage (keine Fadenverkreuzung) und gleichmäßige Fadenspannung in der Kettschärerei.

Über die Wirksamkeit dieser Vorkehrungen besteht weder in der Literatur [59] noch in praxi Einmütigkeit. Das erklärt sich einerseits aus der großen Unterschiedlichkeit der Verhältnisse in den einzelnen Betrieben, die denselben Rohstoff sich in Betrieb A völlig anders verhalten lassen als in Betrieb B. Außerdem läßt sich die Wirkung des Umspulens, Schlichtens usw., wenn überhaupt, dann nur schwer bestimmen. Vergleicht man eine geschlichtete Kette mit einer ungeschlichteten oder direkt auf Schußkops gesponnenen Schuß mit umgespulten und stellt man fest, daß jene weniger Fadenbrüche aufweisen als diese, so ist damit im allgemeinen noch nicht bewiesen, daß die Verringerung tatsächlich allein auf das Schlichten beziehungsweise Umspulen zurückzuführen ist. Andere Einflüsse, wie zum Beispiel

---

[59] *F. Walz* kommt besonders eingehend darauf zu sprechen; u. a. in· Probleme der Automatenweberei, a. a. O., S. 159 ff., ferner in: Direktspinnen oder Umspulen, a. a. O., S. 47 ff., ferner in: Gewebe mit umgespultem..., a. a. O., S. 34 ff.

Eigenarten der verschiedenen Stühle und klimatische Unterschiede können mit im Spiele sein. Schließlich können die Auswirkungen unterschiedlicher Behandlung in der Webereivorbereitung auch imponderabler Natur sein, zum Beispiel wenn sie sich in der Qualität der Ware auswirken, was sich jedoch meist nur mangelhaft in erzielten Preisen, Vergütungen usw. niederschlägt.

Im Zusammenhang mit der hier verfolgten *Leistungs*betrachtung ist es daher lediglich sinnvoll zu untersuchen, in welchem Spielraum sich die Leistungssteigerung durch die angedeuteten Maßnahmen zur Vermeidung von Fadenbrüchen grundsätzlich bewegen kann. Die Ausdehnung dieses Spielraumes richtet sich zunächst nach der Breite des Angriffsfeldes, das der Komplex des Leistungsausfalles infolge Fadenbruchs jeweils bietet. Nimmt man einmal an, daß durch Umspulen und Schlichten (beide Arbeitsgänge vorher ausgelassen) Fadenbrüche gänzlich ausgeschaltet werden, so wird der Erfolg dieser Maßnahme weit mehr ins Auge springen, wenn vorher hohe Fadenbruchzahlen zu verzeichnen waren, als wenn diese Stillstandsursachen nur sehr unbedeutend den Nutzeffekt gedrückt haben.

Wenn daher in einer Studie über die Wirksamkeit des Umspulens [60] festgestellt wird, daß der Nutzeffekt der Weberei durch Umspulen des Schußgarnes in der Webereivorbereitung „nur um 1 bis 2 v. H." [61] gesteigert werde, so darf diese Feststellung offenbar keine Allgemeingültigkeit beanspruchen. Ihr liegt nämlich die keineswegs in allen Fällen gegebene Voraussetzung zugrunde, daß bereits mit einem Nutzeffekt von 90 v. H. vor dem Umspulen gearbeitet wurde. Gehen wir jedoch von dem Ergebnis einer Refa-Studie in einer Tuchfabrik aus, die bei einem 120tourigen Stuhl und Schußgarn von Nm 14 der Qualität XY 15 Schußfadenbrüche auf 10 000 Schuß = rd. 9 Brüche je Stuhlstunde ermittelte, von denen jeder 0,40 Minuten Stuhlstand verursachte, was einer Verminderung des Nutzeffektes um etwa 6 v. H. entspricht, so ergibt sich ein anderes Bild. In diesem Beispiel könnte nämlich der Nutzeffekt bereits um 3 v. H. gehoben werden, wenn es gelänge, durch Umspulen des Schußgarnes die Bruchhäufigkeit um die Hälfte zu reduzieren [62]. Wäre die Bruchhäufigkeit höher als 9 je Stunde gewesen, so ließe sich ceteris paribus eine noch höhere Leistungssteigerung erzielen; andererseits wäre der Erfolg bei niedrigeren Fadenbruchzahlen entsprechend geringfügiger.

---

[60] Siehe *F. Walz*, Direktspinnen oder Umspulen, a. a. O., S. 49 (bezieht sich allerdings auf die Baumwollindustrie).

[61] Darin sind auch die Vorteile des Umspulens hinsichtlich der Vermeidung von Wechselfehlern im Webstuhl eingeschlossen.

[62] Aus dem angeführten Beispiel von *Walz* ist leider nicht ersichtlich, wie groß er den Erfolg des Umspulens hinsichtlich der Häufigkeit der Brüche annimmt. Er spricht von 0,6 Schußbrüchen und 0,3 Wechselfehlern je Stuhlstunde, die „zu einem Teil vermieden" werden können. Unterstellt man die an sich überreichlich bemessene Heilzeit von 0,60 Min. je Stillstand, so errechnete sich daraus nur eine Leistungssteigerung von rd. 0,9 v. H., wenn man annähme, daß die Fehler nicht nur „zu einem Teil", sondern völlig eliminiert würden. Walz rechnet aber später mit 1,5 v. H., wofür seinem Beispiel keine Erklärung zu entnehmen ist.

Dehnen wir die Überlegung auf die Betrachtung der möglichen Auswirkungen zusätzlichen *Schlichtens* aus. Der Arbeitsgang des Schlichtens (= Leimen) wird in der Tuchweberei sehr häufig ausgelassen, weil man das Garn für widerstandsfähig genug hält, um den Anforderungen des Webprozesses weitgehend gewachsen zu sein. Die Verringerung der Fadenbruchzahlen durch Schlichten der Kette wird zwar gemeinhin nicht geleugnet, aber das Ausmaß der Verringerung des Leistungsausfalles in der Weberei (abgesehen von der Schonung des Materials und der Verbesserung der Endqualität des Tuches) hält man für so gering, daß es des zusätzlichen Arbeitsganges nicht wert sei. So sehr diese Ansicht von jeher umstritten ist, sollte sie der technische Fortschritt in der Weberei in verstärktem Maße in das Rampenlicht gründlicher Kritik rücken.

Wie schon an anderer Stelle deutlich wurde, drängen die technisch-fortschrittlichen Webereimaschinen, abgesehen von den noch zu erörternden Kosten- und Wirtschaftlichkeitsüberlegungen, auch rein leistungsmäßig wegen ihrer höheren Leistungskapazität auf eine gründlichere Ausnutzung hin. Diesem Erfordernis aber steht die höhere Belastung des Materials im modernen Webstuhl entgegen. Während diese höhere Beanspruchung für das Schußgarn aus den Folgen der höheren Tourenzahl erwächst, tritt für das Kettgarn außer der schnelleren Bewegung und Spannungsänderung (die mehr oder weniger durch andere technische Verfeinerungen ausgeglichen werden können) vor allem der beachtliche Verschleiß bei der Passage der Fadenwächter-Lamellen hinzu. Ein kurzer Blick in den Webstuhl, der auf den Flusenberg fällt, der sich unter den Lamellen je nach Garnqualität und metrischer Nummer mehr oder minder hoch anhäuft, genügt, um diese durch den technischen Fortschritt bedingte Mehrbeanspruchung des Kettmaterials eindringlich vor Augen zu führen. Auch die Beobachtung, daß 70 bis 80 v. H. aller Kettfadenbrüche auf der Kettbaumseite des Stuhles, also im Bereich der Fadenwächter, anfallen, ist sicherlich zu nicht geringem Teil mit den Lamellen in Verbindung zu bringen und zeigt einen der Nachteile technischen Fortschrittes.

Manche Betriebe verzichten aus diesem Grunde bewußt auf die Einführung der automatischen Fadenwächter und die damit verbundenen Vorteile. Andere Webereien, vor allem die Automatenwebereien, die ohne die Fadenwächter unmöglich auskommen können, haben sich entschlossen, abweichend von bisherigen Gepflogenheiten die Ketten zu schlichten. Ist man sich der nachfolgend aufgezeigten Zusammenhänge bewußt, so wird dieser Entschluß nur zu verständlich.

Wir sahen, welche Folgen das Umspulen des Schußgarnes für den Nutzeffekt der Webstühle haben kann, wenn es gelingt, durch diese Vorbeugungsmaßnahme die Fadenbruchhäufigkeit beim Schußgarn zu verringern. Entsprechende Erfolge hinsichtlich des Kettgarnes müßten aber noch weit günstigere Folgen für den Nutzeffekt haben. Es sind zwei Tatsachen, die zu dieser Annahme berechtigen:

1. Kettfadenbrüche treten häufiger auf als Schußfadenbrüche.

Da sich in der Kette mit jeder Umdrehung mehrere tausend Fäden bewegen, beim Schuß jedoch nur ein Faden, ist die Möglichkeit des Fadenbruches in der

Kette grundsätzlich häufiger gegeben. Je mehr Fäden die Kette enthält, um so größer ist die Gefahr, daß Fadenbrüche auftreten. Da die Fadenzahlen erheblich zu differieren pflegen – gewöhnlich zwischen 3000 und 5000 –, schwankt auch die Zahl der Möglichkeiten für Fadenbrüche.

Vielfach wird bei der Berechnung der Fadenbruchzahlen auf Grund von Refa-Studien der Tatsache nicht Rechnung getragen, daß die Fadenbrüche nicht proportional mit der Fadenzahl der Kette wachsen, sondern *progressiv*. Je dichter nämlich die Fäden beieinanderliegen, um so mehr reiben und behindern sie sich gegenseitig und um so enger gedrängt liegen die Lamellen, was sich ebenfalls stark auf den Garnverschleiß auswirkt.

Hinsichtlich der voraussehbaren Folgen des Kettschlichtens ist aus dieser ersten Tatsache der Schluß zu ziehen, daß

a) die Kette ein noch breiteres Feld für die Bekämpfung von Stillständen wegen Fadenbruches bietet als der Schuß, da sie mehr Möglichkeiten für Fadenbrüche gibt und diese auch tatsächlich häufiger auftreten,

b) daß sich die Bekämpfung der Fadenbrüche in der Kette um so mehr lohnen muß, je mehr Fäden die Kette enthält.

2. Die Behebung der Fadenbrüche in der Kette erfordert mehr Zeit als das Heilen von Schußfadenbrüchen.

Der gebrochene Faden ist in der Kette meist schwieriger aufzufinden als der Schußfaden im Fach. Außerdem muß der Kettfaden häufig in Litzen und/oder Lamellen eingefädelt werden, was auch bei viel Geschick und Übung wertvolle Zeit beansprucht. Je bunter und vielfädiger die Ketten sind, desto größere Mühe bereitet das Heilen der Fadenbrüche.

Aus dieser zweiten Tatsache ist zu ersehen, daß sich

a) die Bekämpfung der Kettfadenbrüche außer wegen ihrer größeren Häufigkeit auch wegen ihrer stärkeren Zeitbeanspruchung gegenüber Maßnahmen zur Vermeidung von Schußfadenbrüchen besonders lohnen muß,

b) daß sie sich um so mehr lohnt, je komplizierter, das heißt bunter, feinfädiger und dichter die Kette ist.

Wegen dieser vielfachen Abhängigkeit des Erfolges vorbeugender Kettbehandlung gegen Fadenbrüche läßt sich kein Beispiel anführen, das allgemeingültige Aussagen über den Wert oder Unwert des Schlichtens einer Kette liefert. Streng genommen sind die Entscheidungen unter Beachtung aller aufgezeigten Faktoren von Fall zu Fall, das heißt für jede Kette gesondert zu treffen.

Immerhin sei zur Verdeutlichung der möglichen Folgen des Kettschlichtens für den Nutzeffekt des Webstuhles das folgende Beispiel aus der Praxis mit allen vorausgeschickten Vorbehalten angeführt:

Untersucht und verglichen wurden zwei Ketten eines einfachen Köper 2/1 Artikels mit einer Kettgarn-Nm von 32/1. Die Fadenzahl betrug 4200 Fäden je Kette. Das Garn stammte aus derselben Spinnpartie. Beide Ketten wurden auf den gleichen Automaten mit 130 U/min gewebt. Die Kette A war geschlichtet,

Kette B dagegen nicht. Die Beobachtung erstreckte sich über eine Schicht = 9 Stunden.

Die Fadenbruchaufnahme bei der ungeschlichteten Kette ergab insgesamt 12 Fadenbrüche je Stunde; davon entfielen 25 v. H. auf die Warenseite und 75 v. H. auf die Kettbaumseite. Für das Heilen der Brüche auf der Warenseite wurde eine durchschnittliche „Maschinen-Einzelzeit" für den Stillstand des Webstuhles von 0,55 Min. ermittelt, für die Kettbaumseite eine solche von 0,87 Min. Der Stuhl stand wegen Kettfadenbruches $(3 \cdot 0{,}55) + (9 \cdot 0{,}87) = 10{,}38$ min/Std. still. (Stillstandsüberlagerungen, vergleiche Seite 70, waren im Versuchsfall absichtlich ausgeschlossen.) Der Nutzeffekt wurde um 17,3 v. H. gedrückt.

Bei der geschlichteten Kette A dagegen wurden lediglich fünf Fadenbrüche aufgenommen, davon 72 v. H. auf der Kettbaumseite und 28 v. H. auf der Warenbaumseite. Die erforderlichen Stillstandszeiten wichen nicht nennenswert von denen bei Kette B ab. Der Stuhl stand wegen Kettfadenbruchs $(1{,}4 \cdot 0{,}55) + 3{,}6 \cdot 0{,}87) = 3{,}9$ min/Std. still, wodurch sein Nutzeffekt um 6,05 v. H. gesenkt wurde, also fast um zwei Drittel weniger als im Falle B.

Eine weitere, bereits angedeutete Ursache für Kettfadenbrüche ist in der Verkreuzung und Verfilzung der Kettfäden zu suchen. Es darf dabei nicht verkannt werden, daß gerade durch das Schlichten der Kette, wird es nicht äußerst sachgemäß durchgeführt, derartige Fehler in die Kette Eingang finden können. Es sollte jedoch keines besonderen Hinweises darauf bedürfen, daß die Kette, wenn sie schon geschlichtet wird, den Schlichtprozeß übersteht, ohne von ihm mit neuen Quellen für Fadenbrüche bedacht worden zu sein.

Häufiger als auf den Schlichtvorgang gehen Fadenbrüche infolge Fadenverkreuzungen und loser Fäden auf Fehler in der Kettschärerei zurück. Mögen solche Fehler in der Kette vom Ein- oder Zweistuhlweber noch rechtzeitig erkannt und behoben werden, ehe es zu einem Fadenbruch und damit zu einem Stuhlstillstand kommt, so ist das von einem Automatenweber, der 6, 8 oder 10 Stühle zu betreuen hat, nicht zu erwarten. Der technische Fortschritt und die durch ihn bedingte Arbeitsteilung (vgl. S. 81) läßt dem Automatenweber nicht mehr so viel Beobachtungszeit für jeden Stuhl, über die der Weber am mechanischen Stuhl verfügt. Es ist daher in der Kettschärerei auf parallele Wicklung und gleichmäßige Fadenspannung mit fortschreitender Verwirklichung neuzeitlicher Technik in der Weberei besonders zu achten und noch mehr Wert zu legen als das bislang erforderlich schien.

4) Die Klimatisierung des Websaales als Mittel gegen Fadenbruch

Den Textilfasern ist eine große Empfindlichkeit gegenüber Temperatur- und vor allem gegen Luftfeuchtigkeitsschwankungen gemein. Auch die Widerstandsfähigkeit der organischen Wollfaser hängt in hohem Maße von dem Grad der

---

[63] Über die Bedeutung der Hygroskopizität vergleiche W. *Bauer*, Klimatisierung in der Tuchindustrie (a. a. O., S. 784 f).

Luftfeuchtigkeit ab [63]. Nicht selten beobachten die Betriebe, wie an bestimmten Tagen oder sogar innerhalb bestimmter Stundenabschnitte die Fadenbruchhäufigkeit erheblich abnimmt oder ansteigt, und man weiß, daß diese zunächst unerklärlich scheinenden Schwankungen auf Zu- oder Abnahme der Luftfeuchtigkeit zurückzuführen sind. Der Tuchindustrie ist diese Erkenntnis nicht neu. Dennoch finden sich nur ganz vereinzelt Tuchwebereien, die aus ihr die Konsequenz gezogen haben, indem sie in ihren Produktionsräumen ein gleichmäßiges und der Wolle zuträgliches „Klima" schufen. Detaillierte Unterlagen über die Erfolge dieser Klimatisierung für die Tuchindustrie konnten jedoch für die vorliegende Arbeit nicht verfügbar gemacht werden.

Dabei kennt die moderne Technik Möglichkeiten, jedem Raum ein konstantes Klima zu garantieren. Klimaanlagen werden in der Baumwoll- und Seidenindustrie seit längerer Zeit verwendet. Aus den USA und anderen amerikanischen Staaten weiß man, daß dort auch die Mehrzahl der Tuchwebereien klimatisiert wurden. Von dort wird ebenfalls berichtet [64], daß man den Erfolg der Klimatisierung in Wollwebereien auf 10 bis 20 v. H. Rückgang der Fadenbrüche schätzt. Außerdem soll – als imponderabler Vorteil – der Ausfall der Ware wesentlich besser sein.

Weshalb man sich diesen Vorteil nicht auch in weiteren Kreisen der deutschen Tuchindustrie zu Nutzen gemacht hat, konnte bisher nicht sicher festgestellt werden. Es ist jedoch anzunehmen, daß die Ursachen mehrfacher Art sind. Es mag sein, daß die Standorte der deutschen Tuchindustrie geringere Klimaschwankungen verzeichnen als dies in Übersee der Fall ist [65], so daß die Erfolge einer Klimatisierung geringer ausfallen als dort. Sicherlich spielt aber auch die gegenüber amerikanischen Betrieben und der Baumwollindustrie verhältnismäßig kleine Betriebsgröße der deutschen Webereien eine Rolle, nämlich insofern, als sich eine Klimaanlage für einen großen Betrieb eher lohnt als für einen kleinen. Schließlich fällt es den deutschen Tuchwebereien schwer, die nötigen Finanzierungsmittel aufzubringen (vgl. Seite 200).

5) Maßnahmen zur Minderung der Fadenbeanspruchung im Webstuhl

Immer wieder wird beobachtet, daß man sich in den Webereien zu wenig Gedanken darüber macht, wie man den Fadenbrüchen im Webstuhl dadurch beikommen könne, daß man den Faden, soweit nur irgend möglich, von Belastung durch den Stuhlmechanismus befreit. Es sei zugegeben, daß es für die Webereien, die mit den ihnen von den Maschinenfabriken vorgegebenen – im Prinzip unbeeinflußbaren – Konstruktionen der Webstühle zu tun haben, keine sehr große Zahl derartiger Möglichkeiten der Bruchverhütung gibt. Aber gerade deswegen sollten die wenigen Möglichkeiten nicht ungenutzt bleiben.

---

[64] Vgl. Industrie Lainière..., a. a. O., S. 94.
[65] Die klimatischen Verhältnisse waren schon seit jeher ein bedeutsamer Faktor bei der Standortwahl der Tuchindustrie (vgl. S. 185).

a) Einer der Ansatzpunkte liegt in dem Zusammenhang, der zwischen Tourenzahl und Garnbeanspruchung besteht. Niemand bestreitet, daß mit steigender Tourenzahl die Garnbelastung ebenfalls ansteigt. Dagegen will mancher Webereileiter nicht wahrhaben, daß er gerade mit der hohen Tourenzahl seiner fortschrittlichen mechanischen Stühle oder Automaten, auf die er voll Stolz hinweist, in vielen Fällen das Garn derart beansprucht, daß der Ausnutzungsgrad der Stühle infolge der vielen Fadenbrüche niedriger liegt, als er bei einer geringeren, schonenderen Tourenzahl liegen würde. Diese Erscheinung erhellt das Ergebnis eines Versuches, der seinen Niederschlag in der nachfolgenden Tabelle und in dem dazugehörigen Diagramm (Seite 53) findet. Es sei ausdrücklich darauf hingewiesen, daß sich das Ergebnis ausschließlich auf diesen einen Versuch bezieht, also nur einen bestimmten Fall aus einer beliebigen Zahl anderer Möglichkeiten herausgreift.

Der progressive Abfall der Leistungskurve nach Erreichung der maximalen Leistung ist wegen der Stillstandsüberlagerungen (vgl. Seite 71 ff.) um so steiler, je größer die Stellenzahl des (Weber-) Arbeitsplatzes ist. Diese Stellenzahl betrug bei dem angeführten Versuch 8 Stühle je Weber und wurde während der Aufnahmen nicht verändert. Die Möglichkeit, daß durch Verringerung der Stellenzahl das Absinken des Nutzeffektes infolge steigender Stillstände mehr oder weniger ausgeglichen werden kann, war also ausgeschaltet.

Zur Erklärung des Diagrammes sei darauf hingewiesen, daß in ihm der besseren Vergleichbarkeit des Verhaltens von Nutzeffekt und absoluter Leistung wegen zwei Maßstäbe zusammengefaßt beziehungsweise überlagert wurden. Während die Leistungskurve absolute Zahlenwerte (erreichte Schußzahl/Minute) darstellt, zeigt die Kurve des Nutzeffektes das Verhältnis der ausgebrachten Leistung zur jeweiligen Tourenzahl. Die Höhe des Nutzeffektes hängt also von der – variablen – Tourenzahl ab, das heißt, ein Stuhl, der 110 U/min effektiv leistet, hat mit dieser Leistung einen weitaus höheren Nutzeffekt, wenn er auf 120 U/min eingestellt ist, als wenn derselben Leistung eine Tourenzahl von 140 gegenüberzustellen wäre[66].

Tabelle 6

Das Verhalten von Nutzeffekt (NE) und effektiver Leistung

U/Min.	NE in %	Diff.	erreichte Schuß/Min	Diff.
110	92,0		101,2	
120	91,5	·/. 0,5	109,8	+ 8,6
130	87,2	·/. 4,3	113,4	+ 3,6
140	80,5	·/. 6,7	112,7	·/. 0,7
150	69,2	·/. 11,3	103,8	·/. 8,9

[66] Das Vergleichen von derart relativen Begriffen wie zum Beispiel der Nutzeffekte von Webstühlen ist daher sinnlos und irreführend ohne Angabe der zugrundeliegenden Tourenzahl. Dies wird häufig in offiziellen Statistiken und Betriebsvergleichen übersehen.

Die Untergrabung der Leistungssteigerung durch Stuhlstillstände 53

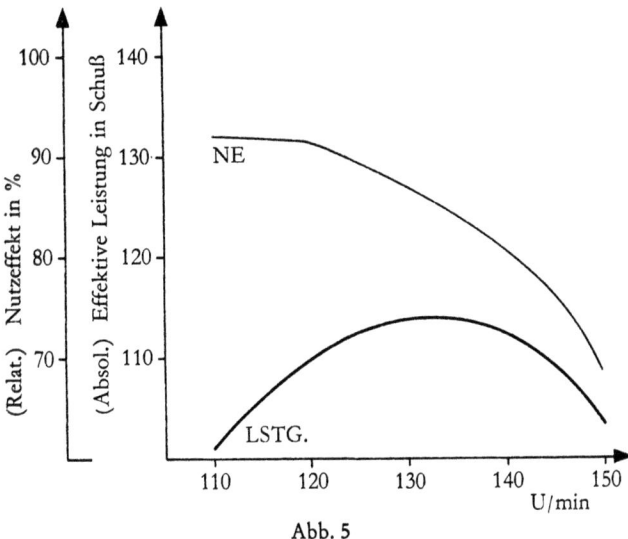

Abb. 5

Daraus erklärt sich auch die zunächst paradox erscheinende anfänglich gegenläufige Tendenz der Nutzeffekt- und Leistungskurve im dargestellten Versuchsfall. Mit Erhöhung der Tourenzahl stieg die Anzahl der Fadenbrüche; dadurch fiel der Nutzeffekt ab, jedoch bis etwa 130 U/min nicht so stark, daß er den Anstieg der Leistung durch Erhöhung der Tourenzahl aufwog. Erst als die Umdrehungszahl über 130 gesteigert wurde, war dem Anstieg der absoluten Leistung ein Ende gesetzt: die Leistungskurve begann ebenfalls zu sinken.

Die Auswertung des Versuches läßt vornehmlich drei Folgerungen zu, die für die hier vorgenommene gesonderte Betrachtung der Leistung, aber auch bei den späteren Kostenüberlegungen von Wichtigkeit sind.

1. Im allgemeinen sagt das Verhalten des Nutzeffektes wenig über das Verhalten der *absoluten* Leistung eines Webstuhles aus.
2. Die Erhöhung der Tourenzahl bringt – je nach der Widerstandsfähigkeit des Garnes – steigende Fadenbruchzahlen mit sich. Dadurch sinkt der Nutzeffekt. Trotzdem kann die absolute Leistung bei sinkendem Nutzeffekt steigen.
3. Die Tourenzahl ist ein wirksames Mittel zur Leistungsbeeinflussung. Es gilt daher, für die verschiedenen Garne die günstigste Tourenzahl zu ermitteln. Eine Steigerung der Tourenzahl um jeden Preis wäre sinnlos.

Gegen die letzte Forderung der Anpassung der Tourenzahl sind freilich folgende Einwendungen denkbar: 1. Das jeweilige Herausfinden der günstigsten Tourenzahl erfordert zeitraubende Versuche. Die Umstellung eines Webstuhles ist ohnehin technisch nicht ohne weiteres möglich, da sie das Auswechseln der Übersetzungsräder erforderlich macht. 2. Eine artikel-individuelle Tourenzahl erschwert die Lohnberechnung.

Diese Bedenken verlieren jedoch an Gewicht, wenn man sich folgendes klarmacht: 1. Im allgemeinen pflegt das Fertigungsprogramm der Webereien, was die *Garnqualität* angeht, nicht wesentlich zu schwanken, so daß einmal gefundene Norm-Touren über längere Zeit Gültigkeit behalten. 2. Die verschiedenen Artikel lassen sich hinsichtlich ihrer Garnempfindlichkeit in der Regel zu größeren Gruppen zusammenfassen, wobei geringfügige Schwankungen unbeachtet bleiben können. 3. Nimmt man auf den Grad der Anfälligkeit des Garnes gegenüber Fadenbrüchen keine Rücksicht in der Tourenzahl, so wird man ohnehin wegen der dann gegebenenfalls sehr unterschiedlichen erzielbaren Leistung verschiedene Akkordrichtsätze einführen beziehungsweise Vergütungen zahlen müssen, von denen schwerlich zu beweisen wäre, daß sie weniger Arbeit und weniger Unzufriedenheit unter den Webern verursachen als eine Akkordstaffelung auf der Grundlage verschiedener Norm-Touren.

b) Zum Abschluß der Erörterungen über den Zusammenhang zwischen den Auswirkungen technischen Fortschrittes und den Fadenbrüchen auf die Leistung der Webstühle sei auf die besondere Bedeutung der *Pflege* der Maschinen hingewiesen, die an anderer Stelle (vgl. Seite 67 ff.) weiter Gegenstand unserer Betrachtungen sein wird.

Im Laufe der technischen Entwicklung ist der Tuchwebstuhl gerade in den letzten Jahren nicht unwesentlich komplizierter in seinem Mechanismus geworden, und mehr noch als vorher hängt heute der Grad der Materialbeanspruchung von dem einwandfreien Ablauf dieses Mechanismus ab. Ein reibungsloses Funktionieren der Stuhlmechanik ist ohne sorgfältige Pflege der Maschinenteile nicht denkbar. Es ist daher peinlich auf einen jederzeit tadellosen Zustand der Fadenwächterlamellen, der Litzen, Schützenbremsen, Kettablaßregulierung usw. zu achten. Oftmals tragen scharfe Stellen oder Verklemmungen von Litzen und Lamellen die Schuld an Fadenbrüchen. Verschmutzte Fadenwächter versagen leicht, so daß der Stuhl beim Fadenbruch nicht automatisch aussetzt, was dann langen Aufenthalt zur Behebung des Schadens und/oder schlimme Gewebefehler heraufbeschwört. Auch schlecht funktionierende automatische Kett- und Warenbaumregulierung ist nicht allein für ungleichen Ausfall der Ware, sondern auch – wegen der direkten und indirekten Folgen von Spannungsschwankungen – für manchen Fadenbruch verantwortlich. Regelmäßige und gründliche Säuberung des Stuhles, ständige Überwachung der besonders dem Verschleiß ausgesetzten Maschinenteile sowie deren rechtzeitiger Austausch sind zu einer entscheidenden Prämisse für die Verläßlichkeit moderner Webtechnik geworden. Von eben dieser Verläßlichkeit aber hängt die Fadenbruchhäufigkeit und der durch die Behebung der Brüche erzwungene Leistungsausfall mit ab.

c) Die gesteigerte Notwendigkeit und die Möglichkeiten der Einschränkung leistungshemmender Kettwechselfolgen

1) Die Notwendigkeit der Einschränkung

Gemäß dem über die Jahrhunderte gleichgebliebenen Webprinzip arbeiten alte wie auch technisch-fortschrittliche Webstühle nach dem „Magazin-Prinzip", das heißt die Materialzuführung geht nicht fließend vor sich, sondern erfolgt von Speichermagazinen (Schützen und Kettbaum) aus, die gegen gefüllte Magazine ausgetauscht werden müssen, sobald sie das in ihnen anfangs aufgespeicherte Material an die Maschine abgegeben haben. In den Fällen, in denen das Auswechseln der Magazine nur bei stillstehender Maschine vorgenommen werden kann, kommt es offenbar darauf an, das Fassungsvermögen der Materialspeicher möglichst groß und die Wechselzeit möglichst kurz zu gestalten, um den Leistungsausfall auf ein Minimum zu beschränken (vgl. Seite 34 f.).

Was das Auswechseln der Schußmagazine (Schußspulen) im Webstuhl angeht, so wurde bereits aufgezeigt, daß es der modernen Technik gelungen ist, mit Hilfe des automatischen Spulenwechsels den Wechselstillstand praktisch aufzuheben, da die Spule in dem Sekundenbruchteil der Ruhelage des Schützenkastens zwischen den Schußschlägen gewechselt wird. Allerdings wird die automatische Wechselvorrichtung ihrerseits von sogenannten Magazinen aus gespeist, die jedoch ständig bei laufendem Stuhl, also ohne Leistungseinbuße, nachgefüllt werden können.

Nicht entfernt so gut ist es jedoch um das Auswechseln der *Ketten* bestellt. Neben den im vorstehenden Abschnitt behandelten Fadenbrüchen als Ursache für Leistungsausfälle ist der Kettwechsel die zweite Hürde, die der vollen Wirksamkeit technischen Fortschrittes in der Weberei im Wege steht. Wie im folgenden klarwerden wird, hat der technische Fortschritt sogar eine Verschärfung des Problems der Kettwechsel mit sich gebracht. Die Notwendigkeit seiner Lösung ist daher dringlicher als je zuvor. Hierfür sind im einzelnen zwei Gründe maßgebend.

a) Auf der einen Seite drängt die höhere Leistungsfähigkeit moderner Webstühle mehr zu einer möglichst nahe an 100 v. H. heranreichenden Ausnutzung hin als bisher [67]. Die höhere Tourenzahl sowie der infolge automatischen Spulenwechsels und automatischer Fadenbewachung höhere Nutzeffekt der Webautomaten bedingt nämlich, daß der Leistungsausfall durch Stuhlstillstand je Zeiteinheit größer ist als bei niedrigen Tourenzahlen und Nutzeffekten. Für einen wächterlosen mechanischen Webstuhl (M) mit 110 U/min und einem Nutzeffekt (NE) von 85 v. H. bedeuten zwei Stunden Stillstand wegen Kettwechsels einen Leistungsausfall von 11 220 Schuß. Demgegenüber büßt ein moderner Automat (A) mit 140 U/min und 90 v. H. NE [68] in gleichen Zeit 15 120 Schuß, das sind 3900 Schuß mehr ein.

---

[67] Dies gilt auch ohne Hinzuziehung der später noch durchzuführenden Kostenüberlegungen, durch welche diese Forderung im übrigen jedoch eindeutig unterstützt werden wird.
[68] Die Unterschiede im NE von A und M erklären sich aus der infolge automatischen Spulenwechsels höheren Grundleistung der Automaten. Es wird angenommen, daß die

Es liegt nun der Gedanke nahe, die soeben ermittelten Ausfallunterschiede würden dadurch vergrößert, daß bei Automaten die Kettwechsel kürzer aufeinander folgen als bei älteren mechanischen Stühlen. Unterstellen wir nämlich bei Stuhl M und A eine Kettlänge von 500 m, eine Schußdichte von 20 Schuß/cm, so ist die Kette A in 132 Stunden, das sind 46 Stunden eher zu wechseln als die Kette M, die erst nach 178 Stunden abgewebt ist. – Aus dieser Rechnung jedoch zu folgern, daß unter diesen Umständen die Notwendigkeit des Kettwechsels bei Automaten um rund 25 v. H. öfter eintritt, hieße den Gedanken nicht zu Ende denken. Man tut offenbar gut daran, sich klarzumachen, daß die Überlegung nur für den einzelnen Stuhl, nicht aber für den Gesamtbetrieb angestellt wurde. Sie läßt sich nur dann auf den Gesamtbetrieb übertragen, wenn die gleiche Zahl alter Stühle und neuer Automaten verglichen wird. Damit ist aber im letzten Fall eine höhere Kapazität unterstellt als im ersten, da ja 100 Automaten eine höhere Leistungskraft aufweisen als 100 mechanische Stühle älterer Bauart. Geht man dagegen von gleicher Kapazität in beiden Fällen aus, so wird im *Durchschnitt* dieselbe Zahl von Ketten gewebt; es fällt folglich auch dieselbe Zahl von Kettwechseln an.

Als grundsätzliche Lehre kann aus den angeführten Beispielen gefolgert werden:
1) Der Leistungsausfall infolge Kettwechsels ist bei fortschrittlichen Webstühlen nicht unwesentlich höher als bei Stühlen älterer Bauart. Grund dafür ist die höhere Einbuße im Einzelfall, dagegen nur selten die größere Häufigkeit dieser Einbußen. Voraussetzung für diese Tatsache ist jedoch, daß es nicht gelingt, den höheren Leistungsausfall durch entsprechende Verkürzung der Kettwechselzeiten zu kompensieren. (In welchem Maße dies möglich ist, wird weiter unten untersucht.)
2) Der Unterschied gegenüber den älteren Stühlen ist um so markanter, a) je höher der Nutzeffekt der Stühle ist und je mehr sich die Nutzeffekte von M und A voneinander unterscheiden, b) je höher die Tourenzahl ist und je mehr sich die Tourenzahlen von M und A voneinander unterscheiden, c) je kürzer die Ketten und schließlich d) je geringer die Schußdichte je cm ist. Auf die Abgrenzung der Bedeutung dieser Komponenten wird ebenfalls noch einzugehen sein.

b) Als zweiter Grund für die mit technischem Fortschritt steigende Aktualität des Kettwechselproblems ist neben der geschilderten Erhöhung des Leistungsausfalles in der Zeiteinheit die Tendenz zur Verlängerung der *Dauer* des Wechselvorganges anzuführen. Die Schuld daran tragen die zusätzlichen Einrichtungen an modernen Webstühlen, vor allem die Fadenwächter, die verfeinerte und kompliziertere Webstuhlkonstruktion und das Erfordernis der exakteren Einstellung der Automaten. Zur Verdeutlichung dieser Erscheinung führt man sich zweckmäßigerweise die charakteristischen Arbeitsgänge des Kettwechsels vor Augen [69].

Stühle M im Einstuhlsystem laufen. Die Fadenwächter machen sich im NE nicht bemerkbar, da der Weber genug Zeit zur Beobachtung hat. Würde M im Mehrstuhlsystem weben, so wäre der NE noch niedriger und die aufgezeigten Folgen noch schwerwiegender.

[69] Wie später noch aufgezeigt wird, fallen nicht bei jedem Kettwechsel alle Arbeitsgänge der Liste an.

Die Untergrabung der Leistungssteigerung durch Stuhlstillstände 57

Es sind dies:
1. Ausnehmen der alten Kette,
2. a) Putzen und Ölen
   b) Überprüfen,
3. Einhängen der neuen Kette einschließlich Rietwechseln und Breithalterjustieren,
4. Maschine ab- und aufrichten (Schäfte, Schemel, Schußdichte),
5. Schnürungskarte, Wechselkarte und Wechsel einstellen,
6. Anbinden,
7. Anknüpfen und Durchziehen,
8. Lamellenstecken,
9. Fachrichten und Anweben,
10. Musternachsehen,
11. Wartezeiten.

Untersucht man nun die Zeiten, die jeder einzelne Arbeitsgang für sich beansprucht, auf ihr Verhalten gegenüber dem technischen Fortschritt hin, so stellt man fest, daß einige Arbeiten beim Kettwechsel erschwert und andere sogar neuerlich hinzugekommen sind.

Bei der ersten Position, dem Entfernen der alten Kette aus dem Stuhl, wird diese Entwicklung noch nicht offenkundig. Im Gegenteil kann hier, wenn auch nicht von allen Stuhltypen in gleichem Maße, gesagt werden, daß durch Vereinfachung der Geschirraufhängung und Verbesserung der Werkzeuge eine Erleichterung – und damit auch Verkürzung – der Arbeit erreicht worden ist. Diese Feststellung trifft jedoch nicht zu, wenn außer dem Geschirr auch die Kettwächtervorrichtungen – jedenfalls Lamellen und Gleitschienen – entfernt werden, was allerdings nicht selten der Fall ist. Diese Arbeit ist beim herkömmlichen mechanischen Webstuhl unbekannt.

Nachdem die Kette beiseite geschafft ist, wird der „nackte" Stuhl von Schmutz, verölten Flusen und verfilzten Garnresten gereinigt und geölt. Das Reinigen macht nicht immer die gleiche Mühe, da nicht jede Garnqualität im gleichen Maße flust. Generell aber ist die Gefahr des Flusens bei modernen Stühlen wegen der zusätzlichen Reibung an den Fadenwächtern und wegen der höheren Tourenzahl mehr gegeben als bei älteren Webstühlen. Zusammen mit der Forderung nach besonders sorgfältiger Reinigung der einzelnen (vor allem der elektrischen und elektro-optischen) Stuhlmechanismen bedingt diese Erscheinung ein Mehr an Arbeit. Ähnliches gilt für das Ölen, da die Schmierstellen zahlreicher geworden und teilweise schwerer zu erreichen sind als bisher [70]. Manche modernen Stühle verfügen allerdings über automatische Schmierung und Kugellagerungen, so daß das Schmieren hier weniger Zeit erfordert als früher.

Auch das Überprüfen des Stuhles auf etwa nachzuziehende Schrauben, auf auszuwechselnde Ersatzteile (abgenutzte Picker, Schlagriemen, Kastenzungen, Schüt-

---

[70] Die deutliche farbliche Kennzeichnung der Schmierstellen ist daher unerläßlich.

zenbremsen, angebrochene Schläger oder Schemel usw.) beansprucht erhöhte Aufmerksamkeit, nicht zuletzt deshalb, weil dieses Überprüfen Fadenbruch- und Reparaturstillstände verhüten sowie Gewebefehler, auf die der Automatenweber nicht mehr in gleicher Konzentration achten kann wie der Ein- oder Zweistuhlweber, vermeiden soll. Entsprechend dem zum Ausnehmen der Kette Gesagten kann auch beim Einhängen der neuen Kette nur dann eine nennenswerte Mehrarbeit festgestellt werden, wenn mit der Kette auch die Kettwächter – vorher aus dem Stuhl entfernt – wieder montiert werden müssen.

Die beiden folgenden Arbeiten der Liste, das Ab- und Aufrichten der Schaftmaschine sowie die Einstellung der Schnürungs- und Wechselkarten und des Schußwechsels fallen nur bei Kettwechseln an, die gleichzeitig Sortenwechsel sind, das heißt, wenn sich Ketten ablösen, die unterschiedliche Bindung, andere Schaftzahl und andere Schußfolge aufweisen. Der für diese Arbeiten erforderliche Zeitaufwand kann deshalb nicht genau angegeben werden. Dazu kommt, daß er bei den verschiedenen Stuhltypen nicht gleich ist. Im allgemeinen liegt er jedoch kaum niedriger als bei weniger entwickelter Technik.

Das Anbinden der neu eingelegten Kette an den Warenbaum ist von der Technik nicht beeinflußt worden. Wohl könnte man eine indirekte Beeinflussung in der Möglichkeit sehen, die neue Kette im Stuhl an das Ende der alten Kette anzuknüpfen, wofür es heutzutage Maschinen gibt, die das Anbinden, wie auch die Arbeitsgänge 3, 4, 5 und 8 und einen Teil der Position 1 erübrigen.

Das Anknüpfen der Kette im Stuhl, das wie gesagt erst durch die Erfindung der sogenannten Knüpf- oder Knotmaschine ermöglicht wurde, ist nur dann anwendbar, wenn Ketten mit gleicher Fadenzahl und gleicher Ketteinstellung gewechselt werden. Die angeknüpfte Kette kann dann von der alten Kette durch Lamellen, Litzen und Riet gezogen werden, wodurch außer den schon erwähnten Arbeiten im Stuhl auch das Passieren der Kette von Hand in der Passiererei eingespart wird. Die Knüpfmaschinen leisten etwa 2000 bis 2600 Knoten in der Stunde. Die Zeit, die für das Anknüpfen im Stuhl benötigt wird, hängt also im wesentlichen von der Fadenzahl der Kette ab; diese schwankt etwa um 1,75 bis 2,5 Stunden.

Ist die Kette nicht im Stuhl angeknotet worden, so gilt es, nachdem sie eingelegt worden ist, die Wächterlamellen aufzustecken. Da jeder Kettfaden eine Lamelle beansprucht und das Aufstecken nur von Hand erfolgen kann, währt diese Arbeit ebenfalls geraume Zeit, die von Fall zu Fall je nach Fadenzahl und Anzahl der mit dem Aufstecken beschäftigten Arbeiter zwischen 45 und 90 Minuten schwanken kann. Dies ist ohne Zweifel ein beträchtlicher Tribut, den die automatische Fadenbewachung fordert.

Das Richten des Faches und die Kontrolle des Musters durch den Kontrolleur ist von der Technik, ähnlich wie das Anbinden, nicht berührt worden.

Von den Wartezeiten kann dies nicht mit gleicher Selbstverständlichkeit behauptet werden. Der Grund dafür ist vor allem die durch den automatischen mehrstelligen Arbeitsplatz bedingte tiefere Arbeitsteilung im Websaal, auf die wir noch in anderem Zusammenhang näher eingehen werden. Während nämlich der nur mit einem, allenfalls mit drei mechanischen Stühlen betraute Weber einen Teil der Kettwechselarbeiten selbst ausführt und dies für gewöhnlich sogleich nach Ablauf der Kette besorgt, hat der Automatenweber alle diese Nebenarbeiten an eigens dafür eingesetzte „Sonderkommandos" abgegeben. Je nach der Stärke dieser Trupps und je nachdem wie sich die Kettwechsel häufen und überlagern, müssen die einzelnen Stühle warten, bis die Putzkolonne oder der Stuhlvorrichter für sie zur Verfügung steht. Besonders in der Zeit des Saisonwechsels, der das Weben kurzer Mustercoupons und eine Vielzahl von Sortenwechseln mit sich bringt, droht die Verlängerung und Häufung der Wartezeiten.

Die Betrachtung der einzelnen Arbeitsgänge beim Kettwechsel hat den Trend zu längeren Kettwechselzeiten im Zuge des technischen Fortschrittes deutlich aufgezeigt. Es gilt daher mehr denn je, nach Wegen zu suchen, wie dieses Anwachsen der Wechselzeit aufgefangen oder gar durch geeignete Maßnahmen überkompensiert werden kann. Darüber wollen wir uns im folgenden Gedanken machen.

2) Die Möglichkeiten der Einschränkung

aa) Die Verkürzung der Wechselzeit

Als erste Möglichkeit drängt sich eine weitestgehende Komprimierung der einzelnen Arbeiten am stillstehenden Stuhl auf, dergestalt, daß sie nicht nur von einem, sondern von mehreren Arbeitern (die sogenannten Kommandos oder Trupps wurden schon erwähnt) durchgeführt werden. Außerdem sollen, soweit möglich, mehrere Arbeitsgänge gleichzeitig durchgeführt werden. So beansprucht beispielsweise das Putzen und Ölen beim wächterlosen mechanischen Webstuhl 40 bis 60 Minuten, beim Automaten 50 bis 80 Minuten, wenn es von einem Arbeiter mit der erforderlichen Gründlichkeit ausgeführt wird. Eine Putzkolonne, bestehend aus zwei Putzern und einem Öler (der häufig zu zwei Kolonnen gehört), schaffte dieselbe Arbeit, wie sich bei praktischen Versuchen zeigte, beim Automaten in 25, längstens 40 Minuten [71]. Hat der Öler den Stuhl versorgt, so kann der Meister, noch während die Putzer bei der Arbeit sind, die Überprüfung des Stuhles vornehmen. Diese Arbeit kann er jedoch auch später nachholen, etwa während des Anbindens oder Lamellensteckens, obwohl das Überprüfen dann schwieriger ist als am nackten Stuhl.

Auch die Lamellen können von zwei bis drei Hilfskräften aufgesteckt werden, die von Kettwechsel zu Kettwechsel „wandern". Unter diesen Umständen darf

---

[71] E. Köster, Der Spinner und Weber, a. a. O., gibt eine Zeit für Putzen und Ölen von 105 Minuten an, was uns unverständlich anmutet, ebenso die Tatsache, daß das Reinigen nach festen Zeiten, wöchentlich erfolgt und nicht, wenn der Stuhl beim Kettwechsel sowieso stillsteht und frei ist. Auch die kurzen Ketten (4 bis 6 Stücke je Kette), mit denen Köster rechnet, geben keine verständliche Erklärung; sie machen im Gegenteil das Vermeiden jeden zusätzlichen Stillstandes noch weit dringlicher.

das Lamellenstecken normalerweise bei Ketten zwischen 3000 und 6000 Fäden nicht länger als 65 Minuten dauern. Es kann sogar auf ein Minimum von 10 Minuten beschränkt werden, wenn man sich entschließt, die Lamellen bereits in der Passiererei aufzustecken. In diesem Fall braucht es zur Montage der Schienen und zum Ordnen der etwa während des Transportes in Unordnung geratenen Lamellen nur etwa 10 Minuten. Allerdings erwächst durch diese Maßnahme ein zusätzlicher Bedarf an Lamellen und Schienen, wenn solche Lamellen nicht sowieso (zum Beispiel im Ersatzteillager) vorrätig sind.

Eine weitere Frage, die im Zusammenhang mit den Überlegungen zum Einsparen der Stillstandszeiten auftaucht, ist die nach der Zweckmäßigkeit des Anknüpfens im Stuhl. Die geschwinde Arbeit der Anknüpfmaschine, die 2000 bis 2600 Fäden in einer Stunde knotet (vgl. Seite 58), verlockt scheinbar zu ihrer Verwendung. In Wirklichkeit aber gewinnt sie dem Stuhl keine Zeit. Zwar erspart sie rund 12 Minuten beim Ausnehmen und Einhängen der Kette, 5 bis 6 Minuten des Einbindens und vor allem das Lamellenstecken [72], im Höchstfall also insgesamt 83 Minuten (bei 6000 Fäden). Sie selbst aber benötigt für ihre Arbeit etwa 150 Minuten, also rund 70 Minuten mehr. – Vorteilhafter erscheint es in diesem Zusammenhang, die Anknüpfmaschine nicht am Stuhl, sondern in der Passiererei einzusetzen, was allerdings wiederum zusätzliche Geschirre erfordert, wie wir es schon beim Aufsetzen der Lamellen außerhalb des Stuhles in ähnlicher Weise sahen.

Nicht zuletzt bieten die bereits erwähnten Wartezeiten einen Ansatzpunkt zum Einschränken der Wechselzeiten. Eine Aufnahme in einer für deutsche Verhältnisse großen Automatenweberei ergab, daß die Wartezeiten vor- und zwischen den einzelnen Arbeitsgängen des Kettwechsels im Durchschnitt 60 Minuten je Wechsel betrugen, um die sich die 157 Arbeitsminuten (die Lamellen wurden im Stuhl aufgesteckt) vermehrten.

Eine nähere Untersuchung ergab, daß an diesen Wartezeiten fast ausschließlich, nämlich zu 1 v. H., Stillstandsüberlagerung die Schuld trugen, denen das mit dem Kettwechsel betraute Personal nicht gewachsen war. Die Ketten waren durchweg rechtzeitig von der Webereivorbereitung bereitgestellt. – In einem anderen Fall erwuchs aus der Tatsache, daß die Weberei in drei Schichten arbeitete, in der dritten Schicht aber praktisch kein einsatzfähiges Kettwechselpersonal zur Verfügung stand (auf Grund des Argumentes, das Nachtpersonal sei zu teuer), das Dilemma, daß die in der Nachtschicht abgewebten Automaten bis zur Frühschicht warten mußten. Je nachdem, wie die Ketten in der Gesamtweberei abliefen, erwartete dann die Frühschicht eine Flut von Kettwechseln, deren sie nicht Herr zu werden wußte. Offenbar fehlte es in beiden Fällen an genügendem Personal, besonders bei stoßweise auftretendem Bedarf. Wegen dieses stoßweisen Kettwechsel-

---

[72] Während die Arbeit des Lamellensteckens dadurch wesentlich verkürzt werden kann, daß nicht zwei, sondern drei Arbeiter eingesetzt werden, kann die Tätigkeit der Anknüpfmaschine nicht entsprechend beschleunigt werden, da ihrer Tourenzahl feste Grenzen gesetzt sind.

bedarfs stehen – wie von anderer Seite [73] berichtet wird – im allgemeinen 30 v. H. der Stühle einer Weberei still. Obwohl uns dieser Prozentsatz reichlich hoch erscheint, liegt in der Tat in der Unregelmäßigkeit des Anfallens von Kettwechseln eine große Schwierigkeit, die durch noch so gute Disposition und Arbeitsvorbereitung nur wenig zu verringern ist, geschweige denn ganz zu meistern sein wird, dies um so weniger, je mehr das Fertigungsprogramm Nouveauté-Charakter trägt, das heißt viele kurze Ketten bedingt. „Die volle Ausnutzung von Einstellern und Bedienern ist nur möglich, wenn die mittlere Losgröße nicht wechselt. Wird die Losgröße kleiner, so kommen die Einrichter nicht mehr mit, und es entstehen Wartezeiten bei der Bedienung; wird die Losgröße größer, so ist bald für den Einrichter nichts mehr zu tun ... Einer der Bedingungen kann man jederzeit nachkommen, beiden zugleich in der Praxis auf die Dauer fast nirgends." [74]

Dem Problem kann nur durch eine reichliche Menge von Bedienungspersonal beigekommen werden. Für Putz- und Aufsteckarbeiten bildet man „Stoßtrupps", die von Kettwechsel zu Kettwechsel eilen. Es kann nicht mit allgemeiner Gültigkeit gesagt werden, wie viele Stühle einem solchen Stoßtrupp zugeteilt werden sollen. Der Bedarf ist in hohem Maße betriebsindividuell und wird vorwiegend durch das Fertigungsprogramm bestimmt. Allgemein ist jedoch zu beachten, daß gerade die Trupps – meistens Hilfskräfte – eher zu reichlich als zu knapp besetzt sein sollen. Gerade diesen Hilfskräften obliegen nämlich, abgesehen von der Arbeitszeit der Anknüpfmaschine, die zeitraubendsten Arbeiten beim Kettwechsel: Putzen, Ölen und Lamellenstecken. Außerdem können diese Hilfskräfte bei ruhiger Arbeitslage leicht anderswo eingesetzt werden, zum Beispiel in der Passiererei beim Geschirr- und Rietputzen.

Es leuchtet ein, daß sich das Stoßtruppsystem nicht bei geringer Betriebsgröße lohnt. Es läßt sich vielmehr um so wirkungsvoller aufziehen, je größer die Stuhlzahl ist. Die Frage, wie groß die zweckmäßigste Stuhlzahl im einzelnen sein sollte, werden wir an anderer Stelle im Zusammenhang mit den Fragen der Arbeitsteilung wieder aufgreifen. Hier sollte lediglich auf die Möglichkeit der Einflußnahme auf die Wartezeiten durch organisatorische Maßnahmen hingewiesen werden, unter gleichzeitiger Berücksichtigung der Schwierigkeiten, die sich gerade diesen Maßnahmen in den Weg stellen.

Ehe nun aber die Verkürzung der Kettwechselzeit ernsthaft in Erwägung gezogen wird, ist es ratsam, sich über ihren voraussichtlichen Erfolg Klarheit zu verschaffen, über den man sich, wie die Uneinigkeit und ständige Diskussion in der Praxis zeigt, leicht ein falsches Bild macht. In der auf Seite 62 folgenden Tabelle 7, der die untenstehende Abbildung 6 entspricht, sind die Ergebnisse der Durchrechnung von vier Beispielen (siehe Anmerkungen zu Tabelle 7) zusammengefaßt und in ihrer Tendenz dargestellt.

---

[73] Siehe: Organisation der Kettwechsel...; Textil-Praxis, Juli 1956, Seite 731.
[74] *H. Neuwahl*, Die Ermittlung und Verrechnung der Einrichtekosten..., a. a. O., S. 26; vgl. auch *A. M. Wolter*, Das Problem der Wirtschaftlichkeit..., a. a. O., S. 352.

Tabelle 7

Die Wirkung der Verkürzung (Verlängerung) der Kettwechselzeit auf den Nutzeffekt

Wechsel-zeit in Min.	Gesamt-Ausfall in Sch.	A 1 Absinken des NE in %	A 1 Zu-wachs	A 2 Absinken des NE in %	A 2 Zu-wachs	Wechsel-zeit in Min.	Gesamt-Ausfall in Sch.	B 1 Absinken des NE in %	B 1 Zu-wachs	B 2 Absinken des NE in %	B 2 Zu-wachs
40	5 040	0,49	–	1,24	–	40	3 740	0,37	–	–	–
60	7 560	0,74	0,25	1,85	0,61	60	5 610	0,56	0,19	0,93	0,45
80	10 080	0,99	0,25	2,45	0,60	80	7 480	0,74	0,18	1,38	0,46
100	12 600	1,23	0,24	3,05	0,60	100	9 350	0,92	0,18	1,84	0,46
120	15 120	1,47	0,24	3,63	0,58	120	11 220	1,11	0,19	2,30	0,43
140	17 640	1,71	0,24	4,21	0,58	140	13 090	1,29	0,18	2,73	0,45
160	20 160	1,95	0,24	4,79	0,58	160	14 960	1,47	0,18	3,18	0,44
180	22 680	2,19	0,24	5,35	0,56	180	16 830	1,65	0,18	3,62	0,43
200	25 200	2,43	0,24	5,91	0,56	200	18 700	1,82	0,17	4,05	0,43
220	27 720	2,67	0,24	6,47	0,56	220	20 570	2,01	0,19	4,48	0,43
240	30 240	2,91	0,24	7,01	0,54	240	22 440	2,19	0,18	4,91	0,43
										5,33	0,42

A : Automat; 140 U/Min.; NE (ohne Kettw.) = 90%;
1 : Kettlänge = 500 m; Laufdauer = 132 Std.;
2 : Kettlänge = 200 m; Laufdauer = 53 Std.;
B : Mechanischer Stuhl; 110 U/Min.; NE (ohne Kettw.) = 85%;
1 : Kettlänge = 500 m; Laufdauer = 178 Std.;
2 : Kettlänge = 200 m; Laufdauer = 71 Std.;
Allen vier Fällen liegt derselbe Artikel zugrunde; die Schußdichte beträgt jeweils 20/cm.

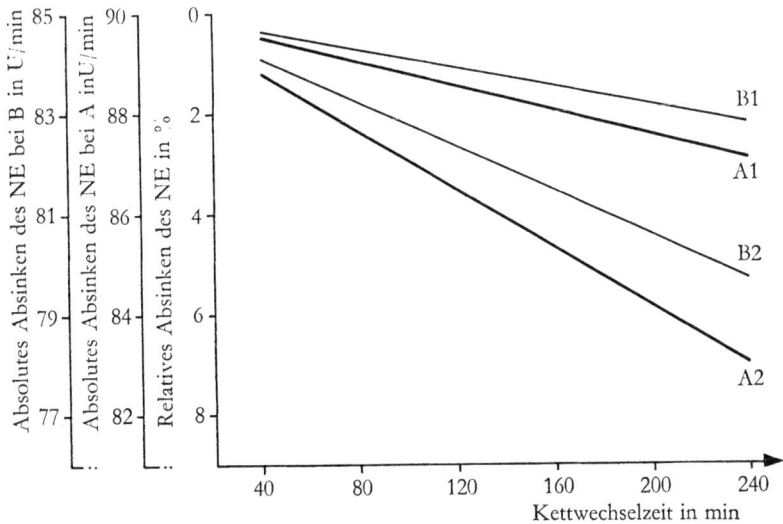

Abb. 6: Das Absinken des Nutzeffekts bei Verlängerung der Kettwechselzeit bei mechanischen Stühlen und Automaten

Aus diesen Beispielen ergeben sich wichtige Aufschlüsse.

1. Die Verlängerung (Verkürzung) der Wechselzeit hat bei automatischen und hochtourigen Webstühlen ein stärkeres Absinken (Ansteigen) des Nutzeffektes zur Folge als bei mechanischen Stühlen mit geringerer Tourenzahl. Die Beeinflussung der Wechselzeiten lohnt sich demnach offenbar bei technisch-fortschrittlichen Stühlen eher als bei solchen älterer Bauart.

2. Entgegen der verbreiteten Ansicht darf man das Einsparen an Wechselzeit offensichtlich nicht zu hoch einschätzen. Gelingt es zum Beispiel, die für den Wechsel einer Kette benötigte Stillstandszeit des Stuhles von 180 auf 160 Minuten, also um den dritten Teil einer Stunde herabzudrücken, so macht sich das im Nutzeffekt im Falle A lediglich in einem Anstieg um 0,56 v. H. (bei 200 m/Kette) beziehungsweise 0,24 (bei 500 m/Kette) bemerkbar; der Nutzeffekt steigt von 84,65 v. H. (87,81) auf 85,21 v. H. (88,05). Auf der anderen Seite liegt in einer solchen Nutzeffektbetrachtung die Gefahr der *Unter*schätzung des effektiven Leistungsausfalles. Sucht man nämlich die in Spalte b eingetragenen absoluten Werte auf, die den soeben angeführten Prozentsätzen des Nutzeffektes entsprechen, so findet man, daß der Anstieg des Nutzeffektes um 0,24 v. H. immerhin einem Plus an effektiver Schußleistung von rund 2500 Schuß in der Laufzeit der Kette entspricht. In der eingesparten Zeit können im Beispiel 1,25 m Tuch mehr gewebt werden.

3. Die Erfolge des Einschränkens der Kettwechselzeiten hängen in großem Maße von der Kett*länge* ab. Je kürzer die Kette, desto geringer ist die Laufdauer, auf die die Wechselzeit zu verteilen ist. Während bei einer Kettlänge von

200 m die Verkürzung der Wechselzeit von 200 auf 120 Minuten beim Automaten beispielsweise den Nutzeffekt um 2,5 v. H. hebt, macht dieselbe Einsparung bei 500 m-Ketten nur 1 v. H. aus.

Zwanzig Minuten Kettwechselzeit entsprechen bei 200 m Kettlänge rund 0,58 v. H., bei 500 m Kettlänge 0,25 v. H. Unterschied im Nutzeffekt. Je länger also die Ketten einer Weberei im Durchschnitt sind, desto geringer wird der Erfolg sein, den die Verkürzung der Wechselzeit erbringt.

bb) Die Verlängerung der Kette

Die Schlußfolgerungen, die wir aus den Überlegungen über den Erfolg der Beeinflussung der Kettwechselzeit ziehen konnten, weisen auf einen anderen naheliegenden Weg hin, wie die Belastung des Nutzeffektes durch das Kettwechseln gemildert werden kann. Außer der Wechsel*zeit* ist die Wirkung des Kettwechsels auf den Nutzeffekt offenbar über die Kett*länge* zu beeinflussen. Das Ausmaß dieser Möglichkeit ist aus der Tabelle 8 Seite 65 sowie aus den daraus entwickelten Abbildungen 7 und 8, Seite 66, zu ersehen, die auf der Grundlage der Daten des Beispieles A, Seite 63, fußen. Es handelt sich also wieder um einen automatischen Webstuhl mit 140 U/min und einem Nutzeffekt (ohne Berücksichtigung des Kettwechsels) von 90 v. H. Das Beispiel wurde für die beiden Fälle errechnet, daß die Kettwechselzeit 90 Minuten und 180 Minuten beträgt.

Die Analyse des Rechnungsergebnisses zeigt zunächst, daß die Verlängerung der Kette nur innerhalb eines verhältnismäßig engen Spielraumes starke Wirkung auf den Nutzeffekt ausübt. Mit zunehmender Kettlänge nimmt der Effekt überaus rasch ab. Während der Ausnutzungsgrad des Stuhles durch Verlängerung der Kette von 50 auf 100 m (von 1 auf 2 Stück) noch um etwa 10 v. H. gehoben werden kann, bedeutet eine Verlängerung um dasselbe Maß von 300 auf 350 m (von 6 auf 7 Stück) bereits nur noch eine Verbesserung des Nutzeffektes um etwa 0,6 v. H., von 550 auf 600 m sogar nurmehr um 0,1 v. H.

Des weiteren verdeutlicht das Beispiel die Abhängigkeit der Wirkung einer Kettverlängerung von der *Schußdichte* des jeweiligen Artikels sowie von der Dauer des Wechselvorganges. Beide Komponenten vermögen die Schwelle, bis zu der eine nennenswerte Reaktion des Nutzeffektes auf eine Kettverlängerung hin festzustellen ist, nicht unwesentlich hinauszuschieben beziehungsweise vorzuverlegen. Je höher (niedriger) die Schußdichte und je niedriger (höher) die Wechselzeit, desto eher (später) ist diese Schwelle erreicht. Liegt die Grenze bei 30 Schuß/cm und 90 Wechselminuten bereits bei etwa 150 bis 200 Kettmetern, so entspricht der unter diesen Umständen noch zu erzielende Anstieg des Nutzeffektes der Wirkung einer Steigerung der Kettlänge von 400 auf 450 m, wenn je cm nur 10 Schuß eingeschossen werden und gleichzeitig die Wechselzeit 180 Minuten währt.

So wichtig die Kenntnis dieser Zusammenhänge und Tendenzen auch für denjenigen ist, der sich über das Leistungsvermögen und seine Beeinflußbarkeit bei

Tabelle 8

Das Verhalten des Nutzeffektes bei steigender Kettlänge und konstanter Wechselzeit

Kett-länge in m	Lauf-dauer in Min.	10 Schuß je cm					20 Schuß je cm					30 Schuß je cm				
		Absinken des Nutzeffektes					Lauf-dauer in Min.	Absinken des Nutzeffektes					Lauf-dauer in Min.	Absinken des Nutzeffektes			
		bei 90 Min.		bei 180 Min.			bei 90 Min.		bei 180 Min.			bei 90 Min.		bei 180 Min.	
		absol.	Diff.	absol.	Diff.		absol.	Diff.	absol.	Diff.		absol.	Diff.	absol.	Diff.
50	397	18,5	–	31,2	–	794	10,2	–	18,5	–	1 190	7,0	–	13,1	–
100	794	10,2	8,3	18,5	12,7	1 588	5,4	4,8	10,2	8,3	2 380	3,6	3,4	7,0	6,1
150	1 191	7,0	3,2	13,1	5,4	2 382	3,6	1,8	7,0	3,2	3 570	2,5	1,1	4,8	2,2
200	1 588	5,1	1,9	10,1	3,0	3 176	2,8	0,8	5,4	1,6	4 760	1,9	0,6	3,6	1,2
250	1 984	4,3	0,8	8,3	1,8	3 970	2,2	0,6	4,3	1,1	5 951	1,5	0,4	2,9	0,7
300	2 381	3,6	0,7	7,0	1,3	4 764	1,9	0,3	3,6	0,7	7 141	1,2	0,3	2,5	0,4
350	2 778	3,1	0,5	6,1	0,9	5 558	1,6	0,3	3,1	0,5	8 331	1,1	0,15	2,1	0,4
400	3 175	2,8	0,3	5,4	0,7	6 352	1,4	0,2	2,8	0,3	9 522	0,9	0,15	1,9	0,2
450	3 572	2,5	0,3	4,8	0,6	7 146	1,2	0,2	2,5	0,3	10 712	0,8	0,1	1,7	0,2
500	3 969	2,2	0,3	4,3	0,5	7 940	1,1	0,1	2,2	0,3	11 903	0,7	0,1	1,5	0,2
550	4 366	2,0	0,2	4,0	0,3	8 734	1,0	0,1	2,0	0,2	13 094	0,7	0,05	1,4	0,1
600	4 762	1,9	0,1	3,8	0,2	9 528	0,9	0,1	1,9	0,1	14 285	0,6	0,05	1,3	0,1

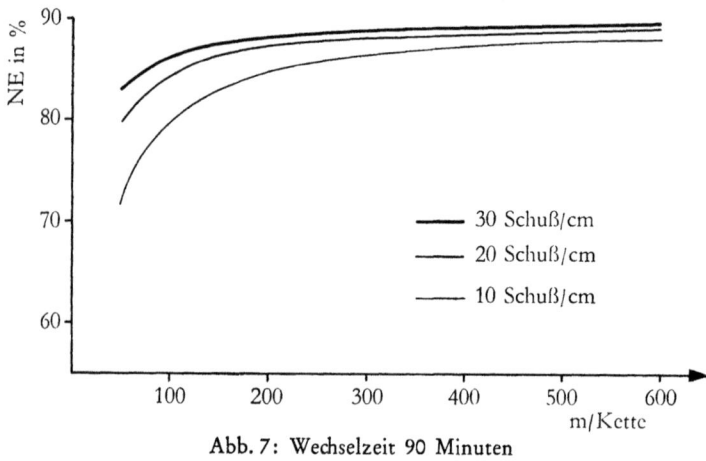

Abb. 7: Wechselzeit 90 Minuten

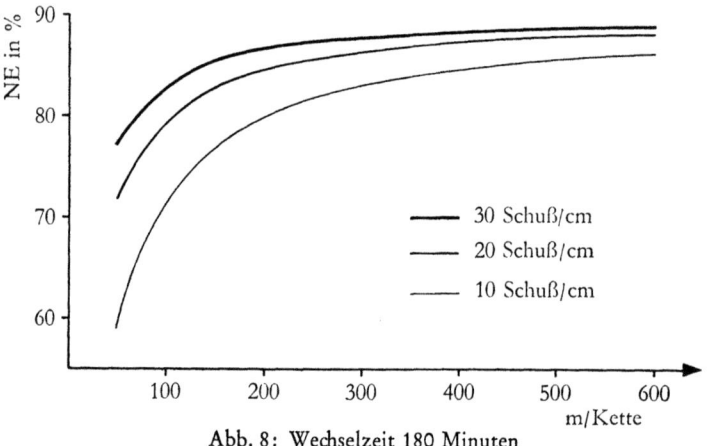

Abb. 8: Wechselzeit 180 Minuten

Abb. 7 und 8: Das Verhalten des Nutzeffektes bei steigender Kettlänge und konstanter Wechselzeit

fortschrittlichen Webstühlen Gedanken macht, so birgt eine derartige Leistungsbetrachtung über den Nutzeffekt doch die Gefahr in sich, daß sie zu unrichtigen – und unter Umständen verhängnisvollen – Konsequenzen verleitet. Beispielsweise liegt es nahe, aus der vorstehenden Analyse zu folgern, daß es von einer Kettlänge von etwa 6 Stücken ab mehr oder weniger uninteressant sei, ob die Kette noch länger ist oder nicht [75]. Wer solche Folgerungen zieht und danach Entschei-

[75] U. a. auch *E. Köster,* a. a. O., „... daß es wenig interessant ist, mehr als 5- bis 6 stückige Ketten zu weben, da durch die längere Kette keine spürbare Steigerung des Nutzeffektes des Webstuhles zu erreichen ist."

dungen trifft, übersieht jedoch mehrere indirekte Folgen der Variation der Kettlänge, die sich nur zum geringsten Teil in Änderungen des Nutzeffektes niederschlagen. Noch im Bereich des Leistungsbildes zeigt sich nämlich, daß mit abnehmender Kettlänge und demzufolge größerer Kettwechselhäufigkeit die Wahrscheinlichkeit zunimmt, daß sich einzelne Kettwechsel überschneiden und eine ebenso unvorhergesehene wie unerwünschte Quelle leistungsmindernder Brachzeiten bilden. Diesem Druck auf den Nutzeffekt der Automaten kann man nur durch eine Vermehrung des am Kettwechsel beteiligten Personals begegnen. Es ist jedoch mehr als zweifelhaft, daß die durch eine Vergrößerung des Personalstammes sprunghaft gestiegene Arbeitskapazität voll ausgenutzt werden kann [76]. Je weniger das der Fall ist, desto bemerkenswerter ist der Abfall der Arbeits-(lohn-)Produktivität der Hilfskräfte, die man in Kauf nehmen muß. Entsprechend günstigere Folgen wird die Verlängerung der Kette beziehungsweise die abnehmende Häufigkeit der Kettwechsel zeigen.

Über diese Folgen auf der Leistungsebene der Weberei hinaus sei auf die schwerwiegende Bedeutung der Kettlänge für die Leistung des Vorwerks (insbesondere der Schärerei und Passiererei) sowie für das Kosten- und Wirtschaftlichkeitsbild sämtlicher Fertigungsstellen mit Nachdruck hingewiesen. Auch von dieser Warte wird die zitierte Meinung, von etwa 6stückigen Ketten ab falle die Verlängerung der Ketten nicht mehr wesentlich ins Gewicht, eindeutig als Fehlschluß entlarvt.

Die Analyse der Bedeutung des Kettwechsels für die Leistung der Webstühle, insbesondere hinsichtlich der Neuerungen moderner Technik, vermag, wie wir gesehen haben, eine Vielzahl von aufschlußreichen Zusammenhängen aufzudecken. Sie gilt es ins Kalkül einzubeziehen, wenn ein umfassendes Urteil über die Folgen des technischen Fortschrittes für den Produktionsvollzug gefordert wird.

d) Die Reparaturen als Stillstandsursache im Lichte technischen Fortschrittes

Nach der Beleuchtung des Spulenwechsels, der Fadenbrüche und der Arbeitsgänge beim Kettwechsel als Ursachen für leistungsmindernde Stuhlstillstände wollen wir – dem Range ihrer Bedeutung entsprechend – den Webstuhlreparaturen als keineswegs seltener Stillstandsursache unsere Aufmerksamkeit zuwenden. Zwar schwankt, wie man leicht einsieht, der Anteil der Reparaturen an den Stillstandsursachen in enger Abhängigkeit von dem Zustand und der Beanspruchung der Maschinen in den einzelnen Betrieben nicht unerheblich, nämlich etwa zwischen 0,2 und 1,2 Minuten je Stuhlstunde; in jedem Falle aber bereitet die Gefahr der Leistungseinengung durch mechanische Mängel manches Kopfzerbrechen.

Aus der Überlegung, daß es sich bei den Reparaturen in erster Linie um ein technisches Problem handelt, könnte sich die Erwartung herleiten, gerade dieser Komplex des Produktionsvollzuges sei vom technischen Fortschritt besonders be-

---

[76] Vgl. Seite 91 ff.

einflußt. Diese Mutmaßung scheint sich jedoch nur bedingt zu bestätigen. Freilich mangelt es vorerst noch an fundierten Untersuchungen, die sich auf einen großen Zeitraum und eine Vielzahl von Betrieben erstrecken müßten (aber selbst dann keine allgemein gültigen Schlüsse erlaubten) und es bedarf noch der genügenden Erfahrungen mit technisch-fortschrittlichen Webautomaten, die erst in unseren Tagen in der Bewährung stehen.

Es trifft zu, daß die hohen Stuhlgeschwindigkeiten sowie die meist äußerst empfindlichen elektro-technischen Einrichtungen moderner Webautomaten die Stühle reparaturanfälliger machen als sie es bisher waren. Zu einem großen Teil wird dieser Nachteil jedoch durch exaktere Konstruktion, verfeinerte Lagerung der Mechanismen, durch die Verwendung besonders widerstandsfähiger Materialien und dergleichen mehr aufgewogen. Immerhin bleibt die Frage, wie dem auf diese Weise nicht aufgefangenen Mehr an Reparaturanfälligkeit beizukommen sei, dies um so mehr, als die Vermeidung von Stillständen bei modernen Stühlen aus den bereits mehrfach aufgezeigten Gründen dringlicher ist als bisher und außerdem, weil ein Webautomat in der Regel einen weit größeren Wert darstellt, den es zu erhalten gilt, als ein einfacher unmoderner Stuhl.

Auf der Suche nach einem gangbaren Weg zur Lösung dieser Aufgabe stößt man darauf, daß der Anteil der Stuhlreparaturen an den gesamten Stillstandsursachen offenbar nicht allein von gegebenen technischen Daten, wie Zustand und Beanspruchung der Maschine, abhängig ist, sondern daß diese Größen durch geeignete organisatorische Maßnahmen beeinflußt werden können. Die Reduzierung der Stuhlreparaturen ist nicht, wie anfänglich vermutet, in erster Linie eine technische Aufgabe, sondern eine organisatorische.

Offensichtlich sehen wir uns nämlich – wie schon wiederholt – in der Lage, an sich technischen Problemen, die der technische Fortschritt im Produktionsvollzug aufwirft, mit Hilfe nicht-technischer, organisatorischer Maßnahmen, ja, wie es scheint, ausschließlich mit ihrer Hilfe, beizukommen. Das in den letzten Jahren eifrig diskutierte, jedoch bislang leider mehr von der Literatur [77] empfohlene als von der Praxis angewendete Mittel ist die *vorbeugende Instandhaltung*. In einem Websaal von 60 Automaten wurde zum Beispiel festgestellt, daß sich die durchschnittlichen Reparaturzeiten (größere Reparaturen wurden nicht in die Beobachtung einbezogen) von 1,1 Minuten je Stuhl/Std. auf 0,45 Minute je Stuhl/Std. verringerten, als die Stühle nach einem bestimmten, genau eingehaltenen Plan überprüft wurden. Bei jedem Kettwechsel richtete der Stuhlmeister besonderes Augenmerk auf die Teile des Stuhles, die erfahrungsgemäß besonders stark dem Verschleiß unterliegen, wie Picker, Schläger, Schlagriemen, Fadenbremsen im Schützen, Kastenzungen, Schemel der Schaftmaschine usw. Stellte sich bei dieser Untersuchung heraus, daß einzelne Teile voraussichtlich nicht mehr bis zum nächsten Kettwechsel *vollwertigen* Dienst tun würden, so wurden sie gegen neue Ersatzteile ausgetauscht, selbst dann, wenn sie zum Zeitpunkt des Austausches an sich noch eine begrenzte

---

[77] U. a. *A. Böcker*, Vorbeugende Instandhaltung der Textilmaschinen, a. a. O., S. 546.

Zeit zu verwenden gewesen wären. Mit Lehren, Maßstöcken usw. wurde zudem die genaue Einstellung des Stuhles geprüft. Nicht minder streng und konsequent ging man bei der genaueren umfassenden Stuhluntersuchung vor, die sich auch auf die weniger gefährdeten Stuhlteile erstreckte und für jeden Stuhl bei Zweischichtarbeit [78] alle zwei Monate vorgenommen wurde. Es versteht sich von selbst, daß das Geschirr und die Kettwächter ebenfalls mit peinlicher Sorgfalt und unter Beachtung strenger Maßstäbe an die Verwendungsfähigkeit instand gehalten beziehungsweise erneuert wurden.

Man war nicht sonderlich überrascht über die Feststellung, daß als Nebenfolge dieser vorbeugenden Instandhaltung auch die Zahl der Fadenbrüche und Gewebefehler abnahm, da Fadenbrüche und Gewebefehler häufig auf ungenaue Stuhleinstellung und nicht mehr voll leistungsfähige Stuhlteile zurückgehen. Im geschilderten Versuchsfall ergab sich, daß die Automatenweberei, in der die vorbeugende Instandhaltung praktiziert wurde, geringere Reparaturstillstände meldete als der Websaal mit mechanischen Stühlen, deren Zustand an sich – trotz ihres um 6 Jahre höheren Alters – nicht wesentlich von dem der zwei Jahre alten Automaten abwich. Trotz der Veränderung der Kosten, die das dargestellte Vorgehen mit sich brachte, behielt es die erwähnte Weberei bis heute bei.

In diesem Zusammenhang ist auch das von Fridenberg [79] angeführte Beispiel der prozentualen Verteilung der einzelnen Arbeiten eines Webmeisters während seiner Schichtzeit interessant. Fridenberg gibt aus der Praxis zweier Hilfsmeister folgende „Arbeitszeitbilanzen" (in v. H. zur Schichtdauer) an:

	Meister A	*Meister B*
1. Übernahme und Übergabe der Schicht:	3,1	3,1
2. Reparaturen und Instandhaltung:		
a. vorbeugende laut Plan	28,9	24,2
b. laufende auf Anforderung des Webers	33,1	45,5
Zwischensumme:	65,1	72,8
3. Anleitung der Weber:	18,5	10,2
4. Sonstiges (einschließlich persönlicher Verlustzeiten):	16,4	17,0
	100,0%	100,0%

Obwohl das Beispiel offenbar aus der Baumwollindustrie stammt, ist es auch für die Tuchweberei aufschlußreich. Außer der Tatsache, daß überhaupt *vorbeugend* und zwar *planmäßig* instand gehalten wird, zeigt der Vergleich von A und B, daß ein Plus von 4,7 v. H. in der vorbeugenden Instandhaltung ein Vielfaches, nämlich 12,4 v. H., an laufenden Reparaturen einspart. Hinzu kommt die äußerst wichtige Beobachtung, die das Beispiel nicht deutlich werden läßt, daß die vorbeugende Instandhaltung zum großen Teil am wegen Kettwechsel ohnehin still-

---

[78] Bei Einschichtarbeit dürften Abstände von ca. 3 Monaten genügen.
[79] K. E. *Fridenberg*, Organisation und Planung..., a. a. O., S. 108.

stehenden Stuhl vorgenommen wird, also zumeist keine zusätzlichen Leistungsausfälle verursacht, während die „laufende Reparatur auf Anforderung des Webers" fast immer eine unvorhergesehene Unterbrechung des Stuhllaufes bedeutet, und diese Unterbrechung in der Regel durch Wartezeiten verlängert wird, da der Meister erst benachrichtigt werden muß und sich nicht immer unverzüglich dem defekten Stuhl widmen kann.

Angesichts der Vorteile der vorbeugenden Instandhaltung, die sich auch aus diesem Beispiel ergeben, ist es um so verwunderlicher, daß, wie gesagt, erst sehr wenige Betriebe der Tuchindustrie bekannt sind, die die gleiche Möglichkeit nutzen, der Reparaturen und ihrer mit dem technischen Fortschritt gestiegenen Wirkung auf die Leistung der Webstühle Herr zu werden.

e) Die Überlagerung von Stillständen als leistungshemmende Begleiterscheinung technischen Fortschrittes

1) Die Ursachen der Überlagerung

Nach der Untersuchung der Fadenbrüche, Kettwechsel und Reparaturen bleibt schließlich noch die Beleuchtung einer weiteren Ursache für Stillstände, die das Leistungsvermögen der Stühle untergraben: das Warten der Stühle auf Bedienung. Jene Ursachen waren als solche seit den Anfängen der Webtechnik im Produktionsvollzug bekannt, wenngleich sie durch den technischen Fortschritt sowohl in ihrer Bedeutung als auch in ihrer Behandlung mehr oder minder starke Beeinflussung erfuhren; diese Erscheinung der Wartezeiten dagegen hat erst im Gefolge des neuzeitlichen technischen Fortschrittes Einzug in die Webereien gehalten.

Der Grund für das Auftreten von Maschinenbrachzeiten, also solchen Zeiten, während denen der Stuhl zu seinem Weiterlaufen der Bedienung bedarf, ohne daß sie ihm zuteil wird, ist die durch den technischen Fortschritt ermöglichte Arbeitsteilung [80] und die mit ihr Hand in Hand gehende Erhöhung der Stellenzahl je Arbeitskraft. Während der nur für einen Stuhl verantwortliche Weber jederzeit für seinen Stuhl zur Verfügung steht und einen Schaden – etwa einen Fadenbruch – unverzüglich nach seinem Eintreten beheben kann, wird es der Mehrstuhlweber am modernen automatisierten Arbeitsplatz nicht verhindern können, daß die Stühle B und C seiner Gruppe gleichzeitig oder doch wenigstens vor der Behebung des Fehlers am Stuhl A aussetzen, so daß sich mehrere Stillstände überlagern.

Wegen ihrer hervorstechenden Anteiligkeit an den gesamten Stillstandsursachen sowie wegen ihres Schwergewichtes im Aufgabenbereich des modernen Webers wird den Fadenbrüchen gewöhnlich die größte Aufmerksamkeit geschenkt. Hieraus erwächst die Gefahr, daß den Fadenbrüchen einseitig die Schuld an Stillstandsüberlagerungen zugeschoben wird. Es besteht daher Anlaß zu dem Hinweis darauf, daß *jede* der bisher behandelten Stillstandsursachen Überlagerungen von

---

[80] Vgl. Seite 81 ff.

Stillständen auslösen kann. Da den verschiedenen Stillständen aber auch verschiedene Vorhersehbarkeit, Häufigkeit und Dauer entsprechen und ihre Behebung in verschiedene Aufgabenbereiche fällt, bereitet die Antwort auf die Fragen nach der exakten Erfassung und Messung der Überlagerungswirkung sowie nach den Möglichkeiten ihrer Einschränkung erhebliche, zum Teil unüberwindliche Schwierigkeiten.

Bevor wir uns nichtsdestoweniger diesen Fragen widmen, wie es ihnen ihrer Bedeutung innerhalb der Diskussion um den technischen Fortschritt gemäß zukommt, erscheint es wichtig, die Faktoren herauszuschälen und festzuhalten, von denen sowohl das Ausmaß der Überlagerungen beziehungsweise deren Folgen für die Stuhlleistung als auch die Maßnahmen abhängen, die zu ihrer Eindämmung in Frage kommen. Es sind dies:

1. Die *Häufigkeit* der einzelnen Stillstände je Stelle;
2. der *Rhythmus* des Eintretens der einzelnen Stillstände, das heißt das Verhältnis der Stillstandsintervalle zueinander;
3. die *Dauer* der einzelnen Stillstände je Stelle;
4. die *Stellenzahl* des Arbeitsplatzes;
5. das *Leistungsvermögen* des Stuhles, von dem der Leistungsverlust während der durch Ziffer 1 bis 4 bestimmten Überlagerungszeiten abhängt.

2) Die Erfassung und Messung der Leistungsverluste durch Stillstandsüberlagerungen

Der Erfassung der jeweiligen Stellenzahl sowie der exakten Messung der Dauer der Stillstände und der genauen Ermittlung des Leistungsvermögens der einzelnen Stühle steht nichts im Wege. Dagegen sieht sich der Versuch einer korrekten Erfassung der beiden ersten Faktoren, Häufigkeit und Rhythmus der Stillstände, vor um so größere Schwierigkeiten gestellt, denn sie sind in der Mehrzahl der Fälle völlig unvorhersehbar und daher nicht ex ante zu berechnen.

Häufigkeit und Rhythmus der Kettwechsel lassen sich zwar theoretisch vorhersehen und sogar dispositorisch steuern. In der Praxis jedoch findet sich diese Möglichkeit allenfalls in reinen Stapelwebereien, die in der Tuchindustrie fast unbekannt sind. In Nouveauté-Webereien wird häufig so kurzfristig disponiert, sind die Ketten so kurz und wird ihre Länge vielfach so sehr variiert, daß – vornehmlich zur Zeit des Saisonwechsels – an eine genaue Planung der Kettwechsel und demzufolge an eine Vorhersehbarkeit der Stillstände wegen Kettwechsels nicht zu denken ist.

Reparaturen sind nur insofern vorherbestimmbar, als sie im Rahmen der vorbeugenden Instandhaltung [81] anfallen.

---

[81] Auch aus diesem Grunde ist daher die vorbeugende Instandhaltung empfehlenswert. Vgl. Seite 68 f.

Tabelle 9

Ashcroft-Tabelle zur Ermittlung der Stillstandsüberlagerungsverluste

p	N=1	N=2	N=3	N=4	N=5	N=6	N=7	N=8	N=9	N=10
0,00	1,00	2,00	3,00	4,00	5,00	6,00	7,00	8,00	9,00	10,00
0,01	0,99	1,98	2,97	3,96	4,95	5,94	6,93	7,92	8,91	9,90
0,02	0,98	1,96	2,94	3,92	4,90	5,88	6,85	7,83	8,81	9,73
0,03	0,97	1,94	2,91	3,88	4,84	5,81	6,77	7,74	8,70	9,66
0,04	0,96	1,92	2,88	3,84	4,79	5,74	6,69	7,64	8.58	9,52
0,05	0,95	1,90	2,85	3,79	4,74	5,67	6,61	7,53	8,54	9,37
0,06	0,94	1,88	2,82	3,75	4,68	5,60	6,51	7,42	8,31	9,19
0,07	0,93	1,86	2,79	3,71	4,62	5,52	6,42	7,29	8,15	8,99
0,08	0,93	1,85	2,76	3,67	4,56	5,44	6,31	7,16	7,98	8,76
0,09	0,92	1,83	2,73	3,62	4,50	5,36	6,20	7,01	7,78	8,50
0,10	0,91	1,81	2,70	3,58	4,44	5,28	6,08	6,85	7,57	8,21
0,11	0,90	1,79	2,67	3,53	4,38	5,19	5,96	6,68	7,33	7,89
0,12	0,89	1,77	2,64	3,49	4,31	5,10	5,83	6,50	7,08	7,55
0,13	0,88	1,76	2,61	3,44	4,24	5,00	5,69	6,31	6,81	7,19
0,14	0,88	1,74	2,58	3,40	4,18	4,90	5,55	6,10	6,53	6,83
0,15	0,87	1,72	2,55	3,35	4,11	4,80	5,40	5,90	6,24	6,48
0,16	0,86	1,71	2,52	3,31	4,04	4,70	5,25	5,68	5,97	6,14
0,17	0,85	1,69	2,50	3,26	3,97	4,59	5,10	5,47	5,70	5,82
0,18	0,85	1,67	2,48	3,22	3,90	4,48	4,94	5,26	5,44	5,52
0,19	0,84	1,66	2,44	3,17	3,83	4,37	4,79	5,05	5,19	5,24
0,20	0,83	1,64	2,41	3,12	3,75	4,26	4,63	4,85	4,95	4,99
0,21	0,83	1,62	2,38	3,08	3,68	4,15	4,48	4,66	4,73	4,75
0,22	0,82	1,61	2,35	3,03	3,61	4,04	4,33	4,47	4,53	4,54
0,23	0,81	1,59	2,33	2,98	3,53	3,94	4,18	4,30	4,34	4,34
0,24	0,81	1,58	2,30	2,94	3,46	3,83	4,04	4,13	4,16	4,16
0,25	0,80	1,56	2,27	2,89	3,39	3,90	3,90	3,98	4,00	4,00

Völlig ausgeschlossen aber ist die genaue Vorhersage hinsichtlich der Fadenbrüche, deren Häufigkeit in der Regel am größten und deren Rhythmus am unregelmäßigsten von allen Stillstandsarten ist, dies um so mehr, je unkontrollierter die klimatischen Verhältnisse im Websaal sind und je anfälligeres Garn (minderwertige Qualitäten oder Streichgarne usw.) verwebt wird.

Der annehmbarste Weg zur Vorausberechnung der Überlagerungen und ihrer Folgen auf die Leistung ist wohl die auf umfassenden Erfahrungswerten (Zeitaufnahmen) aufbauende Wahrscheinlichkeitsrechnung, wie sie unter anderem auch von Groß [82] angewendet und empfohlen wird. In der Praxis bereitet eine derartige Rechnung, der ein relativ hoher Grad von Genauigkeit nicht abzusprechen ist, wegen ihrer Kompliziertheit manche Schwierigkeiten, die ihre Verwendung nicht anraten. Eine derartige Genauigkeit ist – dessen sollte man sich bei allem Drang

---

[82] *M. Groß*, Leistungsvorrechnung, a. a. O., S. 113.

Die Untergrabung der Leistungssteigerung durch Stuhlstillstände 73

Tabelle 9

Ashcroft-Tabelle zur Ermittlung der Stillstandsüberlagerungsverluste

p	N=11	N=12	N=13	N=14	N=15	N=16	N=17	N=18	N=19	N=20
0,000	11,00	12,00	13,00	14,00	15,00	16,00	17,00	18,00	19,00	20,00
0,005	10,94	11,94	12,93	13,93	14,92	15,92	16,91	17,91	18,90	19,89
0,010	10,88	11,87	12,86	13,85	14,84	15,83	16,82	17,80	18,79	19,78
0,015	10,82	11,80	12,79	13,77	14,75	15,73	16,71	17,69	18,69	19,65
0,020	10,76	11,73	12,71	13,68	14,65	15,62	16,59	17,56	18,53	19,50
0,025	10,69	11,66	12,62	13,58	14,54	15,50	16,46	17,41	18,37	19,32
0,030	10,62	11,57	12,53	13,48	14,42	15,37	16,31	17,24	18,17	19,10
0,035	10,54	11,48	12,42	13,36	14,29	15,21	16,13	17,04	17,94	18,82
0,040	10,46	11,39	12,31	13,23	14,13	15,03	15,92	16,79	17,64	18,48
0,045	10,37	11,28	12,18	13,08	13,95	14,82	15,66	16,48	17,27	18,03
0,050	10,27	11,16	12,04	12,91	13,75	14,57	15,35	16,10	16,81	17,45
0,055	10,17	11,04	11,89	12,71	13,51	14,27	14,98	15,64	16,23	16,75
0,060	10,05	10,90	11,71	12,49	13,23	13,92	14,54	15,09	15,56	15,93
0,065	9,93	10,74	11,51	12,24	12,91	13,52	14,04	14,47	14,80	15,04
0,070	9,80	10,57	11,29	11,96	12,55	13,06	13,47	13,78	14,00	14,14
0,075	9,65	10,38	11,05	11,65	12,15	12,56	12,87	13,08	13,20	13,28
0,080	9,50	10,18	10,79	11,30	11,72	12,03	12,25	12,38	12,45	12,48
0,085	9,33	9,96	10,50	10,94	11,27	11,49	11,63	11,71	11,74	11,76
0,090	9,15	9,72	10,19	10,55	10,80	10,96	11,05	11,09	11,10	11,11
0,095	8,96	9,47	9,87	10,16	10,34	10,45	10,49	10,52	10,52	10,52
0,100	8,76	9,21	9,54	9,76	9,89	9,96	9,98	9,99	10,00	10,00
0,105	8,55	8,94	9,21	9,38	9,46	9,50	9,52	9,52	9,52	9,52
0,110	8,34	8,67	8,88	9,00	9,06	9,08	9,09	9,09	9,09	9,09
0,115	8,12	8,39	8,56	8,64	8,68	8,69	8,69	8,69	8,69	8,69
0,120	7,89	8,12	8,24	8,30	8,32	8,33	8,33	8,33	8,33	8,33
0,125	7,67	7,85	7,94	7,98	7,99	8,00	8,00	8,00	8,00	8,00

nach möglichst umfassender Gewißheit über die Einzelheiten des Produktionsvollzuges bewußt sein – nicht einmal vonnöten. Sie würde den Praktiker unnötig belasten. Ihm kommt es lediglich darauf an, das Ausmaß der Folgen der Stillstandsüberlagerungen auf den Nutzeffekt seiner Stühle in der Tendenz zu kennen und die Grenzen des Spielraumes zu sehen, in dem sich die Leistungsunterschiede bewegen.

Diesem Postulat scheint die Lösung mehr entgegenzukommen, die Ashcroft[83] anbietet. Mit Hilfe einer von ihm entwickelten Tabelle stellt Ashcroft ohne allzu umständliche Rechnung die Leistungsverluste infolge Stillstandsüberlagerungen fest. Es ist lediglich notwendig, die für die Behebung der Stillstände je Stuhl in der Zeiteinheit aufzuwendende Bedienungszeit am stillstehenden Stuhl zu ermitteln. Selbstverständlich können als Unterlagen nur Durchschnittswerte ähnlicher

[83] P. *Ashcroft*, How to point out waiting-times, a. a. O.

Verhältnisse in der Vergangenheit herangezogen werden. Das Risiko, daß diese Werte aus irgendeinem Grunde überholt oder auf den gegebenen, bestimmten Fall nicht anwendbar sind, muß auch nach sorgfältiger Überlegung über die Anwendbarkeit dieser Erfahrungswerte in Kauf genommen werden.

Für die ermittelte Bedienungszeit in der Zeiteinheit, den sogenannten „p-Wert", sucht man in der Tabelle (siehe auf Seite 72) unter der Rubrik N = jeweilige Stellenzahl die entsprechenden Ziffern („A-Werte") auf, die – mit 100 multipliziert – die Gesamtleistung der N-Maschinen in v. H. ergeben. – Bei der berechnung der Überlagerungszeit eines Stuhles geht man von der Gleichung:

$$\text{Gesamtzeit (H)}^{84} \cdot \text{Wirkungsgrad } (\eta) = \text{Maschinenlaufzeit (T)}$$

aus, wobei der Wirkungsgrad $= \frac{A}{N}$ ist, so daß die Gleichung lautet: $H = T \cdot \frac{N}{A}$;

Die Zeit für einen Stuhl setzt sich aus der Maschinenlaufzeit und der Bedienungszeit für einen Stuhl (ohne jede Überlagerung) zusammen. Zieht man diese Zeit von der Gesamtzeit ab, so ergibt die Differenz die Überlagerungs- oder Brachzeit.

Zum leichteren Verständnis der Ashcroft-Methode wollen wir sie an einem Fadenbruch-Beispiel verfolgen. Greifen wir auf die bereits erläuterten [85] Modellfälle aus der Praxis zurück, so erinnern wir uns des möglichen Falles, daß man je Stuhl mit drei Schußfaden- und fünf Kettfadenbrüchen rechnen kann. Die Schußfadenbrüche beanspruchen 0,40 Minuten Bedienung am stillstehenden Stuhl, also insgesamt 1,2 Minuten je Stuhlstunde. Kettfadenbrüche verlangen zu 30 v. H. (Warenbaumseite) 0,55 Minuten Bedienung, zu 70 v. H. (Kettbaumseite) 0,87 Minuten Bedienung am stehenden Stuhl, also insgesamt $(1,5 \cdot 0,55) + (3,5 \cdot 0,87)$ = 3,87 Minuten. Ein Stuhl steht demnach wegen Fadenbruches $1,2 + 3,87 =$ 5,07 Minuten je Stunde. Der p-Wert beträgt: $\frac{5,07}{60} = 0,08$. Nehmen wir an, es handele sich um eine Automatengruppe von 8 Webautomaten, also N = 8, dann findet sich in der Tabelle für p = 0,08 unter N = 8 der A-Wert: 7,16. (Die Gesamtleistung der 8 Automaten ist $7,16 \cdot 100 = 716 \%$ der Leistung ohne Berücksichtigung der Fadenbrüche.)

Setzen wir nun in die Gleichung $H = T \cdot \frac{N}{A}$ die bekannten Werte ein, dann erhalten wir: $H = 60 \cdot \frac{8}{7,16} = 67,04$.

Die Stuhlzeit ohne Überlagerung beträgt: $60 + 5,07 = 65,07$; subtrahiert man diesen Wert von H, so erhält man die Überlappungszeit: $67,04 - 65,07 = 1,97$ Minuten = 2,11 %.

Im vorliegenden Falle hat die Überlagerung der Stillstände wegen Fadenbruches ein Absinken des Nutzeffektes von 2,11 % zur Folge.

---

[84] In dieser Gesamtzeit ist die Überlagerungszeit enthalten.
[85] Vgl. Seite 50.

Man sollte sich jedoch der Ashcroft-Tabelle nicht bedienen, ohne die Voraussetzungen, unter denen sie errechnet wurde, mit den Gegebenheiten im eigenen Betriebe zu vergleichen. Ashcroft setzt zum Beispiel eine ganz bestimmte Stuhlanordnung und damit bestimmte Wegezeiten voraus. Weicht die Stuhlanordnung von der Ashcroftschen (leider gibt er sie nicht an) ab, so müssen eventuell neue Tabellenwerte errechnet werden. Ferner gilt seine Tabelle jeweils nur für *eine* Stillstandsart, wobei vorausgesetzt wird, daß jede Stillstandsursache dem Aufgabenbereich eines Arbeiters oder einer Arbeitergruppe entspricht, so daß beispielsweise der Weber nur Fadenbrüche behebt, nicht aber auch beim Kettwechsel Hand anlegen muß oder bei Reparaturen behilflich ist. Wäre das der Fall, so wären die gesamten Bedienungszeiten je Stuhl so grobe Durchschnittswerte, daß sie keine genügende Genauigkeit mehr garantieren würden. Das Problem der Überlagerungen ist jedoch gerade in Webereien mit hohen Stellenzahlen je Gruppe akut. In diesen Webereien aber ist eine tiefe Arbeitsteilung, wie sie Ashcroft voraussetzt, gebräuchlich. Um die Gesamtzeiten aller Überlagerungen festzustellen, muß man die für jede Stillstandsart einzeln ermittelten Zeiten addieren.

Aus den bisherigen Überlegungen über das Erfassen und Messen der Verluste infolge Stillstandsüberlagerungen lassen sich folgende Erkenntnisse gewinnen:

1. Eine exakte Messung ist *kaum möglich:* Die Verluste lassen sich allenfalls mit wahrscheinlicher Genauigkeit vorherbestimmen.

2. Das Streben nach zu großer Genauigkeit der Messung ist *nicht ratsam:* Ein derartiger Ehrgeiz erfordert großen Aufwand an Zeitstudien und Berechnungen und wirkt verwirrend.

3. Eine exakte Messung ist *nicht nötig:*
Die Messung darf nicht um ihrer selbst willen betrieben werden, sondern nur insoweit, als es ihrem wirtschaftlichen Zweck entspricht. Dieser Zweck aber ist nichts anderes, als Aufschluß zu geben über a) die grundsätzliche Abhängigkeit b) die Tendenz und c) den Spielraum der Stillstandsüberlagerungsverluste. Diesem Zweck werden die Berechnungsmethode von Ashcroft, aber auch unter Umständen bereits kasuistische Stichproben-Messungen gerecht.

Auf alle Fälle geben die aufgezeigten Messungen im Notfall das Signal zum Einleiten von Maßnahmen, die sich gegen das Überhandnehmen der Überlagerungen richten.

Im folgenden sollen nun die Möglichkeiten zu derartigen Maßnahmen untersucht werden.

3) Möglichkeiten zur Verhütung beziehungsweise Eindämmung von Stillstandsüberlagerungen

Nicht selten ist in Webereien mit Mehrstellenfertigung zu beobachten, daß ein beträchtlicher Teil der Stühle stillsteht, obwohl – oder gerade weil – jeder Arbeiter im Websaal eifrig bei der Arbeit ist. Besonders den Webereien, die ihre Websäle oder einen Teil von ihnen vollautomatisiert haben, jedoch noch keine großen Erfahrungen mit der Mehrstellenfertigung sammeln konnten (was für den weitaus größten Teil der automatisierenden Tuchwebereien zutrifft), ist der Kummer vertraut, den ihnen immer wieder die Feststellung bereitet, daß 30 bis 50 v. H. der Stühle einer Gruppe gleichzeitig stillstehen. Die daraus erwachsenden Leistungsverluste sind offenbar untragbar. In solchen Fällen kann wirksame Abhilfe nur mit Maßnahmen geschaffen werden, die an den Wurzeln des Übels ansetzen. Als solche aber haben wir bereits die Faktoren: Häufigkeit, Rhythmus und Dauer der Stillstände sowie die Stellenzahl kennengelernt.

1. Das wirksamste und zugleich nächstliegende Mittel zur Bekämpfung der Überlagerungsverluste ist ohne Zweifel die Reduzierung der Häufigkeit der Stillstände. Auf die Anwendungsmöglichkeiten wie auch auf die -grenzen wurde bereits ausführlich in den voranstehenden Abschnitten eingegangen, auf die in diesem Zusammenhang verwiesen werden kann, wodurch sich ein Wiederaufgreifen der Probleme erübrigt.

2. Die Schwierigkeiten, die einer Beeinflussung des Rhythmus' der Stillstandsintervalle entgegenstehen, sind ebenfalls bereits angedeutet worden. Fadenbrüche entziehen sich ihrem Wesen nach völlig jeder Einflußnahme auf den Zeitpunkt ihres Eintretens. Die Beeinflussung der Reihenfolge der Kettwechsel ist in engen Grenzen möglich. In praxi stehen jedoch bei Überlegungen über den Zeitpunkt der Belegung des Stuhles und über die Länge der Kette meist andere Gesichtspunkte als die Reihenfolge des Eintretens der Kettwechsel und die dadurch bedingten Überlagerungen im Vordergrund. Eine wirkungsvolle Rücksicht auf die Stillstandsüberlagerung bei der Belegung der Stühle ist allenfalls in Stapelwebereien denkbar, aber selbst hier nur unter der Gefahr einer übermäßigen Belastung und Verwirrung der Disposition möglich. Ein Weg, die Reparaturen wenigstens zum Teil unter Kontrolle zu bringen, bietet sich in der ebenfalls bereits besprochenen vorbeugenden Instandhaltung an.

3. Die Dauer der Stillstände kann nur durch eine Intensivierung der Behebungsarbeit verkürzt werden. Eine Beschleunigung des Heilens von Fadenbrüchen, das nur von *einem* Arbeiter, dem Weber, besorgt werden kann, ist nur über eine Steigerung der Erfahrungen, Übung und Fingerfertigkeit des Webers möglich. Ihr sind jedoch enge Grenzen gesetzt. Die obere Grenze, von der ab eine spürbare Verkürzung des eigentlichen Heilungsvorganges nicht mehr möglich ist, wird sehr bald erreicht. – Auf die Wege zur Intensivierung und Verkürzung der Kettwechselzeit wurde an anderer Stelle [86] bereits hingewiesen. Je mehr Arbeitsgänge außerhalb des Stuhles durchgeführt werden, das heißt je besser der Kettwechsel vorbereitet ist, je mehr Arbeiten gleichzeitig abgewickelt werden und je mehr Arbeitskräfte bei einer Arbeit eingesetzt werden können, desto kürzer wird die Gesamtdauer des Kettwechselstillstandes sein. Dasselbe gilt für die Reparaturarbeiten.

---

[86] Vgl. Seite 59 ff.

4. Als die letzte der maßgebenden Einflußgrößen der Stillstandsüberlagerungen bleibt die Stellenzahl des Arbeitsplatzes auf ihre Manipulierbarkeit und deren Effekt auf die Leistungsverluste hin zu untersuchen.

Nimmt man Häufigkeit, Rhythmus und Dauer der Stillstände je Stuhl als gegeben an, so schließt die Erhöhung der beispielsweise einem Weber zugeteilten Stuhlzahl zumindest die Neigung zur Vermehrung der Stillstandsüberlagerungen ein. Je höher die Stellenzahl, desto größer auch die Wahrscheinlichkeit, daß sich die einzelnen Stillstände je Stelle überlagern. An dieser Beziehung scheint nicht zu zweifeln zu sein. Und dennoch zeigen praktische Erfahrungen und dadurch angeregte Überlegungen, daß dem keineswegs so sein muß: es kommt vor, daß mit Anstieg der Stellenzahl das Ansteigen der Überlagerungszeiten schwächer wird, ja sogar ganz erstarrt. Da die Möglichkeit, daß sich beispielsweise die Fadenbruchzahl oder ein anderes Datum ändert, ausgeschlossen wurde, bleibt als Erklärung für diese Beobachtung nur die Überlegung, daß sich die Stillstände der neu hinzugekommenen Stühle just in die Intervalle zwischen den Stillständen der bereits vorher vorhandenen Stühle eingefügt haben. Diese Fälle bleiben jedoch Ausnahmen. Sie setzen zudem voraus, daß der Weber entweder vor der Erhöhung der Stuhlzahl nicht voll ausgelastet war, daß er also während der Stillstandsintervalle keine Aufgaben zu erfüllen hatte, oder daß die während dieser Zeit vorher wahrgenommenen Aufgaben – etwa die Beobachtung der Kette – nun vernachlässigt werden. Auf keine Weise aber ist die Beobachtung Wedekinds [87], daß die Nutzgradkurve bei Erhöhung der Stellenzahl sogar *ansteige,* auf der Grundlage einer ceteris-paribus-Analyse zu erklären. Einen derartigen Effekt kann man sich nur bei gleichzeitiger Abnahme der Fadenbruchzahlen oder Änderung des Stillstands-Rhythmus beziehungsweise der Dauer der Stillstände vorstellen.

Als Regel kann festgehalten werden, daß die Erhöhung (Verminderung) der Stellenzahl eine Erhöhung (Verminderung) der Stillstandsüberlagerungen auslöst, daß jedoch das Ausmaß dieser Veränderung wesentlich von Häufigkeit und Rhythmus der Stillstände sowie von der Dauer der Behebung und dem Verhältnis dieser Faktoren zueinander abhängt.

Dasselbe, was für die Stellenzahl des Webers und damit hinsichtlich der Überlagerung der Stillstände wegen Fadenbruches gilt, kann sinngemäß auch von der Stellenzahl je Hilfskraft, beziehungsweise Hilfskraftgruppe, gesagt werden.

Der Verminderung der Stellenzahl je Arbeiter steht – hinsichtlich des Überlagerungseffektes – die Verringerung der Aufgaben des Arbeiters weitgehend gleich. Eine tiefere Arbeitsteilung hat nämlich ähnlichen Einfluß auf das Ausmaß der Stillstandsüberlagerungen wie die Herabsetzung der Stellenzahl. In Webereien mit wenig Mehrstellenerfahrung wird häufig der Fehler gemacht, daß dem Automatenweber außer dem Heilen von Fadenbrüchen und dem Beobachten der Kette noch eine Reihe der anderen Aufgaben belassen werden, die ihm von seiner Tätigkeit am mechanischen Stuhl her vertraut sind. So obliegt manchen Automaten-

[87] E. *Wedekind,* Untersuchungen zur Bestimmung..., a. a. O., S. 67.

webern noch das Abziehen der fertigen Ware, zuweilen sogar das Abliefern der Stücke; andere füllen selbst die Spulenmagazine ihrer Automaten usw., obwohl es auf der Hand liegt, daß sich ein Weber, der gerade mit dem Abziehen der Ware bei Stuhl A beschäftigt ist oder sich mit dem Stück von seinen Stühlen zur Ablieferungsstelle entfernt hat, nicht um die Stühle B, C, D, ... seiner Gruppe kümmern kann, die inzwischen wegen Fadenbruches ausgesetzt haben. Wenn eine derartig mangelhafte Arbeitsteilung auch vielfach daraus erwächst, daß die gesamte Automatenzahl in den Anfangsstadien der Automatisierung noch so gering ist, daß zusätzliche Hilfskräfte noch nicht voll ausgelastet sind, so dürfen diese Betriebe sich zumindest nicht wundern, wenn sie sich vor besonders hohe Stillstandsüberlagerungen gestellt sehen.

Ein weiterer Weg zur Umgehung der nachteiligen Folgen einer hohen Stellenzahl für die Überlagerung der Stillstände ist in einer sinnvollen Reihenfolge der Betreuung der Stühle zu sehen. Je höher die Stellenzahl, desto mehr empfiehlt sich eine kontinuierliche, planmäßige „Nacheinanderbetreuung" der Stühle statt des „Losschießens" auf den aussetzenden Stuhl, das auf Kosten der Wegezeiten geht und den Weber stark ermüdet wegen der bei dieser letzten Methode besonders notwendigen Aufmerksamkeit und planlosen Hetze. Bei Stellenzahlen von 6 bis 10 Stühlen je Arbeitsplatz, über die die Tuchindustrie bisher noch nicht hinausgekommen ist, kommt der planvollen Routinebegehung [88] jedoch vorerst nur untergeordnete Bedeutung zu. (Die Baumwoll- und Seidenindustrie hat Grund, sich mit diesem Problem sehr ernsthaft auseinanderzusetzen [89].)

Weit größeren Erfolg als die vorerwähnte Maßnahme läßt dagegen die sinnvolle Vorrang-Entscheidung des Webers zwischen zwei oder mehr gleichzeitig eintretenden Stillständen erwarten. In den Fällen, in denen mehrere Stühle zur selben Zeit aussetzen, muß der Weber wählen, welchem Stuhl er sich zuerst zuwendet. Nehmen wir den Fall an, daß die Stühle A und B einer Gruppe, von denen der Weber praktisch gleich weit entfernt sein möge, gleichzeitig stillstehen: bei Stuhl A leuchte das gelbe Kontrollicht auf, was einen Kettfadenbruch auf der Kettseite anzeigt; bei Stuhl B lasse ein rotes Kontrollicht auf einen Schußfadenbruch schließen. Schußfadenbrüche werden, wie wir wissen, in 0,40 Minuten geheilt. Kettfadenbrüche nehmen, wenn sie auf der Kettseite des Stuhles auftreten, 0,87 Minuten in Anspruch. Entscheidet sich nun der Weber, zuerst zu Stuhl A zu eilen, so muß Stuhl B 0,87 Minuten [90] warten. Wäre die Wahl zugunsten von B ausgefallen, so hätte A nur 0,40 Minuten auf Bedienung warten müssen. Im zweiten Fall werden also gegenüber der ersten Variante 0,47 Minuten Stillstandsüberlagerung eingespart.

Zum Abschluß der Betrachtungen über die Leistungsverluste durch Stillstandsüberlagerungen, der unliebsamen Begleiterscheinung technischen Fortschrittes, sei

---

[88] Vgl. *K. E. Fridenberg*, a. a. O., S. 117 ff.
[89] Vgl. *E. Wedekind*, a. a. O., S. 63.
[90] Die Wegezeit kann hier außer acht gelassen werden, da sie in beiden Fällen gleich ist.

darauf hingewiesen, daß die fünfte Einflußgröße der Stillstandsüberlagerungsverluste, nämlich das Leistungsvermögen der Stühle [91], entscheidend die Höhe der während der Überlagerungen entstehenden Verluste bestimmt. Je höher die Grundleistung der Stühle, desto nachteiliger sind die Folgen der Überlagerungen. Die Erhöhung der Grundleistung, die wir an anderer Stelle als wesentlichen Vorteil des technischen Fortschrittes kennenlernten, zeigt also – als unerfreuliche Kehrseite – den Nachteil, die Folgen der Stillstandsüberlagerungen zu verschlimmern.

4. Technischer Fortschritt und leistungssteigernde Mehrschichtarbeit in der Weberei

Einer der hervorragenden Vorteile des technischen Fortschrittes in der Tuchweberei liegt in der Ermöglichung des mehrschichtigen Einsatzes moderner Webstühle.

Für die altgewohnten Stühle in unseren Websälen ist die Individualität jedes einzelnen Stuhles allzu charakteristisch [92]. Mangelhafte Präzision der Maschine, fehlende Normung und steigender Wechsel der Ersatzteilherstellung (selbst wenn die Teile von demselben Hersteller stammen), durch mancherlei betriebsinterne Reparaturen und „Verbesserungen" im Laufe der Jahre verschärft, haben dazu geführt, daß sich der Weber an die spezielle Eigenart „seines" Stuhles gewöhnen muß und sich auf sie einstellt. Diese mehr oder weniger stark ausgeprägten Eigenarten der Stühle sowie die Notwendigkeit ihrer gleichsam persönlichen Behandlung (zum Beispiel hinsichtlich der Kettbremsung durch Verlagerung der Kontergewichte) machen die Übergabe der Stühle an andere Weber und Meister der zweiten oder gar dritten Schicht in den meisten Fällen zu einer unüberwindbaren Schwierigkeit. Fast nirgends, wo ältere mechanische Webstühle verwendet werden, laufen sie in mehreren Schichten. Der ausschlaggebende Grund dafür ist nicht etwa die Überlegung, daß diese alten Maschinen vielleicht bereits abgeschrieben sind und daher nicht mehr auf möglichst hohe Leistung hindrängen [93], sondern die soeben angedeutete Hürde der Stuhlindividualität.

Moderne Webstühle dagegen sind von so gleichmäßiger und präziser Konstruktion, daß sie – konsequent einheitliche Einstellung und Behandlung vorausgesetzt – von jedem Weber und Meister übernommen werden können. So sind die rein technischen Voraussetzungen für den mehrschichtigen Einsatz moderner Webstühle erfüllt.

Die Erfahrung lehrt, daß die Leistung nicht proportional zur Anzahl der Schichten ist. Vielmehr verläuft die Kurve der durchschnittlichen Stundenleistung mit

---

[91] Vgl. Seite 33 ff.
[92] Vgl. Seite 179.
[93] Obwohl nicht abgestritten werden soll, daß dieses Moment den Verzicht auf die zweite Schicht erheblich erleichtert.

zunehmender Schichtzahl degressiv. Der Grund hierfür ist in erster Linie in der Abhängigkeit der menschlichen Leistungsfähigkeit vom Tag- und Nachtrhythmus zu suchen. Das Arbeiten in zwei Schichten bedingt – erst recht bei neunstündiger statt bisher achtstündiger Schichtdauer –, daß die erste Schicht sehr früh in den Morgenstunden beginnt und die zweite erst in der Nacht endet. Wie sich auch bei diesbezüglichen Untersuchungen bestätigte, liegt die Leistungsfähigkeit der Weber und des Hilfspersonals in den ersten anderthalb Stunden der ersten und in den beiden letzten Stunden der zweiten Schicht deutlich unter der normalen. Es ist jedoch nicht möglich, das Ausmaß des Leistungsrückganges genau abzugrenzen, da es von sehr verschiedenen Faktoren abhängt, von denen nur einige genannt seien: 1. die Art des Artikels und des Dessin (helle oder dunkle Farben, mehrfarbig oder einfarbig, empfindliche oder robuste Kette usw.); 2. die Anzahl der Stühle je Weber; 3. die körperliche Verfassung des Bedienungspersonals; 4. der Wechsel von Frühschicht- zu Spätschichtarbeit, der jeden Arbeiter von Woche zu Woche trifft; 5. die Jahreszeit und das Klima usw.

In der dritten Schicht, soweit sie überhaupt noch im Rahmen der jüngsten Arbeitszeitregelungen [94] möglich ist (wird nur an fünf Tagen gearbeitet, so ist sie unmöglich), fällt der Leistungsrückgang besonders auf. Es wurde ein Abfall des Nutzeffektes im Beobachtungszeitraum bis zu 20 v. H. gemessen. Darin kommt der indirekte Leistungsrückgang noch nicht zum Ausdruck, der sich in schlechtem Ausfall der Ware, also in qualitativer Form, niederschlägt. Besonders bei hochwertiger Ware wirkt es sich auch nachteilig auf die Qualität aus, wenn der (organischen) Faser nicht von Zeit zu Zeit Erholung gegönnt wird, sondern wenn sie – wie es bei dreischichtigem Einsatz nicht ausbleibt – pausenlos im anstrengenden Webprozeß strapaziert wird.

Es ist nun aber interessant festzustellen, daß die Leistung in der Zeiteinheit bei automatischen Webstühlen nicht in gleichem Maße zurückgeht wie die mechanischer Stühle. Da der Grund für den Leistungsverlust in erster Linie in der Unstetigkeit menschlicher Leistungsfähigkeit liegt und ein Gutteil des Anteils menschlicher Arbeitskraft an der Leistungserstellung durch die stetig arbeitende Maschine übernommen wurde[95], liegt die Erklärung für diese Feststellung auf der Hand. Allerdings ist auf der anderen Seite in den Fällen, in denen dem Automatenweber wegen einer hohen Stellenzahl seines Arbeitsplatzes und/oder wegen des Schwierigkeitsgrades der Artikel und ihrer Verschiedenheit innerhalb der Stuhlgruppe besonders wache Aufmerksamkeit abverlangt wird, auch eine Zunahme des direkten und indirekten Leistungsrückganges möglich und wahrscheinlich.

Wegen der Unsicherheit des Ausmaßes der Unterproportionalität des Leistungsanstieges bei einer Vermehrung der Schichtzahl und ihrer Abhängigkeit von einer Vielzahl von betriebsindividuellen Verhältnissen, hieße es lediglich Genauigkeit

---

[94] Laut Tarifvertrag vom 1. April 1957 gilt für die Tuchweberei eine wöchentliche Arbeitszeit von 45 Stunden.
[95] Vgl. Seite 192 f.

vortäuschen und irreführen, wenn wir von einem nur willkürlich herausgegriffenen Satz der Unterproportionalität bei den späteren Untersuchungen insbesondere der Kosten und der Wirtschaftlichkeit ausgingen. Daher werden die erwähnten Rechnungen auf der Annahme basieren, die Leistung je Schicht sei bei einschichtiger und zweischichtiger Arbeit in der Weberei gleich. Die erwähnten späteren Überlegungen werden also mit diesem Vorbehalt belastet sein. – Nur dann, wenn auch eine dritte Schicht in Erwägung gezogen wird, scheint es unerläßlich, die Leistung der dritten Schicht um 15 v. H. geringer anzusetzen als die der beiden vorangehenden Schichten.

5. Die Arbeitsteilung als Bundesgenosse technischen Fortschrittes im Streben nach Leistungssteigerung

a) Die Dezentralisation der Aufgabenbereiche als Folge technischen Fortschrittes und Voraussetzung seiner Leistungswirksamkeit

Erst die automatischen Vorrichtungen zur Fadenbewachung und zum Spulenwechsel haben es dem Tuchweber möglich gemacht, seine Aufmerksamkeit und Arbeitskraft mehr als nur einem Stuhl zu widmen, da ihm die Maschine einen Teil seiner bisherigen Arbeiten abnahm und dadurch den entsprechenden Anteil seiner Arbeitskraft freisetzte. Damit teilte sich die große Quelle der Arbeitsverursachung, die sich bisher auf einen Stuhl konzentriert hatte, für den Weber in mehrere kleinere Quellen auf. Durch diese Streuung der Aufgabenquellen ist die Arbeitsteilung im Produktionsvollzug der Tuchweberei einerseits *möglich*, andererseits aber auch *nötig* geworden.

Dem Einstuhlweber fielen notwendig fast alle Arbeiten zu, die es an dem ihm zugeteilten Stuhl zu verrichten galt. Es hätte keinen Sinn gehabt, ihm zum Beispiel das Wechseln der Kette beziehungsweise die Mithilfe beim Kettwechsel und kleineren Reparaturen oder das Putzen und Ölen des Stuhles abzunehmen. Wäre man so verfahren, dann hätte der Weber während dieser Arbeiten untätig zusehen müssen, da der stillstehende Stuhl, die einzige für ihn Arbeit verursachende Quelle, ihm keine andere Arbeit abverlangte. Beim Mehrstuhlsystem dagegen wird der Weber nicht nur von einem Webstuhl beansprucht. Steht einer der Stühle seiner Gruppe wegen Kettwechsel oder einer Reparatur, so bleibt der Weber auch ohne seine Betätigung an diesem Stuhl durch die übrigen Stühle beschäftigt. Hier ist offenbar die Übertragung von Aufgaben des Webers auf andere Arbeitskräfte möglich.

Nun ist es aber nicht nur so, daß sich der Mehrstuhlweber zum Beispiel während der Kettwechselarbeiten an einem Stuhl den übrigen Stühlen seiner Gruppe zuwenden *kann*, sondern er *muß* dies tun, da ohne seine Bedienung der ungestörte Weiterlauf der Stühle nicht nur nicht gewährleistet, sondern sogar unwahrscheinlich ist. Will man also einen überaus rapiden Abfall des Ausnutzungsgrades einer Webstuhlgruppe vermeiden, — wir erinnern uns der Folgen der Stillstandsüberlagerungen — so ist die Entlastung des Webers von möglichst vielen seiner ursprünglichen Aufgaben zwingend, dies um so unerbittlicher, je größer die Stellenzahl ist, die man ihm zuweist.

Es fragt sich weiterhin, welche der ursprünglichen Weber-Aufgaben dem Automatenweber zu belassen, welchen Hilfskräften zu übertragen sind. Diese Frage soll an Hand der Aufgabenliste eines Einstuhlwebers Punkt für Punkt beantwortet werden. Als grundsätzliches Postulat kann jedoch vorweggeschickt werden, daß vor allem diejenigen Arbeiten für den Mehrstuhlweber untragbar sind, die ihn entweder länger als etwa 2 Minuten an einen bestimmten Stuhl fesseln oder aber sogar aus der Nähe seiner Stühle wegführen.

Dem Einstuhlweber obliegt die Erfüllung folgender Aufgaben:
1. Schützenwechsel und Spulen einlegen,
2. Fadenbrüche heilen,
3. Ware und Kette beobachten,
4. Kette in Ordnung halten,
5. Stücke abziehen und abliefern,
6. Mithilfe beim Kettwechsel,
7. Mithilfe bei kleineren Reparaturen,
8. Putzen und Ölen.

Die erste Aufgabe ist dem Automatenweber von der Maschine abgenommen worden. Statt dessen ist jedoch die Aufgabe des Magazinfüllens beziehungsweise das Einklemmen der Spulen in die Magazintrommel hinzugekommen. Diese Arbeit ist dem Weber im vollautomatisierten Websaal nicht zuzumuten.

Selbst da, wo sich die Automatisierung erst in den Anfängen befindet und erst eine so geringe Zahl von Automaten zur Verfügung steht, daß eine Hilfskraft durch das Magazinfüllen nicht ausgelastet ist, sollte man nicht erwägen [96], den Weber durch diese Arbeit von seinen anderen Aufgaben abzulenken. Es muß dann ein Weg gefunden werden, der die Hilfskraft durch anderweitige Aufgaben auslastet. — Wird mit halbautomatischen Stühlen, also ohne automatischen Spulenwechsel, im Mehrstuhlsystem gearbeitet, so bleibt dem Weber das Wechseln der Schütz nicht erspart. In Ausnahmefällen kann einer Hilfskraft allenfalls das Einlegen der neuen Spulen in den Schützen übertragen werden.

Auf die zweite der ursprünglichen Aufgaben hat sich die Tätigkeit des Mehrstuhlwebers konzentriert. Das Heilen von Fadenbrüchen wird zwar relativ häufig notwendig, beansprucht den Weber jedoch im Einzelfall nicht länger als 0,48 Minuten (Schußbruch) bis 1,10 Minuten (Kettfadenbruch auf der Kettseite) [97], fügt sich also durchaus in die Anforderungen der Gruppenbedienung.

---

[96] Wie z. B. *E. Köster,* a. a. O.
[97] Die bisher verwendeten Zeiten für das Heilen von Fadenbrüchen waren *Maschinen-*

Auch die Aufgabe, die Ware auf etwaige Fehler zu beobachten und die Kette in Ordnung zu halten (zum Beispiel, verkreuzte Fäden zu entwirren oder ähnliches mehr) braucht dem Weber nicht durch eine eigens hierfür zuständige Hilfskraft abgenommen werden. Diese Aufgabe kann der Weber auf seinem Rundgang durch seine Stuhlgruppe, bei dem ihm eine zusätzliche Hilfskraft nur im Wege wäre, gewissermaßen im Vorübergehen nachkommen. Allerdings läßt die Beobachtung während des Rundganges und die Tatsache, daß der Weber sein Augenmerk nur in mehr oder weniger kurzen Abständen auf die einzelnen Ketten und Warenbilder richten kann, nur entsprechend beschränkte Gründlichkeit zu. Es kommt daher besonders auf eine ausgezeichnete Vorbereitung der Kette in der Schärerei und auf eine unbedingte Zuverlässigkeit der Stuhlmechanik an.

Mit dem Abziehen der Stücke, erst recht mit ihrer Ablieferung (an der Warenschau), die ein Entfernen des Webers von seinen Stühlen erforderlich machen würde und deshalb auch dem Einstuhlweber an sich nicht aufgebürdet werden sollte, ist eine Hilfskraft zu betrauen. Diese Arbeit würde Aufmerksamkeit und Arbeitskraft des Mehrstuhlwebers in allzu hohem Maße absorbieren. Hält man sich das Ergebnis einer Zeitstudie vor Augen, das für Abziehen und Abliefern der Stücke insgesamt 5,15 Minuten erbrachte, so ist es schwer zu verstehen, daß man nicht selten in Automatenwebereien oder -abteilungen die Weber mit dieser Arbeit beschäftigt findet.

Aus demselben Grunde ist es erst recht unverzeihlich, wenn sich der Mehrstuhlweber bei Kettwechsel-, Reinigungs- oder Reparaturarbeiten aufhält, ist doch, wie wir bereits an anderer Stelle [98] sahen, innerhalb dieser Arbeitsgänge wiederum eine Arbeitsteilung möglich und empfehlenswert.

Das Aufstecken der Fadenwächter-Lamellen schließlich, eine Arbeit, die bis zu drei Stunden aufhält [99], fällt ohne Zweifel ebenfalls nicht dem Weber, sondern Hilfskräften zu.

Eine bisher dem Weber noch nicht bekannte Aufgabe bringt ihm jedoch der Automatenmechanismus zusätzlich, nämlich das Beheben von sogenannten „Wechselversagern". Versagt nämlich der automatische Wechsel, so wird der Schützen mit leerer Spule durch das Fach geworfen, und der Schußfadenwächter setzt den Stuhl aus. Der Weber muß in diesem Fall den Leerschuß zurückweben und auf einen gelungenen Wechsel achten.

Ein Beispiel für das Ausmaß der im Websaal möglichen Arbeitsteilung findet sich bei Fridenberg [100], der (allerdings für die Baumwollweberei) die folgende „typische Zusammensetzung der Belegschaft einer Webabteilung" aufzeigt: „Hilfs-

---

Einzelzeiten, geben also den Stillstand des Stuhles an. Die hier interessierende *Hand*-Zeit des Webers liegt etwas über der Maschinenzeit. Die angeführten Werte wurden im Rahmen einer Refa-Zeitstudie ermittelt.

[98] Vgl. Seite 59 ff.
[99] Vgl. Seite 59/60.
[100] *K. E. Fridenberg*, a. a. O., S. 106.

meister, Weber(innen), Knüpferinnen, Schußeinlegerinnen, Ketteneinleger, Kettentransporteur, Schußgarntransporteur, Rohwarentransporteur, Stuhlputzer, Stuhlschmierer, Stuhlfeger, Kehrfrauen, Aufräumefrauen. (Die Reparaturarbeiter und die Schlosser der Reparaturbrigaden gehören nicht zur Weberei, sondern zur Reparaturabteilung. Die Kettentransporteure können zur Einzieherei, die Schußgarntransporteure zum Schußgarnlager und die Rohwarentransporteure zur Warenschauerei und Meßabteilung gehören.)" [101]

Von der Straffheit und Konsequenz, mit der die einzelnen Aufgaben, die der Produktionsvollzug im Websaal stellt, auf verschiedene Arbeitsbereiche aufgeteilt werden, hängt weitgehend das Ausmaß der durch den technischen Fortschritt erzielbaren Leistungssteigerung ab. Nach dem Stand der Arbeitsteilung richtet sich ebenfalls die Stellenzahl je Fertigungs- und Hilfskraft, mit der wir uns – wenn auch zunächst lediglich im Hinblick auf den optimalen Nutzeffekt [102] – im folgenden zu befassen haben.

b) Die Stellenzahl je Arbeitskraft im technisch-fortschrittlichen Websaal

1) *Die Stellenzahl je Fertigungskraft (Weber)*

Mit der uns bereits vertrauten grundsätzlichen Möglichkeit, einem Weber mehr als einen Stuhl zuzuteilen, erwuchs die letzten Endes nicht leicht zu beantwortende Frage, wie hoch die Stellenzahl im Einzelfall zu bemessen sei.

Die Antwort scheint sich zunächst unproblematisch ohne weiteres aus dem Verhältnis der Leistungsfähigkeit des Webers zu dem Grad seiner Belastung durch den einzelnen Stuhl zu ergeben. Und in der Tat gilt es in der Praxis als keineswegs ungewöhnlich, die Stellenzahl des Webers durch das nüchterne Ergebnis einer solchen Verhältnis-Rechnung bestimmen zu lassen. Der wohlabwägende Betriebswirt sollte jedoch nicht die Mühe scheuen, das Resultat dieser Rechnung einer gründlichen Kritik zu unterziehen, aus der sich eventuell Überlegungen ergeben, die eine Abänderung der auf die erwähnte Weise errechneten Stellenzahl anraten. Das hindert die angedeutete Rechnungsmethode, die sich mehr oder weniger an die Prinzipien des Refa-Systems hält, allerdings nicht daran, auch für die Überlegungen des Betriebswirtes wichtiges Fundament zu sein. Sie soll daher, ehe wir uns ihrer Kritik zuwenden, an Hand eines Beispieles skizziert werden.

Durch Zeitaufnahmen werden die Einzelzeiten für jede dem Weber obliegende Arbeit sowie die Häufigkeit (bezogen auf 10 000 Schuß) dieser Arbeiten ermittelt. Das Produkt aus Einzel-(Hand-)Zeit und Häufigkeit ergibt die Vorgabezeit. Die Summe aller Vorgabezeiten wird dividiert durch die Fertigungszeit (Laufzeit + Stillstandszeit je 10 000 Schuß). Das Ergebnis dieser Division ist der Lastgrad,

---

[101] *Derselbe*, ebenda.
[102] Die Kritik vom Kosten- und Wirtschaftlichkeitsstandpunkt aus folgt später (vgl. Seite 150 ff.).

der die Belastung des Webers durch einen Stuhl angibt. Das Verhältnis des Lastgrades zum Leistungsgrad des Webers (im Beispiel mit 120 v. H. angenommen, da nur überdurchschnittliche Weber für die Automatenweberei in Frage kommen, während sich die Vorgabe-Minuten, die einen Erholungsfaktor einschließen, nach dem Durchschnittsniveau richten), zeigt die einem Weber zuteilbare Stellenzahl.

Um eine möglichst übersichtliche Darstellung des Beispiels zu gewährleisten, wurde ein Fall herausgegriffen, in dem alle Stühle einer Gruppe mit dem gleichen Artikel belegt werden sollen. Die Kette zählt 4000 Fäden. In Kette und Schuß wird Garn mit der durchschnittlichen metrischen Nummer 32/2 verwendet. Die Automaten machen 130 U/min. Die Fadenbruchhäufigkeit wurde mit 1,5 Schußbrüchen je 10 000 Schuß und 5,6 Kettfadenbrüchen (1,4 auf 1000 Fäden) je 10 000 Schuß ermittelt, davon 25 v. H. auf der Warenseite und 75 v. H. auf der Kettseite. Der Weber soll mindestens sechsmal während der Fertigungszeit für 10 000 Schuß besonderes Augenmerk auf die Kett- und Warenpflege richten. Bei etwa jeder zweiten Beobachtung stellt sich heraus, daß die Kette der ordnenden Hand des Webers bedarf.

Unter den angegebenen Voraussetzungen errechnet sich die Belastung des Webers je Stuhl (Lastgrad) wie folgt:

Arbeitsstufe	Hand[103]	Einzelheit Masch.[104]	je	Häufigkeit	Ges.-Min. je 10 000 Sch. Hand	Masch.
1 Schußbruch heilen	0,48	0,40	Fdbr.	1,5	0,72	0,6
2a Kettbruch Warenseite	0,70	0,55	Fdbr.	5,6 · 25%	0,98	0,77
2b Kettbruch Kettseite	1,10	0,87	Fdbr.	5,6 · 75%	4,62	3,65
3 Wechselversager	0,2	0,17	10 000 Sch.	1,4	0,28	0,24
4 Wege für Ziff. 1–3	0,06	–	1–3	9,3	0,56	–
5 Kettpflege[105] Beobachten	0,13	–	1 000 Fäd.	4 · 3 = 12	1,56	–
6 Kettpflege Ordnen	0,25	0,1	1 000 Fäd.	4 · 3 = 12	3,0	1,2
7 Sonstiges[106]	–	–	–	–	1,0	0,58
8 Summe 1–7					12,72	7,04

[103] Die Hand-Zeiten geben die zeitliche Beanspruchung des Webers an; sie umfassen auch Wege- und Beobachtungszeiten.
[104] Maschinen-Zeiten geben die Stillstandszeiten der Maschine an.
[105] Einschließlich Wege-Aufschlag.
[106] Kleinere Korrekturen am Schützen usw.; Erholzeiten sind bei den Einzelzeiten berücksichtigt.

Fertigungszeit = Laufzeit je 10 000 Schuß + (Stillstandszeit + Überlappung[107])

$$= \frac{10\,000}{130} + (7{,}04 + 3{,}27) = 87{,}31$$

$$\text{Lastgrad} = \frac{\text{Vorgabe-Min.}}{\text{Fertigungszeit}} \cdot 100 = 14{,}56$$

Nunmehr kann auch die Stellenzahl ermittelt werden:

$$\text{Stellenzahl} = \frac{\text{Leistungsgrad}}{\text{Lastgrad}} = \frac{120}{14{,}56} = 8{,}25$$

Der voraussichtliche durchschnittliche Netto-Nutzeffekt der Stuhl-Gruppe, also der Nutzeffekt, in dem die Kettwechsel nicht enthalten sind, ebenfalls keine Stuhlreinigung, Reparaturen usw., ergibt sich aus der Gegenüberstellung von Laufzeit und Fertigungszeit [108]:

$$\frac{77{,}00}{87{,}31} = 88{,}2 \text{ v. H.}$$

Die Nüchternheit einer solchen Rechnung verleitet leicht zu dem Schluß, ihr Ergebnis sei unanfechtbar. Für den vorliegenden Artikel, so scheint es, kommt nur eine Stellenzahl von acht Stühlen, die mit einem Nutzeffekt von 88,2 v. H. arbeiten, in Frage. Daß dem jedoch keineswegs unbedingt so sein muß, liegt an der Unsicherheit und Relativität der in die Rechnung übernommenen Größen, die nicht als „Daten" im Wortsinn bezeichnet werden können, da sie nur bedingt „gegeben" und unter Abwägung bestimmter – zum Teil gegenläufiger – Rechnungsziele festgesetzt wurden.

Dies trifft am wenigsten für die Fadenbruchvorgabezeiten zu, an denen, korrekte Zeitaufnahmen vorausgesetzt, schwerlich zu deuten ist. Von den Wege- und Beobachtungszeiten kann allerdings nicht mehr dasselbe behauptet werden. Sie sind nämlich weitgehend manipulierbar, da sie in ihrem Ausmaß nicht unmittelbar und zwangsläufig durch den Fertigungsprozeß veranlaßt werden. Andererseits sind aber die Häufigkeit, mit der ein Weber jeden einzelnen Stuhl aufsucht und die Zeit, die er der Beobachtung eines Stuhles widmet, von großem Einfluß auf den Grad der Belastung des Webers sowie auf den Grad der Ausnutzung der Stühle. Bis zu einem gewissen – von Fall zu Fall unterschiedlichen – Sättigungsgrad wird sich das Ansteigen der einem Stuhl gewidmeten Beobachtung sowohl in einem

---

[107] Die in der tabellarischen Aufstellung auf Seite 85 ermittelte Stillstandszeit enthält nicht die Maschinen-Brachzeit, die zur Fertigungszeit gehört, folglich hier zuzuschlagen ist. Die Überlappungszeit läßt sich unter Zuhilfenahme der Ashcroft-Methode (vgl. S. 73 f.) errechnen, indem die Summe der Vorgabe- (Hand-) zeiten 1–4 sowie die voraussichtliche Stellenzahl (8) in die Ashcroft-Gleichung eingesetzt werden. In der Praxis kann man Stellenberechnungen begegnen, die es versäumen, die Überlappungsstillstände in der hier als notwendig erwiesenen Weise zu berücksichtigen.

[108] Da die verwendeten „Daten" nicht völlig sicher sind (Leistungsgrad, Überlappung usw.), ist der errechnete Netto-Nutzeffekt nur mit „aller Wahrscheinlichkeit" zu erwarten.

Rückgang der Fadenbrüche und damit in einem Anstieg des Nutzeffektes als auch im qualitativen Ausfall der Ware und damit im Grad der Beanspruchung der nachgeschalteten Kostenstelle Stopferei/Nopperei sowie im Verkaufserlös niederschlagen.

Andererseits nimmt mit einem Absinken der Beobachtungszeit die Belastung des Webers je Stuhl ab, wodurch die ihm zuteilbare Stuhlzahl, also auch seine Produktivität wächst. Maximum an Stellenzahl und Maximum an Nutzeffekt und Qualität lassen sich normalerweise nicht gleichzeitig verwirklichen. Meist geht das Streben nach dem einen Ziel auf Kosten der Erreichung des anderen. Die Erhöhung der Stellenzahl im angeführten Beispiel von 8 auf 10 könnte nur erreicht werden durch eine Verkürzung der Beobachtungs- und eventuell der Wegezeiten [109], die aber im vorliegenden Fall bereits so knapp bemessen sind, daß ein Ansteigen der Fadenbrüche und Überlappungen den Nutzeffekt merklich herabsetzen würde.

In der Regel wird eine Entscheidung zugunsten eines der Ziele bereits durch das Rechnungsergebnis selbst gefordert, da es nur zufälligerweise glatte Stellenzahlen angibt und zu einer Ab- oder Aufrundung drängt. So ergab die Rechnung im Beispiel eine Stellenzahl von 8,25. Wird die Stellenzahl auf Grund dieses Ergebnisses auf 8 festgesetzt, so kann die nicht ausgenutzte Belastung in Höhe einer Viertel-Stellenbelastung auf die 8 Stellen verteilt werden, das heißt die Vorgabezeiten für einzelne Teilaufgaben des Webers, zum Beispiel Beobachtungszeiten, können erhöht werden. Umgekehrt würde die Erhöhung der Stellenzahl auf 9 je Weber auf Kosten der vorher zugestandenen Vorgabezeiten gehen und zwar in Höhe einer Dreiviertel-Stellenbelastung. Die Auswirkungen derartiger Auf- beziehungsweise Abrundungen auf den Ausnutzungsgrad können sich jedoch nur in engen Grenzen halten, da immer nur Bruchteile der Belastung durch eine Stelle auf mehrere Stellen aufgeteilt werden. So springt im Beispiel für jeden der 8 Stühle nur $1/32 = 0,4$ Minuten je 10 000 Schuß mehr Vorgabezeit (etwa für Beobachtung und/oder Kettpflege) heraus, wenn das Ergebnis auf 8 abgerundet wird. Ob sich solch geringe Vorgabezeiterhöhungen bereits spürbar im Nutzeffekt niederschlagen, ist fraglich. Erhöhungen der Vorgabezeiten werden den Nutzeffekt generell aber um so stärker (schwächer) beeinflussen, je knapper (reichlicher) die Zeiten ursprünglich bemessen waren und je mehr (weniger) die jeweilige Kette der Betreuung bedarf, beziehungsweise je sensibler (starrer) sie auf Betreuungsschwankungen [110] reagiert. Das Umgekehrte gilt entsprechend für Kürzungen der Vorgabezeiten als Folge von Aufrundung und Erhöhung der Stellenzahl. Den Ausschlag im Abwägen der Vordringlichkeit der Ziele und Anlaß zu Abweichungen von der errechneten Stellenzahl, die über den Rahmen bloßen Auf- und Abrundens hinausgehen, kann jedoch letzten Endes der *wirtschaftliche* Effekt [111] ihrer Verwirklichung

---

[109] Über die Manipulierbarkeit der Wegezeiten vergleiche weiter unten.
[110] Z. B. durch Anstieg oder Fallen der Fadenbruchzahlen.
[111] Vgl. *H. Bedorf*, Betriebswirtschaftliche Bedeutung..., a. a. O., S. 180 ff.; ferner *E. Wedekind*, a. a. O., S. 74.

geben, dem wir uns allerdings erst in einem späteren Kapitel eingehend zuwenden wollen. Im Rahmen der Leistungsbetrachtung kam es lediglich darauf an, vor der unbedenklichen Übernahme des Ergebnisses der skizzierten Stellenberechnung zu warnen, ferner die Kritikpunkte herauszustellen, die es zu beachten gilt sowie die Tendenz der Folgen aufzuzeigen, die eine Änderung der Stellenzahl zeitigt. Darüber hinaus sollten die vorangegangenen Überlegungen die Bedeutung dieser – für die Tuchindustrie noch nicht alltäglichen und erst mit dem technischen Fortschritt unserer Tage auf sie zukommenden – Zusammenhänge herausstellen.

Die Betrachtung der Fragen der Arbeitsplatzgröße des Webers sowie ihrer rechnerischen Bestimmung wäre unvollständig ohne die Erwähnung der Schwierigkeiten, die sich bei der Festlegung der *Wegerouten* des Webers und der Ermittlung der Vorgabezeiten für diese Wege in der Stellenzahlrechnung ergeben. Allerdings gebietet der Rahmen unserer Untersuchungen die Beschränkung auf die Darlegung der für ihren Bereich bedeutsamen *Grund*-Problematik der Weberwege.

Die Bedienungswege des Automatenwebers innerhalb seiner Stuhlgruppe können sich nach zwei grundverschiedenen Prinzipien ausrichten: entweder wird der Weber zur „Bedienung im Sprung" oder zum kontinuierlichen Rundgang angehalten. Im ersten Fall eilt der Weber zum jeweils stillstehenden Stuhl. Dabei kann es sein, daß er von einem Ende der Gruppe zum entgegengesetzten gehen muß; er „überspringt" die zu dieser Zeit nicht stillstehenden Stühle. Stehen mehrere Stühle gleichzeitig still, so begibt sich der Weber zu dem Stuhl zuerst, den er am schnellsten wieder in Gang bringen kann [112]. Steht keiner der Stühle still, so widmet sich der Weber ihrer Beobachtung beziehungsweise der Kettpflege. Dabei wird er sich den Stühlen zuerst zuwenden, in deren Nähe er sich gerade (zufällig) aufhält. Diese Methode der Stuhlbegehung hat jedoch neben dem Vorteil der alsbaldigen Bedienung eines stillstehenden Stuhles beziehungsweise der leistungsoptimalen Auswahl in der Bedienungsfolge mehrerer gleichzeitiger Stillstände nicht zu übersehende Nachteile. Sie bestehen zuvorderst in der Unstetigkeit des Arbeitsablaufes, die dem Weber auf diese Weise aufgezwungen wird und die ihn um so leichter zu verwirren und zu ermüden vermag, je größer die Stillstandszahl und je größer die Stellenzahl ist. An die Aufmerksamkeit und Umsicht des Webers werden sehr hohe Anforderungen gestellt. Außerdem besteht die Gefahr, daß Stühle mit zeitweilig geringen Stillständen „vergessen" werden und längere Zeit hindurch unbeobachtet bleiben, weil die Aufmerksamkeit des Webers auf die schlechten Ketten und die in deren Nähe liegenden Stühle gelenkt wird. Das aber kann seinerseits zum Ansteigen der Gewebefehler und nicht selten auch zum Anstieg der Fadenbruchzahlen führen.

Nach der zweiten Methode geht der Weber in unbeirrbarem, vorgeschriebenem Rundgang von Stuhl zu Stuhl, dies auch dann, wenn vor ihm oder hinter seinem Rücken Stühle stillstehen. Auf diese Weise soll die Vernachlässigung einzelner Stühle vermieden und dem Arbeitsablauf des Webers eine fließende, gesetzmäßige

---

[112] Vgl. Seite 78.

Routine gegeben werden, die die Aufmerksamkeit und Arbeitsfrische weniger strapaziert und daher die Leistungskraft des Webers gegenüber der erstgenannten Methode erhöht. Die Vorteile dieser Methode fallen jedoch erst bei Stellenzahlen von 10 Stühlen ab ins Gewicht, können für die Tuchindustrie demnach vorerst nur in Ausnahmefällen in Erwägung gezogen werden. Außerdem hat sich in der Praxis erwiesen, daß sich das Argument der gleichmäßigen Betreuung jedes Stuhles bei kontinuierlichem Rundgang nur bedingt anführen läßt. Der Weber nämlich, der sich von Stuhl A nach Stuhl B begibt und dabei sieht, daß Stuhl C oder D und/oder E stillsteht, wird mit Sicherheit den laufenden Stuhl B (C, D) nicht mit der ihm an sich gebührenden Ruhe und Sorgfalt beobachten. Er geht vielmehr flüchtig an ihm vorbei, erst recht wenn er im Akkordlohn steht. Als Mindestvoraussetzungen für die vorteilhafte Anwendung des kontinuierlichen Weberrundganges sind daher hohe Stellenzahl und Zeitlohnsystem zu nennen.

Aus diesen Darlegungen zeichnet sich auch die Schwierigkeit ab, die Wegezeiten mit *exakten* Vorgaben in die Stellenzahlrechnung aufzunehmen. Diese Schwierigkeit ergibt sich bei beiden Begehungsweisen. Was das Sprungverfahren betrifft, so machen es die Unregelmäßigkeit der Wegehäufigkeit und vor allem die Unvorhersehbarkeit der Wegelängen unmöglich, die tatsächlich benötigten Wegezeiten im voraus zu bestimmen. Annäherungswerte ließen sich mit Hilfe von Wahrscheinlichkeitsrechnungen (ähnlich wie bei der Bestimmung der Überlappungszeiten) finden. Eine solche Rechnung wäre jedoch angesichts des relativ geringen Weganteils bei Stellenzahlen von 4 bis 8 unwirtschaftlich. Man hilft sich daher – was die Länge der Wege angeht – mit Erfahrungs- und Durchschnittswerten und nimmt als Häufigkeit die Summe aller Häufigkeiten von Fadenbrüchen und Wechselversagern. Die Wege für Beobachtung und Kettordnung werden als Zuschlag auf die Beobachtungszeiten in diese einbegriffen. In den Zuschlägen wie auch in den Durchschnittswegelängen ist die Tendenz der Wegezeiten zu berücksichtigen, die bei zunehmender Stellenzahl progressiv ansteigen, was auf das Anwachsen der räumlichen Ausdehnung der Stuhlgruppe zurückzuführen ist. Diese Tendenz besteht jedoch nur unter der Voraussetzung, daß die Erhöhung der Stellenzahl nicht durch einen Rückgang der Häufigkeit der Einzelzeiten (also etwa durch weniger Fadenbrüche) veranlaßt wurde. In diesem Fall steigt zwar die durchschnittliche Wegelänge für den einzelnen Weg, aber die Häufigkeit der Wege nimmt ab, so daß der Anstieg der Einzelweglänge (über-)kompensiert werden kann durch den Rückgang der Wegehäufigkeit. In der Praxis konnten solche Kompensationseffekte häufig beobachtet werden.

Obwohl es zunächst den Anschein hat, ist es in Wirklichkeit um die Vorausbestimmbarkeit der Wegezeiten bei kontinuierlichem Rundgang nicht viel besser bestellt. Auch in diesem Fall müssen die Wegezeiten nämlich keineswegs proportional mit der Stuhlzahl wachsen, wie es unter anderem auch Wedekind[113] an-

---

[113] *E. Wedekind*, a. a. O., S. 27. Allerdings macht Wedekind die Einschränkung: „in etwa proportional", bleibt für diese Einschränkung jedoch die Erklärung schuldig. Es liegt

nimmt und wogegen sich in der Literatur bisher merkwürdigerweise kein Widerspruch findet. Wedekind schließt von der konstanten Einzelzeit [114] (jeweils des Weges von Stuhl zu Stuhl) auf einen proportionalen Anstieg der gesamten Wegezeit bei steigender Stellenzahl. Dieser Schluß ist jedoch irrig. Er kann sich theoretisch und praktisch nur dann (zufällig) bewahrheiten, wenn die Erhöhung der Stellenzahl mit einer Abnahme der sonstigen Vorgabezeiten je Stuhl zusammenfällt und das Absinken dieser Vorgabezeiten genau so groß ist, daß es dem Weber just die Entlastung je Stuhl gibt, die er braucht, um trotz erhöhter Stellenzahl ebenso oft zu jedem einzelnen Stuhl zu kommen wie bei der vorherigen niedrigeren Stellenzahl. Eine derartige Kompensation ist jedoch eine Ausnahme. In der Regel ist es so, daß die Weber bei erhöhter Stuhlzahl weniger häufig zu jedem Stuhl zurückkehren, da sie während eines Rundganges mehr Stühle als bisher versorgen müssen und bei der Betreuung dieser Stühle nicht soviel Zeit eingespart wird wie nötig wäre, um die ursprüngliche Häufigkeit der Wege in derselben Proportion zur Stuhlzahl beizubehalten. Wie dem auch sei: da man bei der Errechnung der Stellenzahl das Ergebnis nicht vorweg wissen kann, fehlt der Multiplikator für die Wegeeinzelzeiten, der von der Stellenzahl abhängt; es sei denn, man entscheidet sich von vornherein für eine konstante Wegegesamtzeit, die unabhängig von der Stuhlzahl bleibt, wobei dann allerdings die Häufigkeit der Besuche je Stuhl (als Bruch aus Gesamtwegezeit und Stuhlzahl) variabel wäre. Diese Lösung ist insofern nicht abwegig, als die Erhöhung der Stuhlzahl häufig (aber nicht immer) nur dann erwogen wird, wenn sich die Kettqualität wesentlich verbessert hat und unter diesen Umständen eine geringere Häufigkeit der einzelnen Weberbesuche je Stuhl in Kauf genommen werden kann. – Ein anderer Ausweg ist die Aufstellung einer Wegezeittabelle, die auf Grund von Versuchen und Erfahrungswerten für alle (möglichen) Vorgabezeitsummen (der Arbeitsstufen: Fadenbruchheilen, Wechselversagerbeheben, Beobachten und Kettordnen ausschließlich Wegezeiten) die entsprechenden Wegezeiten für verschiedene Stellenzahlen enthält. Aus der Tabelle kann dann – vorausgesetzt, daß sie sorgfältig genug aufgestellt wurde, um das Überschreiten einer erträglichen Ungenauigkeitsgrenze auszuschließen – im Bedarfsfall leicht die Wegevorgabe abgelesen werden, die den übrigen Vorgabezeiten entspricht. Unter Einbeziehung der Maschinenvorgabezeiten und der korrespondierenden Nutzeffekte bei verschiedenen Stellenzahlen kann die Tabelle für alle im Rahmen des Fertigungsprogrammes denkbaren Artikel Werte bereithalten, so daß sich die umständliche fallweise Berechnung der Stellenzahl erübrigt [115].

---

aber die Annahme nahe, daß diese Einschränkung der Möglichkeit gilt, daß bei zunehmender Stellenzahl breite Kettentransportwege die Stuhlgruppe schneiden.
[114] *E. Wedekind*, a. a. O., S. 28.
[115] Die Tabelle kann nicht nur als wertvolle Planungsunterlage für die Arbeitsvorbereitung, sondern auch als Hilfsmittel einer eventuellen Kostenplanung dienen.

2) Die Stellenzahl je Hilfskraft

Die Erörterung der vielfältigen Fragen in Verbindung mit der Stellenzahlermittlung für den Weber am automatisierten Arbeitsplatz, der als Folge des technischen Fortschrittes den Tuchwebsälen ein neues Gepräge zu geben im Begriffe ist, verlangt nach Ergänzung durch die Zuwendung unserer Aufmerksamkeit auf die Stellenzahlen der *Hilfskräfte* in der Automatenweberei. Im Zuge des technischen Fortschrittes hat sich das Gewicht der Hilfsarbeiten sowohl quantitativ als auch qualitativ beträchtlich erhöht. Damit haben aber auch die Überlegungen über die richtige Bemessung und Begrenzung des Arbeitsplatzes der einzelnen Hilfskräfte, von deren Einsatz die Zügigkeit des Produktionsvollzuges mehr denn je abhängt, an Bedeutung gewonnen. Es muß jedoch vorweg betont werden, daß die Stellenzahl je Hilfskraft weit mehr noch als die je Weber von den Eigenheiten des jeweiligen Fertigungsprogrammes bestimmt wird, vor allem durch die von Weberei zu Weberei sehr unterschiedlichen Garnnummern, Tourenzahlen, Artikel und Kettlängen. Diese ausgeprägte Betriebsindividualität gestattet es nicht, allgemeingültige Regeln für die Stellenzahl der Hilfskräfte zu entwickeln. Es seien daher nur die relevanten Einflußgrößen herausgestellt und an einzelnen Beispielen erläutert, die es bei der Festlegung der Stellenzahl je Hilfskraft zu berücksichtigen gilt.

Die Zahl der Automaten, die ein *Spuleneinleger* bedienen kann, hängt einerseits von der Zahl der Spulen ab, die er in der Zeiteinheit aus dem Garnlager an die Stühle heranholen und in die Magazine einstecken kann sowie zum anderen von der Häufigkeit der Spulenwechsel und dem Fassungsvermögen des Magazins. In einer untersuchten Weberei errechnete sich zum Beispiel die Stellenzahl je Spuleneinleger wie folgt:

Die Spulen wurden in einem leichten und wendigen Transportwagen vom Garnlager, von dem die Stühle durchschnittlich 40 m entfernt waren, bis zum Webstuhlmagazin, das 28 Spulen faßte, gebracht. Der Transportwagen faßte 3 (6) Leichtmetallkästen [116], die im Garnlager mit je rund 48 (24) Spulen – insgesamt 144 Spulen – gefüllt wurden. Der Spuleneinleger brauchte am Garnlager lediglich die geleerten Kästen gegen gefüllte umzutauschen. Für den Weg zum Lager und zurück wurden im Durchschnitt 1,75 Minuten benötigt. Für Wege von Magazin zu Magazin wurden durchschnittlich 0,04 Minuten angesetzt. Die Stühle waren zwar alle mit uni-schüssigen Artikeln belegt, so daß je Stuhl nur eine Schußgarnsorte in Frage kam; von Stuhl zu Stuhl jedoch wichen die Schußgarnsorten nach Farbe und/oder Garnqualität teilweise voneinander ab, weswegen der Spuleneinleger darauf achten mußte, daß er die richtigen Spulen einsteckte. Je nach der Häufigkeit solcher Unterschiede und dem Grad der hierauf zu verwendenden Aufmerksamkeit wurden je Spule 0,06 bis 0,08 Minuten Einsteckzeit benötigt. Die

---

[116] Verfügt der Betrieb über moderne Schußspulautomaten, so können die von ihnen automatisch gefüllten Kästen Verwendung finden, so daß ein Umpacken im Schußgarnlager, einen genügend hohen Behältervorrat vorausgesetzt, nicht notwendig ist.

Magazine wurden aufgefüllt, wenn sie mit noch etwa 4 Spulen (als Reserve) besteckt waren; der Einleger füllte demnach 24 Spulen nach. Nach Verteilung der Wegezeiten auf eine Spule (1,75 Min. Garnholen + $\frac{144}{24}$ · 0,04 Min. Wege von Stuhl zu Stuhl) ergab sich bei 0,07 Min. reiner Einsteckzeit ein durchschnittlicher Zeitbedarf je Spule von 0,08 Minuten. In einer Schicht von 9 Stunden [117] konnten von einem Spuleneinleger demnach $\frac{8,5 \cdot 60}{0,08}$ = 6375 Spulen eingelegt werden. Die Laufzeit einer Spule betrug im Durchschnitt (bei Nm 18; Spulengewicht 75 g netto; Rietbriete 175 cm; 130 U/min; Nutzeffekt einschließlich Kettwechsel usw. 85 v. H.) 7,0 Minuten. Je Schicht mußten demnach je Stuhl $\frac{9 \cdot 60}{7}$ = 78,57 = rund 80 Spulen eingelegt werden. Unter diesen Umständen konnte der Spuleneinleger 6375 : 80 = rund 80 Stühle bedienen [118].

Im vorliegenden Fall war ein Spuleneinleger nur zur Hälfte ausgelastet, da die Weberei nur über 40 Automaten verfügte. Man verwendete als Spuleneinleger Webereilehrlinge, die auf diese Weise einerseits über eine sinnvolle und nicht unverantwortliche Tätigkeit in den Weberei-Arbeitsplatz eingeführt wurden, andererseits aber auch genug Muße zur Beobachtung und Unterweisung durch Meister und Weber fanden.

Die Bestimmung der Stellenzahl des Spuleneinlegers bereitet demnach keine sonderlichen Schwierigkeiten. Dies ist vornehmlich dem Umstand zu verdanken, daß der Spuleneinleger seiner Arbeit kontinuierlich nachgehen kann und die Stühle der Reihe nach zu betreuen vermag, ohne einen von ihnen deswegen auf Bedienung warten zu lassen. Die für eine derartige kontinuierliche Bedienungsfolge notwendige Elastizität in der Materialzufuhr wird durch das Magazinsystem in Verbindung mit dem automatischen Spulenwechsel gesichert.

Weit ungünstiger liegen die Verhältnisse bei denjenigen Hilfsarbeiten im Websaal, die während des Kettwechsels zu leisten sind. Die Schuld daran trägt außer der Unregelmäßigkeit der Dauer der einzelnen Arbeit bei verschiedenen Ketten und Kettfolgen (z. B. die Abhängigkeit der Lamellenaufsteckzeit von der Fadenzahl je Kette und der Maschineneinrichtezeit von den Unterschieden der aufeinanderfolgenden Bindungen usw.) vor allem auch die Unregelmäßigkeit, mit der die Kettwechsel notwendig werden. In Verbindung mit der Tatsache, daß die Stühle mit abgewebter Kette alsbaldige Bedienung verlangen, wenn sie nicht unproduktiv stillstehen sollen und nicht wie beim Schußspulenablauf automatisch auf eine Reserve zurückgreifen können, bewirkt der unregelmäßige Anfall der Kettwechsel den zumeist stoßweise und sich vielfach überschneidenden Bedarf an Hilfskräften.

[117] Nach Abzug persönlicher Verlustzeiten bleibt noch eine Netto-Arbeitszeit von 8,5 Stunden.
[118] Selbst unter wesentlich ungünstigeren Bedingungen wird man einem Einleger in der Regel mindestens 60 Automaten zuteilen können.

Es genügt folglich in diesem Zusammenhang nicht, zu wissen, daß zum Beispiel zwei gemeinsam zu Werke gehende Stuhlreiniger einen Automaten in 35 Minuten, das sind je Schicht etwa $\frac{8{,}5 \text{ Std} \cdot 60 \text{ Min.}}{35 \text{ Min.}} = 14$ bis 15 Stühle nacheinander säubern können oder daß ein Öler, soweit er nur während des Kettwechsels (und nicht, wie unter Umständen bei sehr langen Ketten erforderlich auch am belegten Stuhl) eingesetzt wird, in einer Schicht nacheinander 48 Automaten zu versorgen vermag. Die Kenntnis dieser *Daten* würde nur dann zu einer unanfechtbaren Bestimmung der Stellenzahl dieser Hilfskräfte verhelfen, wenn auch zwei weitere Größen feststünden, nämlich der durchschnittliche Nutzeffekt, die Schußdichte und die Kettlänge auf der einen Seite, aus denen sich die *Häufigkeit* der Kettwechsel errechnen läßt, sowie der *Rhythmus,* in dem die einzelnen Kettwechsel anfallen, auf der anderen Seite. In der Praxis aber sind diese beiden Größen alles andere als feststehend. Sie weichen nicht nur in beachtlichem Maße je nach dem Produktionsprogramm von Betrieb zu Betrieb voneinander ab, sondern schwanken auch innerhalb der Betriebe von Saison zu Saison, und selbst innerhalb der Saison ändern sich Häufigkeit und Rhythmus der Kettwechsel vom An- bis zum Auslauf der Periode. So wird die Häufigkeit der Kettwechsel durch kurze Musterketten und kleine Restaufträge aus der Vorperiode zu Beginn der Saison sehr hoch sein; während der Saison wird ihre Höhe durch die erreichbare Auflagenhöhe und die Schußdichte der Artikel bestimmt. Der Rhythmus der Kettwechsel hängt zwar auch von deren Häufigkeit ab, er wird jedoch außerdem wesentlich durch den Zeitpunkt des Webbeginns der einzelnen Kette und dieser seinerseits vor allem durch die von Fall zu Fall variierenden Wechselzeiten diktiert.

Die Erscheinung der durchweg äußerst unregelmäßig anfallenden Kettwechsel ist zwar in der Geschichte der industriellen Weberei nicht neu, sie gewinnt jedoch im Zuge der Auswirkungen des technischen Fortschrittes auf den Produktionsvollzug der Tuchwebereien so sehr an Bedeutung, daß unsere Betrachtung sie keinesfalls übersehen darf. Von dem Grad der Unregelmäßigkeit hängt es ab, in welchem Maße die Schwierigkeiten gemeistert werden können, die sich der Bestimmung der zuteilbaren Stuhlzahl für die Hilfskräfte in den Weg stellen, die nicht nur – infolge tieferer Arbeitsteilung und Zuwachs an Arbeitsgängen – zahlenmäßig je Kettwechsel stärker beteiligt sind als ehedem, sondern die auch nach dem Werte ihrer Arbeit für Leistung und (wie später noch zu zeigen sein wird) Wirtschaftlichkeit des Produktionsvollzuges an Einfluß gewonnen haben.

So wäre es auch sträflich, Stellenzahlangaben einzelner Betriebe oder solche in Wirtschaftlichkeitsüberlegungen der Literatur und Vorrechnungen der Webstuhlfabrikanten miteinander zu vergleichen oder gar für den eigenen Betrieb zu übernehmen, ohne sie im Hinblick auf die individuelle Unregelmäßigkeit der Kettwechselarbeiten zu überprüfen. Mit dieser Einschränkung sind demnach auch die folgenden Stellenzahlen für diejenigen Hilfskräfte, die am Kettwechsel beteiligt sind, behaftet. Sie werden ebenfalls nur mit entsprechendem Vorbehalt in die weiteren (Kosten- und Wirtschaftlichkeits-)Überlegungen übernommen.

Die Stellenzahlen wurden für eine Automatenweberei ermittelt, in der die durchschnittliche Kettlänge 500 m, die durchschnittliche Schußdichte 22/cm und die durchschnittliche Fadenzahl 4200 betrugen. Die Automatenabteilung wurde durch die Musterung nicht berührt; die Musterketten wurden in einer anderen Abteilung auf alten Stühlen gewebt [119]. Die Automaten machten 130 U/min bei einem Durchschnitts-Nutzeffekt von 89 v. H. (ohne Kettwechsel). Es wurde in zwei Schichten à 9 Stunden gearbeitet. Unter diesen Bedingungen lief also je Schicht von 18 Ketten durchschnittlich eine ab.

In dieser Automatenweberei betreuten zwei Lamellenstecker [120] 120 Automaten. Zwei Putzer – wegen der langen Laufzeit der Ketten nicht nur beim Kettwechsel, sondern auch zwischenzeitlich am laufenden Stuhl beschäftigt und außerdem das Ölen der Automaten besorgend, da ein Öler erst von einer Zahl von etwa 200 Stühlen an lohnend gewesen wäre – kümmerten sich um dieselbe Automatenzahl. Den eigentlichen Ketten-Wechsel, das ist das Ausnehmen der alten und das Einhängen der neuen Kette, besorgte ein Kettwechsler unter Assistenz eines Lehrlings für ebenfalls 120 Automaten. Den Meistern oblag die Ein- beziehungsweise Umstellung der Stuhleinrichtungen auf die neue Kette. Außerdem überprüften die Meister die Stühle nach Maßgabe der Prinzipien vorbeugender Instandhaltung. Für diese Aufgabe hätte eigentlich ein Sondermeister eingesetzt werden müssen. Dieser wäre jedoch erst von etwa 200 Stühlen ab annähernd ausgelastet gewesen, weswegen die vorbeugende Instandhaltung den Hilfsmeistern unter Aufsicht des Schichtmeisters aufgetragen war.

Wegen der hohen Verantwortung der Meister [121] für den einwandfreien Lauf der komplizierten Automaten-Mechanismen wurden einem Meister je nach Fähigkeit und Zuverlässigkeit 30 bis 40 Automaten, jedoch nicht mehr, anvertraut.

---

[119] Eine solche Ausgliederung der Musterung ist häufig anzutreffen und bietet ohne Zweifel große Vorteile. Auf diese Weise wird aber andererseits auch die Beurteilung der Eignung eines Artikels für die Automatenweberei sowie die Festsetzung der Vorgabewerte erschwert, so daß man sich nicht selten unliebsam überrascht sieht und in der Arbeitsvorbereitung Verwirrung entsteht, wenn sich der eine oder andere Artikel letzten Endes auf Automaten anders verhält als vorausgesehen. Allerdings fällt dieser Nachteil um so weniger ins Gewicht, je mehr sich die Urteilskraft der verantwortlichen Fachleute an Erfahrungen in der technisch-fortschrittlichen Automatenweberei vertiefen und erweitern konnte.

[120] Sie waren zeitweilig nicht ausgelastet. Um jedoch allzu hohe Stillstandsüberlagerungen zu vermeiden, durfte die Stellenzahl nicht erhöht werden. Man bemühte sich, die Aufstecker in den Zwischenzeiten anderweitig (zum Beispiel beim Säubern laufender Stühle und Abziehen der Ware) einzusetzen. Eine Akkordentlohnung war unter diesen Umständen selbstverständlich nicht möglich.

[121] Jede Schicht unterstand einem Schichtmeister, der mehrere Hilfsmeister zur Seite hatte.

6. Die Anteiligkeit menschlicher Arbeitskraft an der technisch-fortschrittlichen Leistungserstellung

Im Anschluß an die Einzelbetrachtung der durch den technischen Fortschritt im Websaal herbeigeführten Arbeitsteilung drängt sich nachgerade die interessante Frage auf, wie diese Neuordnung im Gesamtbild der Anteiligkeit menschlicher Arbeitskraft am Produktionsvollzug in Erscheinung tritt. Die Antwort auf diese Frage – sie ergibt sich aus der Koordinierung der Ergebnisse der vorangegangenen punktuellen Untersuchungen über die Arbeitsplatzgröße – vermittelt Aufschlüsse über die Arbeitsproduktivität und dient als Grundlage für spätere Kosten- und Wirtschaftlichkeitsüberlegungen. Nicht zuletzt lassen sich an sie entscheidende Schlüsse arbeitspolitischer Art für den Betrieb anknüpfen [122], die zu den wesentlichen Kriterien der praktischen Bedeutung des technischen Fortschrittes für den Produktionsvollzug gehören.

Die Zusammensetzung der Arbeitskräfte nach Aufgabenbereich und Zahl geht aus den beiden nachstehenden Tabellen (10a und 10b, Seite 96) hervor. Es werden darin die Arbeitskräfte bei automatischen und nicht-automatischen Stühlen verglichen. Die Einsparung an Arbeitskräften sowie ihre qualitative Umschichtung im Zuge technischen Fortschrittes ist besonders augenfällig gegenüber den herkömmlichen mechanischen Stühlen, deren Verwendung auch in unseren Tagen noch gang und gäbe ist. Immerhin finden jedoch immer häufiger moderne mechanische Webstühle mit automatischer Fadenbewachung, sogenannte Halbautomaten, Verwendung im Produktionsvollzug. Sie wurden daher in Spalte B in den Vergleich einbezogen.

Als Vergleichsbasis wurden jeweils 120 Automaten gewählt, da sich diese Zahl als die moderner Arbeitsteilung im automatisierten Websaal entsprechende auf Grund der vorherigen Überlegungen herausgestellt hat. In der ersten Tabelle werden diese 120 Automaten derselben Anzahl mechanischer beziehungsweise halbautomatischer Stühle gegenübergestellt. Es zeigt sich, daß es zur Bedienung einer Automatenweberei weniger als eines Viertels der Arbeitskräfte bedarf, die der Produktionsvollzug mit mechanischen Webstühlen bindet.

Die zweite Tabelle (10b) vergleicht nach einem anderen Gesichtspunkt, nämlich nicht auf der Grundlage derselben Stuhlzahl, sondern derselben Leistung. Dieser Maßstab erscheint als der letzten Endes allein gerechte, obwohl sich auch hier darüber streiten ließe, welche effektive Leistung man den jeweiligen Stuhltypen zuerkennen soll. Die Erfahrung berechtigt jedoch zu der Annahme, daß die hier verwendeten Leistungsdaten als weitgehend repräsentativ gelten dürfen. So wurde für die Automaten ein Nutzeffekt von 87 v. H. (einschließlich Kettwechsel usw.) bei 130 U/min, für mechanische Stühle ein Nutzeffekt von 82 v. H. bei 110 U/min und für Halbautomaten ein Nutzeffekt von 84 v. H. bei 120 U/min zugrunde

---

[122] Vgl. Seite 197 ff.

Tabelle 10

Die Anteiligkeit menschlicher Arbeitskraft am Produktionsvollzug
bei automatischem und herkömmlichem Weben

a) bei gleicher Stuhlzahl

Arbeitskräfte je Schicht Aufgabenbereich	Qualifizierung	A 120 Automaten	B 120 mech. St.	C 120 Halbaut.
a	b	c	d	e
1. Fertigungskräfte				
Weber	(an)gelernt	15,0[123]	120,0	40,0
2. Hilfskräfte				
a) Meister	gelernt[124]	4,0	3,0	3,5
b) Ketteinleger				
1) Meister	gelernt	1,0	—	1,0
2) Assistent	angelernt	1,0	—	1,0
c) Lamellenst.	angelernt	2,0	—	2,0
d) Putzer und Öler	angelernt	2,0	—	2,0
e) Spuleneinst.	angelernt	1,5	—	—
Insgesamt		26,5	123,0	49,5
			464% v. A	187% v. A
			246% v. C	0,40% v. B

b) bei gleicher Leistung

Arbeitskräfte je Schicht Aufgabenbereich	Qualifizierung	120 Automaten	150 mech. St.	134 Halbaut.
1. Fertigungskräfte				
Weber	(an)gelernt	15,0[123]	150,0	45,0
2. Hilfskräfte				
a) Meister	gelernt[124]	4,0	3,75	4,0
b) Ketteinleger				
1) Meister	gelernt	1,0	—	1,1
2) Assistent	angelernt	1,0	—	1,1
c) Lamellenst.	angelernt	2,0	—	2,2
d) Putzer und Öler	angelernt	2,0	—	2,2
e) Spuleneinst.	angelernt	1,5	—	—
Insgesamt		26,5	153,75	55,6
			580% v. A	210% v. A
			277% v. C	0,36% v. B

[123] Voraussetzung: 8 Automaten je Weber.
[124] Bei Automaten qualifizierte Fachkraft.

gelegt. Danach ergibt sich, daß einer Zahl von 120 Automaten eine solche von 150 mechanischen und 134 halbautomatischen Stühlen entspricht. Unter diesen Umständen zeichnet sich ein noch günstigeres Bild für die Wirkung des technischen Fortschrittes in diesem Bereich ab, als es Tabelle 10a geben konnte. Man sieht, daß mechanische Stühle nach dieser Betrachtung sogar fast das Sechsfache (580 v. H.) und Halbautomaten mehr als das Doppelte an menschlicher Arbeitskraft für ihre Bedienung beanspruchen als vollautomatische Webstühle. In diesem Maße also ist der technische Fortschritt in der Lage, die Produktivität menschlicher Arbeit im Produktionsvollzug zu steigern [125].

Gegenüber der hier gegebenen Darstellung sind allerdings zwei Einwände denkbar. Obschon sie das Ergebnis nicht wesentlich antasten, soll ihnen nicht aus dem Wege gegangen werden. Der erste Einwand bezweifelt die Richtigkeit der Annahme, daß Automaten mit soviel höherer Tourenzahl laufen als mechanische oder halbautomatische Stühle. Sicherlich ist es nicht schwer, diese Annahme mit Beispielen zu widerlegen, etwa durch den Hinweis auf einen komplizierten Vierfarben-pic-à-pic-Automaten, der so hohe Tourenzahlen nicht erlauben mag. Diese Fälle sind jedoch bisher Ausnahmen, da in praxi vorwiegend Automaten mit paariger Schußfolge und/oder Uni-Schuß verwendet werden. Indessen kann das Bild selbst bei niedrigeren Tourenzahlen nicht ungünstiger ausfallen, als es von Tabelle 10a gezeichnet wird.

Der zweite Zweifel könnte hinsichtlich der Vollständigkeit der Aufzählung geltend gemacht werden mit dem Verweis auf die durch den technischen Fortschritt in der Weberei bedingten zusätzlichen Hilfskräfte für das Umspulen des Schußgarnes auf Automatenhülsen. Dieser Einwand ist nicht unberechtigt, wenn der Fall vorliegt, daß das Schußgarn für mechanische und halbautomatische Webstühle nicht auch – aus Reinigungs- und Auslesegründen – umgespult wird. Da im Durchschnitt etwa eine Spulstelle moderner Schußspulautomaten mit automatischer Hülsenzufuhr zwei bis zweieinhalb Stühle versorgen und eine Frau 24 bis 36 Spulstellen bedienen kann [126], müßten der Zahl der Arbeitskräfte für 120 Automaten 2 bis 3 Spulerinnen hinzugefügt werden. Diese zusätzlichen Arbeitskräfte können jedoch je nach den betriebsindividuellen Verhältnissen zum Teil kompensiert werden durch die Einsparung mindestens einer Arbeitskraft in der Passiererei, wenn dort Anknüpfmaschinen zum Einsatz gelangen können, die das Passieren der Kette erübrigen.

---

[125] Bei dieser Gelegenheit wird deutlich, wie sehr die Möglichkeit, Kapazität und Bedeutung einer Weberei – wenn auch mit Vorbehalt – nach der Anzahl der Arbeitskräfte zu beurteilen, heute ausgeschlossen ist. Von dieser traditionellen Betrachtungsweise hat sich noch manch ein Praktiker zu lösen. Dagegen kann nunmehr aus der Zahl der Arbeitskräfte, wird sie mit der Stuhlzahl und dem Beschäftigungsgrad der Weberei verglichen, auf den Grad der technischen und arbeitsorganisatorischen Vervollkommnung geschlossen werden.

[126] Bei modernen Schußspulautomaten (vgl. *J. Schneider*, Vollautomatische Schußspulmaschine..., a. a. O.) bedient eine Spulerin bis zu 48 Spindeln.

III. Die Auswirkungen des technischen Fortschrittes im Kostenbereich des Produktionsvollzuges

1. Grundsätzliche Vorbemerkungen

Bereits im Verlaufe der vorangegangenen Untersuchungen, die den Auswirkungen des Fortschrittes in der Technik im Leistungsbereich des Produktionsvollzuges nachspürten, drängte sich die Erkenntnis immer unübersehbarer in den Vordergrund, daß eine leistungsorientierte Kritik des technischen Fortschrittes *allein* für seine gerechte Beurteilung bei weitem nicht ausreicht. Mit der Feststellung gewisser Änderungen im Leistungsbild des Produktionsvollzuges als Folge technischer Neuerung sowie mit ihrer genauen Bestimmung und Abgrenzung hinsichtlich Ausmaß, Gewichtigkeit und Abhängigkeit können wir uns nicht zufriedengeben. Vielmehr gilt es nunmehr, sich in Ergänzung und Fortführung jener Nachforschungen der Beantwortung einer anderen Frage zuzuwenden, der sich der Betriebswirt mit besonderer Aufmerksamkeit zu widmen hat: er wird nämlich sorgfältig prüfen, wie sich der technische Fortschritt im *Kostengefüge* niederschlägt, welche Spuren er dort, sei es parallel und/oder in Abhängigkeit zu den Leistungsänderungen, sei es unabhängig von diesen, hinterläßt.

Ehe wir uns jedoch darüber Gedanken machen, inwieweit uns eine Kostenuntersuchung dem Ziele einer Urteilsfindung über die Wirkungen technischen Fortschrittes im Produktionsvollzug näherbringt und erst recht, bevor eine solche Untersuchung in Angriff genommen wird, scheint es, ähnlich wie zu Beginn der Leistungsbetrachtung, auch hier ratsam, vorab den Kosten-Begriff, so wie er im folgenden verstanden sein soll, zu klären.

Die Literatur ist im allgemeinen der Auffassung, daß man mit dem Begriff der Kosten das bezeichnet, was der Betrieb bei der Erstellung von Leistungen hergibt oder, wie Schmalenbach [127] sich ausdrückt: „das, was bei einer Leistung draufgegangen ist, das sind Kosten". Da es aber „Güter, Nutzungen und Dienste" [128] sind, die der Betrieb bei der Erstellung von Leistungen hergibt, kann gesagt werden, daß „die Kosten den Güterverbrauch darstellen, welchen die Bereitstellung bestimmter Betriebsleistungen hervorruft" [129].

Jedoch sagt diese Erklärung des Begriffes der Kosten noch nicht alles über deren Charakter aus. Zur Verwendung des Kostenbegriffes in der Kostenrechnung ist es nicht nur notwendig zu wissen, welche und wie viele Güter bei der Bereitstellung

---

[127] *E. Schmalenbach*, Grundlagen der Selbstkostenrechnung..., a. a. O., S. 59.
[128] *F. Schmidt*, Kalkulation und Preispolitik, a. a. O., S. 22.
[129] *M. R. Lehmann*, Die industrielle Kalkulation, a. a. O., S. 66.

von Betriebsleistungen verbraucht (verzehrt) werden, sondern auch, „mit welchem Preis (Wert) jedes verbrauchte Kostengut anzusetzen ist" [130], weil die Kostenrechnung die Gütermengen nur durch ihre Preise erfassen kann.

So drückt Rummel [131] die Kosten als „bewerteten Verzehr" in der Gleichung: $K = k \cdot M$ aus, wobei er die Erkenntnis zugrunde legt, daß „die Kosten stets ein Produkt aus einer Anzahl verbrauchter Mengeneinheiten (M) und den Maßeinheitskosten (Mengeneinheitskosten = k) sind" [132].

Beste [133] schließlich bezieht in die Betrachtung der Kosten auch die Zeit ein, in der sie anfallen: „Kosten sind der bewertete Güterverzehr des Betriebes bei der Leistungserstellung in einer Rechnungsperiode." Da uns diese Definition als die umfassendste und aussagekräftigste erscheint, wollen wir sie für die folgenden Untersuchungen übernehmen.

Aus dieser Begriffsfassung läßt sich die Bedeutung einer Kostenanalyse für die Beurteilung technischer Veränderungen im Produktionsvollzug unschwer ersehen. Wenn die Kosten den Güterverzehr bezeichnen, messen und werten, den der Einsatz einer technischen Einrichtung zur Voraussetzung hat, dann geben sie auch Aufschluß über die durch den technischen Fortschritt in der Leistungserstellung hervorgerufenen Veränderungen im Kräftehaushalt des Betriebes. Dieses Kriterium ist das unerläßliche Gegengewicht gegenüber der Beurteilung des technischen Fortschrittes auf Grund seines mengenmäßigen Erfolges, ohne das eine Aussage über die Wirtschaftlichkeit der behandelten technischen Wandlungen im Produktionsvollzug undenkbar ist.

Ebensowenig aber, wie die Durchleuchtung des Leistungsbereiches dem alleinigen Zwecke diente, Grundlage für spätere Wirtschaftlichkeitsschlüsse zu sein, ist der Wert einer eingehenden Zergliederung der Einflüsse technischen Fortschrittes im Kostenbereich mit ihrer Bedeutung für die Wirtschaftlichkeitsrechnung erschöpft. Er beruht unter anderem nicht zuletzt auch darauf, daß die Reaktion der Kosten, sowohl in ihrer Gesamtheit als auch in den einzelnen Kostenarten und im Verhältnis der Arten zueinander, wesentliche Folgerungen zuläßt für die Organisation des Produktionsvollzuges sowie hinsichtlich der allgemeinen und speziellen Betriebs- und Unternehmenspolitik, soweit sie zum Beispiel durch die Starrheit oder Elastizität der Kosten oder durch die Präponderanz einer oder mehrerer Kostenarten bestimmt wird. Gerade diesen Zusammenhängen ist bislang keineswegs die Beachtung zuteil geworden, die ihnen zukommt.

---

[130] Allgemeine Regeln zur industriellen Kostenrechnung, a. a. O., S. 40.
[131] *K. Rummel,* Einheitliche Kostenrechnung, a. a. O., S. 7.
[132] Vgl. *K. Mellerowicz,* Kosten und Kostenrechnung, a. a. O., S. 4.
[133] *Th. Beste,* Vorlesung, Das betriebliche Rechnungswesen, WS. 1953/54.

2. Die Analyse der Kostenarten im Hinblick auf die Auswirkungen des technischen Fortschrittes

a) Die Analyse der Fertigungseinzelkosten

Es liegt nahe, sich zu Beginn der Kostenuntersuchungen dem Verhalten derjenigen Kostenarten zuzuwenden, die zur Fertigung (Leistungserstellung) in direkter Beziehung stehen. Im Gegensatz zu dem indirekten – weil der einzelnen Leistungseinheit nur mittelbar zurechenbaren – Güterverzehr, den man gemeinhin als „Gemeinkosten" bezeichnet, faßt man die vorgenannten Kosten als „Fertigungskosten" zusammen, wozu wir Fertigungsmaterial-, Energie-, Fertigungslohn- und Sondereinzelkosten zu zählen haben.

1) Steigende und fallende Tendenzen der Fertigungsmaterialkosten

Da als Kostengut Fertigungsmaterial für die Fertigungsstelle Weberei der gespulte Schuß und die geschärte, webbereite Kette gelten, heißt es zu prüfen, ob und gegebenenfalls auf welchem Wege sowie in welchem Maße der technische Fortschritt im Websaal auf die Schuß- und Kettmaterialkosten ausstrahlt.

Bereits auf Grund der leistungsmäßigen Betrachtung läßt sich erkennen, daß sich der technische Fortschritt unter bestimmten Voraussetzungen auf dreierlei Weise in den Kosten des Fertigungsmaterials niederschlagen kann.

Die erste Möglichkeit wird dann zur Wirklichkeit, wenn die auf mechanischen Stühlen verwendete Qualität des Rohmaterials den Ansprüchen technisch-fortschrittlicher Automaten nicht mehr genügt und die Webereileitung sich gezwungen sieht, auf besseres, stärkeres und widerstandsfähigeres – aber eben auch teureres – Garn überzugehen. Höhere Tourenzahlen und eine Reihe anderer, bereits aufgezeigter Faktoren, die eine zunehmende Garnbeanspruchung im Stuhl zur Folge haben können, sowie auf der anderen Seite die immer schwerer wiegenden Folgen von Fadenbrüchen machen derartige Entscheidungen notfalls unumgänglich.

Ein Anstieg der Fertigungsmaterialkosten ist nun aber nicht die Regel, obschon sich die Tendenz auf Grund des zur Zeit maßgeblichen Standes der Technik in dieser Richtung zu entwickeln scheint. Allerdings darf nicht übersehen werden, daß die außergewöhnlich niedrige Fachöffnung, die gleichmäßige und zudem niedrige Spannung des Schußgarns während des Schusses sowie der ungewohnt ruhige Stuhllauf der jüngsten „Webmaschinen"[134] die vorgenannten Argumente zum guten Teil aus dem Felde schlägt, ja sogar in umgekehrte Richtung zu weisen scheint.

Obschon damit der enge Bereich einer strengen Kostenbetrachtung verlassen wird, bedarf es außerdem des Hinweises, daß der Übergang zu höherwertigem Rohmaterial zwar stets eine Kostenerhöhung bewirkt, daß diese Kostenerhöhung

---

[134] Die sogenannten Greifer-Webmaschinen: „Sulzer" und „Greiftex".

aber nicht, wie zuweilen fälschlich gefolgert wird, mit einer Schmälerung der Differenz aus Kosten und Erlös, das heißt mit einer Gewinnschmälerung, einhergehen muß. Dies ist nur dann der Fall, wenn die Verbesserung des Rohmaterials nicht dazu führt, daß das Endprodukt in eine höhere Güteklasse und Erlösstufe emporgehoben wird, oder wenn als Folge dieser Änderung der Absatz zurückgeht.

Wie dem auch sei: ein Anstieg der Fertigungsmaterialkosten hängt von allzu individuellen Verhältnissen ab und ist gegebenenfalls in seinem Ausmaß zu schwer zu erfassen, als daß an dieser Stelle eine allgemeingültige Konkretisierung der Kostenreaktion möglich wäre. Indes wäre es töricht, die Folgen technischen Fortschrittes für die Kosten des Produktionsvollzuges nicht auch – wenigstens der Tendenz nach – von dieser Warte aus aufzudecken, zumal ihre Kenntnis bei Investitionsentscheidungen und bei der Beurteilung der Kostenentwicklung nach der Investition unter Umständen von entscheidender Bedeutung sein kann.

Weit häufiger als über den Weg der Verteuerung des Rohmaterials auf Grund seiner natürlichen Qualität vermag der technische Fortschritt den Anstieg der Fertigungsmaterialkosten dadurch herbeizuführen, daß er eine gründlichere und/oder umständlichere Vorbereitung des Schusses beziehungsweise der Kette notwendig macht.

Das Schußgarn für Webautomaten muß auf Spezialhülsen gespult werden, die den Wechselvorrichtungen im Webstuhl angepaßt sind und eine Fadenreserve von rund 5 bis 6 m aufweisen. Es ist bisher nicht möglich, in der Spinnerei direkt auf Automatenhülsen zu spinnen. Nun ist es jedoch vielfach üblich, das Schußgarn auch für gewöhnliche mechanische oder halbautomatische Stühle umzuspulen, sei es, weil man nicht auf das gleichzeitige Reinigen und Ausscheiden dünner Fadenstellen [135] beim Umspulen verzichten will, sei es, daß die Spinnkopse ohnehin (zum Beispiel zum Färben oder Zwirnen) auf andere Hülsen zu spulen sind. Unter diesen Umständen kann demnach nicht von einem Anstieg der Fertigungsmaterialkosten als Folge des technischen Fortschrittes in der Weberei die Rede sein. Dies muß lediglich in den Fällen zugestanden werden, in denen das gleiche Schußgarn, für den gleichen Artikel bestimmt, für automatische Webstühle umgespult werden muß, für nicht-automatische dagegen nicht.

Die Antwort auf die Frage nach dem Ausmaß der Mehrkosten durch Umspulen hängt von dem Stand des technischen Fortschrittes in der Fertigungsstelle Schußspulerei ab. Auch hier nämlich hat die Technik in jüngerer Zeit eine bemerkenswerte Entwicklung erfahren. Während man unter Verwendung älterer Spulmaschinen je nach der metrischen Garnnummer und anderen Einflußgrößen mit Schußspulkosten bis zu 0,45 DM je kg rechnen mußte, können moderne vollautomatische Schußspulaggregate dieselbe Leistung für weniger als die Hälfte der Kosten erbringen, was die folgende Kalkulation erläutern soll, die sehr großzügig mit manchen Reserven angelegt ist:

---

[135] Die im Webstuhl zu Fadenbrüchen führen würden.

Kalkulation der Schußspulkosten bei Verwendung eines Schußspulautomaten (ASE)

Leistung

Abzug 600 m/Min.; NE = 85 v. H.; Nm = 20 (40/2)
Effektive Leistung: 30 600 m/Std. = 1,53 kg/Std. je Spindel
Eine Spulerin bedient 24 Spindeln.

Kosten

1. Lohn je Spulerin   = 1,90 DM/Std.
   + 15 % ges. und
   freiw. soz. Lasten   = 0,29 DM/Std.
                              2,19 DM/Std.
   : 24 Spindeln............ 0,092 DM/Std.
2. Strom:
   0,12 kWh/Spd.;
   1 kW = 0,105 DM........   0,013 DM/Std.
3. Abschreibung:
   Anschaffungskosten
   1 660,— DM/Sp. : 10 Jahre =
   166,— DM/Sp. im Jahr : 12 =
   13,83 DM/Sp. im Monat = 0,039 DM/Std.
4. Ersatzteile:
   1,5 v. H. von 3) .... 0,001 DM/Std.
              Zwischensumme: 0,145 DM/Std.
5. Sonstige Gemeinkosten:
   Hilfs- und Betriebsstoffe,
   Putzen, Meistergehalt usw.
   100 % auf Kosten-bis-dahin   0,145 DM/Std.
              Gesamtkosten: 0,290 DM/Std.
   0,29 DM/Std. : 1,53 kg/Std. 0,189 DM/kg

Unter Berücksichtigung einer durchschnittlichen metrischen Nummer von 20, 0,6 v. H. Abfall[136] und einer Rietbreite von 175 cm ergeben sich Schußspulkosten von 0,017 DM je 1000 Schuß.

Ähnlich wie bei den Mehrkosten auf Grund verbesserten Rohmaterials, so ist auch im Zusammenhang mit dem Anstieg der Spulkosten zu prüfen, ob nicht durch das Umspulen des Schußgarnes und der dadurch reduzierten Fadenbruchhäufigkeit in der Weberei die Qualität des Endproduktes so ansteigt, daß sich diese Änderung in den Erlösen niederschlägt. – Der Einfluß des Umspulens auf den Nutzeffekt der Weberei spiegelt sich in den Kosten je Leistungseinheit wider.

Als dritte Mehrkostenquelle schließlich kommt eventuell die Notwendigkeit in Frage, die Kette für den Automatenstuhl zu *schlichten* (leimen), während es dieser Zusatzbehandlung nicht bedürfte, wenn die Kette in einen mechanischen Stuhl

---

[136] Vgl. Seite 103.

eingelegt würde. Die Gründe, die für das Schlichten der Kette sprechen und die Umstände, unter denen es sich anrät zu schlichten, sind bereits im Verlaufe früherer Betrachtungen [137] erörtert worden. Es mag daher genügen, sich in diesem Zusammenhang lediglich ins Gedächtnis zurückzurufen,

1. daß Streichgarnketten ohnehin meistens geschlichtet werden, Kammgarnketten dagegen seltener, daß aber auch bei Kammgarnketten die Fälle nicht allzu häufig sind, in denen das Schlichten eigens wegen der Verwendung der Kette auf Automaten erforderlich ist;

2. daß Automatenketten besonders sorgfältig zu schlichten sind, um klebende und lose oder gebrochene Fäden zu vermeiden, die infolge der geringen Beobachtungsmöglichkeit des Webers besonders leicht zu Stuhlstillständen und Gewebefehlern führen.

Die Schlichtkosten schwanken je nach Fadenzahl, Schlichtemittel und technischem Stand der Schlichtmaschine sowie deren Ausnutzungsgrad [138] zwischen 0,09 und 0,18 DM je Kettmeter. Legt man als Mittelwert 0,14 DM/m zugrunde und nimmt man eine Schußdichte von 20/cm an, so ergeben sich, umgerechnet auf 1000 Schuß, Mehrkosten in Höhe von 0,07 DM/1000 Schuß, die unter den beschriebenen Umständen dem technischen Fortschritt in der Weberei zuzuschreiben sind.

Zum letzten müssen die Fertigungsmaterialkosten dahingehend überprüft werden, ob sie sich etwa infolge einer Änderung des Garnabfalles beim Webprozeß verschieben. Eingehende Untersuchungen haben ergeben, daß sich der Schußgarnabfall mechanischer Webstühle nicht wesentlich von dem automatischer Stühle unterscheidet; er liegt bei Webautomaten eher um ein weniges unter als über dem gewöhnlicher Stühle. Diese geringfügige Differenz läßt sich leicht erklären, wenn man den Entstehungsursachen nachgeht. Beim Einstecken der Schußspulen in das Magazin zieht der Spuleneinstecker etwa 1 bis 1,5 m Garn von jeder Spule ab und wickelt die Enden um die Trommelnase, damit sie sich beim automatischen Wechsel zum Eindrücken und Einfädeln in den Schützen in der rechten Bereitschaft befinden. Außerdem sind bei den durchgeführten Versuchen von 9 m Fadenreserve im Durchschnitt 6 m auf der Spule als Rest zurückgeblieben. Somit ergab sich je Spule ein Gesamtabfall von 6 + 1,5 = 7,5 m. Dem stehen beim mechanischen Webstuhl 1 bis 2 m Abzug beim Einfädeln des Fadens in den Schützen und im Durchschnitt 8 bis 14 m Garnrest auf jeder Spule (je nachdem, wie genau der Weber den Schützen abfängt [139]), insgesamt also etwa 10 m Abfall gegenüber.

Bewertet man nun aber die ohnehin schon geringe Mengendifferenz von 3 m Abfall je Spule oder (bei 80 g je Spule und Nm 20 = 914 Schuß) 3,28 m =

---

[137] Vgl. Seite 48.

[138] Diese Größe ist insofern von besonderem Einfluß auf das Kostenbild, als in vielen Betrieben die Kapazität der Schlichtmaschine(n) wegen der relativ geringen Zahl der zu schlichtenden Ketten nicht voll ausgenutzt wird.

[139] Da der Weber bei Halbautomaten drei Stühle bedient, kann er nicht so genau abfangen wie bei einem Stuhl.

0,16 g/1000 Schuß, so ergeben sich nur geringfügige Minderkosten bei automatischen Stühlen, die sich, geht man von einem durchschnittlichen Garnpreis (mittlere Qualität A/AA, gezwirnt und gefärbt) von DM 22,—/kg aus, auf 0,35 DM je 1000 Schuß belaufen.

2) *Der Anstieg der Energiekosten*

Abweichend von der überwiegend beobachteten Übung der Praxis, die aus Gründen der Wirtschaftlichkeit der Rechnung, aber auch auf Kosten ihrer Genauigkeit, in ihren normalen Kalkulationen die Stromkosten als Gemeinkosten auf die Leistungen umlegt, sind wir in unserer Kostenanalyse gehalten, den Stromverbrauch für den Antrieb der Webstuhlmotoren im Rahmen der Fertigungseinzelkosten auf ihre Reaktion gegenüber dem technischen Fortschritt hin zu untersuchen. Dazu gibt nicht nur die direkte Beziehung des Stromverbrauches zu dem eigentlichen Vorgang der Leistungserstellung Anlaß, sondern auch die Abhängigkeit der Verbrauchshöhe von der Art des zu webenden Artikels.

Da der Stromverbrauch eines Webstuhlmotors in erster Linie von dem Massewiderstand abhängt, der überwunden werden muß, um den Stuhlmechanismus zu bewegen, lautet die Frage, ob der technische Fortschritt den Antrieb der Stühle erleichtert oder erschwert hat.

Die leichtere und präzisere Bauweise moderner Webstühle, die Verwendung leichteren Materials und besserer Lager (zum Teil Kugellager mit Zentralschmierung) sowie nicht selten kleinerer und leichterer Schützen lassen zunächst die Abnahme des Stromverbrauches vermuten. Dennoch bewahrheitet sich diese Annahme nicht. Die Verminderung des Stromverbrauches als Folge leichterer Stuhlkonstruktion wird nämlich überkompensiert durch die Anforderungen der stark erhöhten Tourenzahl und der Steigerung des Nutzeffektes. Die Bewegung der eigentlichen Automateneinrichtungen dagegen verursacht keinen nennenswerten Mehrverbrauch.

Die Erhöhung der Tourenzahl von 100 bis 110 U/min auf 130 oder noch mehr Touren verlangt um so mehr stärkere Motoren, als mit höherer Tourenzahl auch die Stromverbrauchskurve beim Bremsen und Anlaufen des Stuhles ansteigt. So haben ältere mechanische Stühle für mittlere Wolltuche etwa 1,5 bis 2 kW installiert[140], moderne Automaten aber 2 bis 2,5 kW. Vorausgesetzt, daß die gleichen Artikel mit gleicher Schaft- und Schützenzahl, gleicher Fadenbruchhäufigkeit usw. miteinander verglichen werden, ist für hochtourige Automaten gegenüber 110-tourigen mechanischen Stühlen mit einem Mehrverbrauch von etwa 1 kWh zu rechnen.

Was die Steigerung des Nutzeffektes anbetrifft, so hat sie allerdings nur auf die Stromkosten *je Stuhl* steigernde Wirkung. Bezogen auf die Leistungseinheit dagegen wird sich die Nutzeffektsteigerung eher ermäßigend auf die Stromkosten

---

[140] Der durchschnittliche Verbrauch weicht bei Webstühlen in der Regel nicht wesentlich von diesen Angaben ab.

auswirken, jedenfalls dann, wenn die Erhöhung des Nutzeffektes auf eine Verringerung der Stillstandshäufigkeit zurückgeht und demzufolge der Mehrverbrauch für Bremsen und Anlaufen geringer ist.

Aus demselben Grunde kann von einer achtzigprozentigen Stuhlauslastung nicht auch auf einen gleich hohen Satz der Beanspruchung der installierten Stromkapazität geschlossen werden. Ein Nutzeffekt von 80 v. H. entspricht bei mechanischen Stühlen etwa einer Beanspruchung der installierten Stromkapazität von 88 v. H.; bei automatischen Stühlen mit 86 v. H. Nutzeffekt wird die effektive Beanspruchung ebenfalls bei 88 v. H. liegen.

Unter diesen Voraussetzungen entfällt auf die einzelne Leistungseinheit hochtouriger Webautomaten ein Strommehrverbrauch von rund 0,5 Pf je 1000 Schuß, nämlich 3,28 Pf gegenüber 2,75 Pf, wenn man einen Strompreis von 11,0 Pf/kW zugrunde legt.

3) Der Rückgang der Fertigungslohnkosten, seine Ursachen, sein Ausmaß und seine Folgen

Weitaus einschneidendere Wirkung als auf die Fertigungsmaterialkosten hat der technische Fortschritt auf die Fertigungslohnkosten. Bereits der steile Anstieg der Stellenzahl je Weber, auf den wir während der Leistungsbetrachtungen stießen, gibt zu der Vermutung Anlaß, es müsse sich als Folge einer solchen Entwicklung ebenfalls eine entsprechende – freilich nicht steigende, sondern fallende – Bewegung der Lohnkosten je Stelle beobachten lassen. Da zudem die Leistung je Stelle bei modernen Automaten die der technisch-überholten Webstühle übertrifft, ist weiter zu erwarten, daß der Kostenabfall, wird er auf die Leistung bezogen, noch auffälliger sein muß. Bevor jedoch der Beweis für die Richtigkeit dieser Annahmen erbracht werden kann und ehe konkrete Aussagen über den Umfang der Kostenbewegung gemacht werden, erhebt sich die Frage nach der Höhe des Lohnes, der auf einen Weber entfällt.

Wie aus den Tabellen 11 und 12 ersichtlich ist, weichen die Weblöhne für Einstuhl- und Mehrstuhlarbeit nicht unwesentlich voneinander ab. Obgleich der höheren Entlohnung keineswegs in jedem Falle eine physische Mehrbelastung des Webers gegenübersteht und sich darüber streiten läßt, ob sie sich durch gestiegene Verantwortung sowie verstärkte geistige Beanspruchung rechtfertigt [141], ist eine derartige Lohnstaffelung in praxi gang und gäbe. Unterschiedliche Einstufungen verschiedener Automatenstellenzahlen in verschiedene Lohnhöhen sind insofern gewöhnlich besonders schwach untermauert, als einem Weber in der Regel nur dann eine höhere Stuhlzahl zugeteilt wird, wenn die Ketten so gut sind, daß sie den Weber entsprechend weniger belasten. Vielfach wird auch nur deshalb ein höherer Lohn gewährt, um dem Weber einen wirkungsvollen Anreiz zu geben, seine Scheu vor der Umstellung auf den Mehrstellenarbeitsplatz zu überwinden. So liegt der

---

[141] Vgl. Seite 194.

Stundenverdienst eines Automatenwebers nicht selten mehr als DM 1,— höher als der eines Einstuhlwebers im selben Betrieb. Es kommt vor, daß der Automatenweber mehr verdient als ein (Hilfs-)Meister, der 40 mechanische Stühle zu betreuen hat. Solche Unterschiede lassen sich zwar, wie später noch aufgezeigt werden wird, vom Kostenstandpunkt aus vertreten; nüchterne Überlegung und praktische Erfahrung lassen jedoch keinen Zweifel daran aufkommen, daß übermäßige Weblohndifferenzen von Arbeitsplatz zu Arbeitsplatz psychologisch schädlich sind und das Betriebsklima zersetzen. Sie entmutigen den Ein-, Zwei- oder Mehrstuhlweber und drücken auf seine Leistung; sie reizen aber auf der anderen Seite in der Regel nicht im selben Maße den Automatenweber zu besonderer Leistung an [142]. Immerhin haben sich derartige Staffelungen zu sehr eingebürgert, als daß wir sie nicht den folgenden Berechnungen zugrunde legen müßten.

Will man die effektiv gezahlten Löhne den weiteren Untersuchungen zugrunde legen, dann sieht man sich angesichts der aus Tabelle 11, Seite 107, erkennbaren regionalen Lohnunterschiede erneut vor die Frage gestellt, welche Löhne denn nun definitiv anzusetzen sind. Die Tendenz zur Anpassung der tieferliegenden Tarifbezirke an die höher eingestuften sowie die allgemeine ständige Aufwärtsentwicklung der Löhne (vergleiche Diagramm 9, Seite 108) schließen jede andere Entscheidung als die für die derzeitig höchsten Löhne aus. Unter Berücksichtigung der dargelegten Einflüsse ergeben sich die in Tabelle 12, Seite 108, aufgeführten Fertigungslohnkosten.

Die Tabelle 12 mag den Eindruck erwecken, als seien die Fertigungslöhne in der Tuchweberei durchweg Zeitlöhne. Dies trifft jedoch nicht zu. Der Weblohn ist vielmehr gemeinhin ein Akkordlohn, der je 1000 Schuß gezahlt wird. Zumindest muß das von den bislang üblichen Löhnen der Ein- und Mehrstuhlweber an nicht voll automatisierten Webstühlen gesagt werden. Mit dem Übergang zu höheren Stellenzahlen als Folge des technischen Fortschrittes ist man dagegen in den meisten Fällen von der reinen Akkordentlohnung in der Tuchweberei ab- und zu einer gemischten Zeit-Prämienlöhnung übergegangen. Ursprünglich mag sich der reine Zeitlohn für den Automatenweber allein deshalb anempfohlen haben, weil sich der Weber erst an den neuen Arbeitsplatz gewöhnen mußte und die Festsetzung eines Akkordes in diesem Anfangsstadium praktisch nicht möglich war. In vielen Fällen ist man aber auch weiterhin, veranlaßt durch eine Reihe von Überlegungen, grundsätzlich bei der Zeitlöhnung geblieben.

1. Einmal hat der Fertigungslohn so sehr an Gewicht je Leistungseinheit verloren, daß eine exakte Kalkulation der Belastung der einzelnen Leistungseinheit mit Fertigungslohnkosten nicht mehr so zwingend ist wie ehedem.
2. Da sich der Akkord nach der Art des gewebten Artikels richten muß, andererseits aber für die gesamte Schußzahl der Stuhlgruppe festzusetzen ist, würde die Ermittlung des Akkordes dann schwierig – und daher auch leicht

---

[142] Auf die psychologischen Wirkungen des technischen Fortschrittes kommen wir an gegebener Stelle (Seite 195 f.) zurück.

Tabelle 11

Tarifliche Akkordrichtsätze in der Tuchweberei

Tarifbezirk	November 51 1 St.	2 St.	September 54 1 St.	2 St.	Januar 58 1 St.	2 St.	Mehrst. u. Aut.
Aachen (18)	155	–	155	195	188	235	–
Düren (20–22)	137	–	145	217,5	184	275	–
Euskirchen (20–22)	137	218,9	145	232	184	294	–
Wuppertal Okl. I (20)	141	–	150	–	177	–	–
Wuppertal Okl. II	136	–	145	–	172	–	–
M.-Gladbach (20–22)	124,4	132	132,4	139	168,7	236,3	–
Neumünster (18)	132	–	139	–	190	–	–
Hessen Okl. II (21)	130	–	137	–	173	–	–
Hessen III	122	–	129	–	–	–	–
Nordbayern Okl. I (21)	120,5	–	126	–	158[143]	171[143]	–
Nordbayern Okl. II	115,7	–	121	–	155[144]	167[144]	–
Nordbayern Okl. III	113,3	–	118	–	–	–	–
Südbayern Sonderkl. (21)	123–130	–	–	–	–	–	–
Südbayern Okl. I	118–125	–	124–131	–	161–198[145]	179–220[145]	175–226[145]
Südbayern Okl. II	112–121	–	118–127	–	157–193[146]	174–214[146]	171–220[146]
Rheinland-Pfalz (21)	132	–	139	–	175	225	235

Okl. = Ortsklasse; (...) = höchste Altersklasse;

[143] Nordbayern-Stadt.
[144] Nordbayern-Land.
[145] Südbayern-Stadt.
[146] Südbayern-Land.

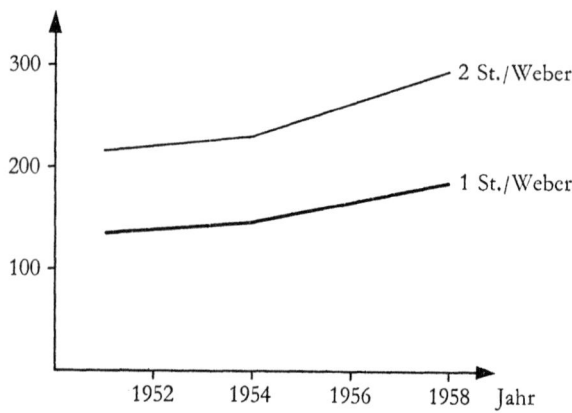

Abb. 9: Die Tariflohnsteigerung in der Tuchindustrie
Beispiel: Tarifbezirk Euskirchen

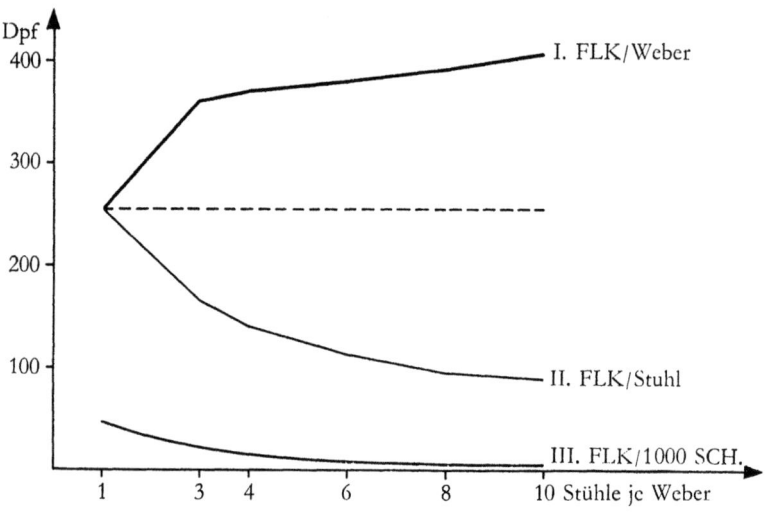

Abb. 10: Die Fertigungslohnkosten je Stuhl, je Weber und je 1000 Schuß

Quelle von Anfechtungen und Streitigkeiten – wenn die einzelnen Stühle einer Gruppe mit verschiedenen Artikeln belegt werden müssen und sich die Zusammensetzung der Artikel in der Gruppe jeweils nach Abgang einer Kette ändert.

3. Der persönliche Einfluß des Webers auf die Gesamtschußzahl ist bei der Automaten-Gruppe als Folge der Arbeits- (= Verantwortungs-)Teilung, der Überlappungen und anderem mehr wesentlich geringer als beim Ein- oder

Zweistuhlsystem. Man kann ihm deswegen nicht das gleiche Maß an Eigenverantwortung für die Höhe seines Lohnes zusprechen, das er beim mechanischen Webstuhl zu Recht trägt.

4. Nicht zuletzt spricht die Beobachtung gegen einen Akkordlohn, daß der Automatenweber – richtet sich sein Lohn nach der erreichten Schußzahl – zu wenig Zeit auf die Beobachtung etwaiger Gewebefehler verwendet und ohne angemessene Rücksicht auf den Ausfall der Ware alle Kräfte für eine möglichst hohe Schußzahl einsetzt. Wie wir aber schon früher ausführten, soll gerade die Beobachtung der Ware eine der Hauptaufgaben des Automatenwebers sein.

Es hat sich als eine gute Lösung erwiesen, den Automatenweber in Zeitlohn zu bezahlen und ihm sowohl für besonders guten (schlechten) Warenausfall als auch für besonders hohe (niedrige) Schußzahlen angemessene Prämien (**Abzüge**) anzurechnen.

Sämtliche in der folgenden Tabelle 12 aufgeführten Fertigungslohnkosten sind auf zeitliche Bezugsgrößen als Durchschnittswerte umgerechnet worden, um bei der späteren Gegenüberstellung von Kosten und Leistungen eine vergleichende Betrachtung mit den Gemeinkosten zu ermöglichen.

Tabelle 12

Die Fertigungslohnkosten (FLK)
bei mechanischen und automatischen Webstühlen (in Dpf.)

Stühle je Weber	Gesamt-Schuß i. d. Std.	FLK je Weber/Std.			FLK je Stuhl i. d. Std.	FLK je 1000 Schuß	Diff.
		Lohn	+ 15%	insg.			
1 mech. St. 110 U/Min. NE = 80	5 280	220	33	253	253,0	47,91	–
3 Halbaut. 120 U/Min. NE = 82	17 712	310	47	357	119,0	20,85	27,06
4 Automat. 130 U/Min. NE = 87	27 144	320	48	368	92,0	13,55	7,30
6 Automat. 130 U/Min. NE = 87	40 716	330	50	380	63,3	9,33	4,22
8 Automat. 130 U/Min. NE = 86	53 664	340	51	391	49,0	7,28	2,05
10 Automat. 130 U/Min. NE = 85	66 300	350	53	403	40,3	6,07	1,21

Aus Tabelle 12 sieht man deutlich, wie stark der Fertigungslohnkostenanteil an der Leistungserstellung im Zuge technischen Fortschrittes trotz des wesentlichen Anstieges des Lohnes für den einzelnen Weber zusammengesunken ist. Die Abbildung 10, Seite 108, veranschaulicht diese Zusammenhänge und läßt überdies erkennen, daß die Fertigungslohnkosten je Stuhl stärker fallen als die Fertigungslohnkosten je Weber steigen.

Der Rückgang des Fertigungslohnkostenanteiles ist nicht allein aus der Zunahme der Stellenzahl je Weber zu erklären; seine Wirkung wird vielmehr verstärkt durch die dem technischen Fortschritt zu dankende Leistungssteigerung des einzelnen Webstuhles. So betragen die Fertigungslohnkosten je Stuhl vom mechanischen Stuhl gegenüber der vierstühligen Automatengruppe 36 v. H., gegenüber der zehnstühligen 16 v. H.; die Fertigungslohnkosten je Leistungseinheit sinken [147] vom mechanischen Einstuhlsystem zur Vierergruppe sogar auf nur 28 v. H. und zur Zehnergruppe auf 13 v. H. ab.

Die in der technischen Entwicklung des Webstuhles eine Zwischenstufe darstellenden Halbautomaten mildern den Übergang von den vergleichsweise hohen Fertigungslohnkosten beim Weben auf „glatten" [148] Stühlen zu den Fertigungslohnkosten beim Automatenweben, weil bei ihnen sowohl mit höherer Stuhlzahl je Weber als auch mit höherer Tourenzahl und steigendem Nutzeffekt gerechnet werden kann. Da jedoch – wie noch aus der Leistungsanalyse erinnerlich – halbautomatische und erst recht mechanische Stühle aus technischen und organisatorischen Gründen niemals an die Leistung automatischer Stühle und an die Arbeitsproduktivität des Automatensystems heranreichen können (selbst dann nicht, wenn sie die gleiche Tourenzahl leisten wie Automaten), mögen die Unterschiede im Fertigungslohnkostenanteil mechanischen und automatischen Produktionsvollzuges in bestimmten Fällen zwar geringer sein als hier aufgezeigt, sie werden jedoch stets beachtlich bleiben.

Spalte 8, Tabelle 12 und Kurve III, Abbildung 10, Seite 109, lehren des weiteren, daß die Fertigungslohnkosten je Leistungseinheit mit zunehmender Stellenzahl immer weniger abnehmen: die Kurve der Fertigungslohnkosten nähert sich der X-Achse asymptotisch. Diese Tatsache ist keineswegs nebensächlich. Sie muß demjenigen vorgehalten werden, der vermeint, die Erhöhung der Stellenzahl je Weber sei unter allen Umständen zu befürworten wegen der dadurch zu erreichenden Lohnersparnis. Hält man sich aber vor Augen, daß die Fertigungslohnersparnis beim Übergang vom Einstuhlsystem zur Automaten-Viererergruppe zwar noch 34,36 Pf/1000 Schuß beträgt, der Unterschied von Vierer- zu Sechser-Gruppe jedoch 4 Pf/1000 Schuß nicht wesentlich übersteigt und von Achter- zu Zehner-Gruppe nurmehr 1,21 Pf/1000 Schuß ausmacht, so kann die Forderung nach Erhöhung der Stellenzahl von der Fertigungslohnseite her nicht mehr so apodiktisch ins Feld geführt werden, wie es in praxi nicht selten versucht wird [149].

---

[147] Jedenfalls unter den hier geltenden Prämissen der 1. Spalte, Tabelle 12, Seite 109.
[148] So werden nicht-automatische Stühle in der Praxis häufig genannt.
[149] Diese Erkenntnis ist ebenfalls von entscheidender Bedeutung im Zusammenhang mit

Aus dem geringeren Fertigungslohnanteil an den Kosten je erstellter Leistungseinheit ergibt sich ferner die abnehmende Stückkostenwirkung von Fertigungslohnsteigerungen. Tabelle 13, Seite 111, und Abbildung 11, Seite 112, verdeutlichen

Tabelle 13

Die Bedeutung von Fertigungslohnsteigerungen für die Fertigungslohnkosten je 1000 Schuß bei mechanischen und automatischen Webstühlen

Lohn/Std. in Pf	Kosten in Pf/1000 Schuß				
	mech. St.[150]	3 H'Aut.[151]	6 Aut.[152]	8 Aut.[152]	10 Aut.[152]
150	26,04	8,47	3,77	2,82	2,26
200	34,72	11,29	5,02	3,77	3,02
250	43,40	14,11	6,28	4,71	3,77
300	52,08	16,93	7,54	5,65	4,52
350	60,76	19,76	8,79	6,59	5,28
400	69,44	22,58	10,05	7,54	6,03
450	78,12	25,41	11,31	8,48	6,79

Lohn/Std. in Pf	Kostenanstieg in v. H.				
	mech. St.[150]	3 H'Aut.[152]	6 Aut.[152]	8 Aut.[152]	10 Aut.[152]
150	–	–	–	–	–
200	33,33	33,29	33,15	33,68	33,62
250	25,00	24,97	25,09	24,93	24,83
300	20,00	19,98	20,06	19,95	19,89
350	16,66	16,72	16,57	16,63	16,81
400	14,28	14,27	14,33	14,41	14,20
450	12,50	12,53	12,53	12,47	12,60

diese Tendenz. Sie zeigen, daß eine Fertigungslohnerhöhung um 0,50 DM/Std. die Kosten für 1000 Schuß beim mechanischen Stuhl um rund 8,68 Pf, bei sechs Automaten um rund 1,26 Pf, bei acht Automaten um rund 0,95 Pf und bei zehn Automaten nur um rund 0,76 Pf vermehrt. Der technische Fortschritt ist also offenbar geeignet, dem aufwärtsgerichteten Trend der Lohnentwicklung (vergleiche Abbildung 9, Seite 108) einen guten Teil seiner Folgenschwere zu nehmen, die er für das Weben mit Stühlen alter Bauart ohne Zweifel in sich birgt.

Auf der anderen Seite hat jedoch sicherlich eben dieser Rückgang der Bedeutung der Fertigungslohnkosten zu den unverhältnismäßig weitgreifenden Lohnerhöhun-

dem Problem der Abstimmung von Stellenzahl und Nutzeffekt unter dem Aspekt der Wirtschaftlichkeit des Produktionsvollzuges (vgl. Seite 150).
[150] 120 U/Min.; NE = 80 v. H. = 5760 Schuß/Stuhl/Stunde.
[151] 120 U/Min.; NE = 82 v. H. = 5904 Schuß/Stuhl/Stunde.
[152] 130 U/Min.; NE = 85 v. H. = 6630 Schuß/Stuhl/Stunde.

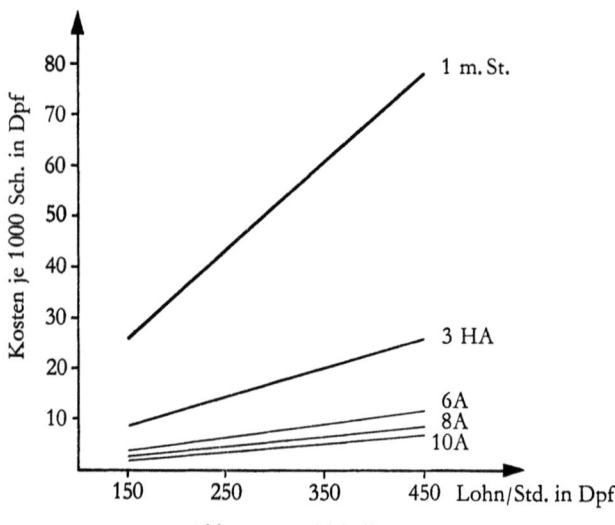

Abb. 11 (zu Tabelle 13)
Die Bedeutung von Fertigungslohnsteigerungen für die Fertigungslohnkosten je 1000 Schuß bei mechanischen und automatischen Stühlen

gen für Mehrstuhlweber beigetragen; er begünstigt sie zumindest insofern, als er sie für den Betrieb vom *unmittelbaren* Kostenstandpunkt aus noch tragbar erscheinen läßt. Manche Anzeichen unterstützen den Eindruck, daß man sich in den Betrieben, die bislang in der Tuchindustrie mit der Automatisierung ihrer Webereien begonnen haben, der *mittelbaren* Folgen der Lohnerhöhungen in diesem Ausmaß nicht voll bewußt war oder ihre Bedeutung als sehr gering eingeschätzt hat. Die Spannen sowie die aus ihnen erwachsenden Spannungen, die aus den Lohnsteigerungen in der Automatenweberei gegenüber der mechanischen Weberei und anderen Fertigungsstellen des Betriebes geboren werden, drängen in der Zukunft zum Ausgleich. Die Erfahrung berechtigt nicht zu der Annahme, das Streben nach diesem Ausgleich fordere dem Betrieb kostenmäßig und psychologisch keine Opfer ab: es wird ihm vielmehr sehr schwer zu schaffen machen.

Mit der Beleuchtung der Folgen technischen Fortschrittes auch von dieser – skeptischen – Warte aus ist die Betrachtung der Kostenart Fertigungslohn abgeschlossen[153]. Sie verlangt nunmehr nach Ergänzung durch die Untersuchung der Hilfs-

---

[153] Zusätzlich zu den behandelten Fertigungseinzelkosten Fertigungsmaterial und Fertigungslohn kann zuweilen mit der Erstellung bestimmter Leistungen ein Verzehr von Gütern notwendig werden, der bei der allgemeinen Leistungserstellung nicht anzufallen pflegt und meist als Folge von Sonderaufträgen hervorgerufen wird. Da dieser Verzehr nach Möglichkeit denjenigen Leistungen zuzurechnen ist, die ihn verursachen, wird er nicht unter die Gemeinkosten, sondern als Sonder-Einzelkosten zu den Fertigungseinzelkosten gezählt. Als Sonder-Einzelkosten sind für die Tuchweberei Sonder-Musterungs- und eventuell Sortenwechselkosten zu nennen. Da die Musterung für moderne Webautomaten allenfalls

lohnkosten und weist somit aus dem Bereich der direkten Fertigungskosten in den
der indirekten Kosten des Produktionsvollzuges, der sogenannten Gemeinkosten.

b) Die Analyse der Webereigemeinkosten

1) Die Zunahme der Hilfslohn- und Gehaltskosten

Die Löhne, die im Gegensatz zu den Fertigungslöhnen für solche Arbeiten gezahlt werden, die zwar notwendig zum Produktionsvollzug gehören, jedoch indirekt an ihm beteiligt sind und der einzelnen Leistungseinheit daher nur mittelbar zuzurechnen sind, werden üblicherweise als Hilfslöhne zu den Gemeinkosten gezählt. Als Hilfslöhne werden in der Weberei die Löhne für Spuleneinstecker, Lamellenaufstecker, Ketteinleger, Putzer und Öler bezeichnet. Wegen ihrer Verwandtschaft mit diesen Hilfslohnkosten hinsichtlich der Verrechnung auf die Leistungserstellung und des Charakters der Anteilnahme am Produktionsvollzug werden die Gehälter der Meister zumeist mit den Hilfslöhnen zusammengefaßt.

Die Trennung zwischen Fertigungslöhnen und Hilfslöhnen ist in gewisser Hinsicht – insbesondere für einige Löhne der neuen Hilfsarbeiten in der Automatenweberei – weniger überzeugend als ehedem. Was das Putzen und Ölen oder die Meister-Arbeit anbetrifft, so liegt der Unterschied zwischen indirekter und direkter Arbeit im Vergleich zu der des Webers nach wie vor auf der Hand. Weniger sicher ist die Beurteilung der Kettwechselarbeiten, insbesondere des Lamellensteckens, einmal weil bei diesen Arbeiten wenigstens zum Teil beim Einstuhlsystem vom Weber selbst Hand angelegt wird, zum anderen weil die Löhne für diese Arbeiten in engerer Beziehung zur einzelnen Leistungseinheit stehen als Putz-, Öl- und Meisterarbeit. Vor allem aber tauchen Zweifel auf, ob das Spuleneinstecken zu den Hilfsarbeiten zu rechnen ist und ob seine Kosten tatsächlich als Gemeinkosten anzusprechen sind. Vor der Durchführung der Arbeitsteilung hat der Weber selbst diese Arbeiten ausgeführt; der Lohn dafür wurde – und er wird es noch heute – selbstverständlich als Fertigungslohn und Einzelkosten betrachtet. Weshalb soll man allein deswegen, weil die Arbeit des Webers aufgeteilt wurde, den einen Teil der darauf entfallenden Kosten als Einzelkosten, den anderen aber als Gemeinkosten ansehen? Obwohl das Einstecken jeder einzelnen Spule im Prinzip ebenso eine Materialversorgung der Maschine darstellt wie das Einlegen einer neuen Kette, scheint es bei näherem Überdenken direkter an der Leistungserstellung beteiligt und ihr proportionaler zu sein als zum Beispiel die Beobachtung der Kette durch den Weber am Automaten, der weit seltener direkt in die Leistungserstellung eingreift als der

vom Dessinateur mehr Geschick verlangt, da diese weniger Musterungsmöglichkeiten bieten als mechanische Stühle, sonst aber keine Unterschiede in den Anforderungen aufzuzählen sind, und da wir auf die Sortenwechselkosten an anderer Stelle eingehen werden, sind wir nicht gehalten, die Sonder-Einzelkosten an dieser Stelle einer eingehenden Untersuchung im Hinblick auf den technischen Fortschritt zu unterziehen.

Weber am herkömmlichen mechanischen Webstuhl. Schließt man die Tendenz zur Abkehr von der Akkordlöhnung zugunsten eines festen Zeitlohnes (vergleiche Seite 196) sowie die arbeitsrechtlich bedingte, wachsende Remanenz der Weblohnkosten in die Betrachtung ein, so kommt man zu dem Ergebnis, daß nicht nur ein Teil der sogenannten Hilfslöhne zu den Einzelkosten neigt, sondern daß sich von der anderen Seite die Weblöhne auch den Gemeinkosten zukehren. Dessen ungeachtet wollen wir nicht von der allgemeinen Übung abweichen, die außer den Weblöhnen alle übrigen Löhne in der Weberei als Hilfslohnkosten bezeichnet.

Ähnlich wie aus den Überlegungen über die Arbeitsanteiligkeit am Produktionsvollzug, die wir im Rahmen der Leistungsanalyse angestellt haben, zu schließen war, daß die Belastung der Leistungserstellung mit Fertigungslohnkosten abnehmen würde, so deutet sie umgekehrt auf einen Anstieg der Hilfslohnkosten hin. Welchen Ausmaßes dieser Anstieg ist und welche Bedeutung ihm im einzelnen zukommt, soll im folgenden ergründet werden. Zu diesem Zwecke bedienen wir uns der auf Seite 96 aufgestellten Tabelle der anteiligen Hilfskraft je Stuhl und setzen in sie die jeweiligen Löhne beziehungsweise die Gehälter ein. Dies ist in der Tabelle 14, Seite 115, geschehen.

Alle Löhne wurden des leichteren Vergleiches wegen auf Stunden umgerechnet, demnach auch die Löhne für das Lamellenstecken, die gewöhnliche Akkordlöhne sind, sowie die Monatsgehälter der Meister. Da in praxi die effektiven Löhne durchweg erheblich über den Tariflöhnen liegen, wurden nicht Tarifsätze sondern effektiv gezahlte Hilfslöhne beziehungsweise Gehälter aus den Tarifräumen Mönchen-Gladbach, Düren, Euskirchen eingesetzt. So wurden als Durchschnittsstundenverdienst der Lamellenstecker 1,90 DM, der Putzer und Öler 1,70 DM, der Ketteinleger-Assistenten 1,60 DM und der Spuleneinleger 1,50 DM angenommen. Entsprechend den unterschiedlichen Ansprüchen an die Qualifikation der Meister wird dem Meister im mechanischen Einstuhlsystem ein geringeres Gehalt (620,— DM) gezahlt als dem Halbautomaten-Meister (650,— DM) und diesem seinerseits ein geringeres als dem hochqualifizierten Automaten-Meister (720,— DM). Auch die mit dem Einlegen der Ketten betrauten Hilfsmeister müssen unterschiedlichen Anforderungen genügen. Sie erhalten etwa 620,— DM beziehungsweise 650,— DM.

Der Tabelle 14 liegen dieselben Leistungsdaten zugrunde wie die bei Tabelle 13 auf Seite 111 ausführlich erläuterten. – Da die Stellenzahl je Hilfskraft unabhängig von der Stellenzahl des Webers durchweg konstant ist, erübrigt es sich, die Hilfslohnkosten bei Vier-, Sechs-, Acht- oder Zehnstuhlsystem gesondert zu berechnen.

Aus der Tabelle 14 wird das Gewicht der Hilfslohnkosten bei technisch-fortschrittlichem, das heißt automatisiertem Produktionsvollzug recht deutlich. Während beim mechanischen Stuhl zu den Fertigungslohnkosten lediglich die Anteile des (relativ niedrigen) Webmeistergehaltes, das sind 1,72 Pf/1000 Schuß, hinzutreten, machen sie bei halbautomatisiertem Produktionsvollzug 4,07 Pf und bei vollautomatisiertem Weben sogar 4,44 Pf aus, das sind 258 v. H. mehr als die Hilfslohnkosten bei mechanischen Stühlen. Der Löwenanteil an den hohen Hilfslohn-

Tabelle 14

Hilfslohnkosten (einschließlich Gehälter)
bei mechanischen und automatischen Webstühlen

Hilfsarbeiten	Stuhlzahl je Hilfskraft	Hilfslohnkosten[154] in Pf		
		je H'kr. i. d. Std.	je Stuhl i. d. Std.	je 1000 Sch.
a) bei nichtautomatischen Stühlen[155]				
Webmeister	40	396,11[156]	9,90	1,72
b) bei halbautomatischen Stühlen[155]				
Lamelleneinst.	60	218,5	3,64	0,62
Putzen u. Ölen	60	195,5	3,26	0,61
Ketteinl.-Ass.	120	194,0	1,62	0,27
Ketteinl.-Mst.[157]	120	396,11[156]	3,30	0,56
Webmeister[157]	35	415,28[156]	11,87	2,01
Insgesamt			23,69	4,07
c) bei vollautomatischen Stühlen[155]				
Spuleneinst.	80	172,5	2,16	0,33
Lamelleneinst.	60	218,5	3,64	0,55
Putzen und Ölen	60	195,5	3,26	0,49
Ketteinl.-Ass.	120	194,0	1,62	0,24
Ketteinl.-Mst.[157]	120	415,28[156]	3,46	0,52
Webmeister[157]	30	460,00[156]	15,33	2,31
Insgesamt			29,47	4,44

kosten, nämlich etwa die Hälfte der gesamten Hilfslohnkosten, entfällt eindeutig auf die Meistergehälter, was sich aus der Höhe des Gehaltes und der ihm gegenüberstehenden geringen Stuhlzahl erklärt. Wie schon im Verlaufe der Leistungsbetrachtungen eindringlich aufgezeigt wurde, wäre es jedoch nicht ratsam, wegen der durch sie verursachten hohen Kostenlast die Webmeister auf eine höhere Stuhlzahl aufzuteilen, zumal wir von der Prämisse ausgehen, daß den Meistern auch die Arbeiten der vorbeugenden Instandhaltung zufallen. Nach den Webmeistergehältern, jedoch mit großem Abstand von diesen, haben die Kettwechsellöhne (bezie-

---

[154] Einschließlich 15 v. H. soziale Lasten.
[155] Leistungsdaten wie Tabelle 13, Seite 111.
[156] Umgerechnet auf 180 Stunden im Monat.
[157] Monatsgehälter.

hungsweise -gehälter) das größte Gewicht mit insgesamt 0,83 beziehungsweise 0,76 Pf je 1000 Schuß; die geringsten Hilfslohnkosten verursacht das Spuleneinlegen, was vor allem den niedrigen Löhnen für die hier verwendeten jungen Hilfskräfte (meist Lehrlinge) zuzuschreiben ist.

Die Bedeutung der durch den technischen Fortschritt ausgelösten Hilfslohnkosten-Steigerung, die im Gegensatz zu der Fertigungslohnkosten-Senkung steht, läßt sich erst abmessen, wenn man die Hilfslohnkosten den Fertigungslohnkosten gegenüberstellt und ihnen zuschlägt, so daß sich die gesamten am Produktionsvollzug beteiligten Löhne ergeben. Ohne der später noch [158] durchzuführenden Untersuchung der Verschiebung des Verhältnisses von Fertigungslohnkosten zu Hilfslohnkosten im Zuge technischen Fortschrittes vorzugreifen, sei die Gegenüberstellung und Addition von Fertigungs- und Hilfslohnkosten bereits an dieser Stelle in Tabelle 15 dargelegt.

Man sieht, daß die Hilfslohnkosten die Unterschiede zwischen den Lohnkosten nicht-automatischer und automatischer Leistungserstellung zwar merklich verringern, daß die Lohnkosten automatischer Stühle jedoch dennoch mindestens 270 v. H. geringer sind als die nicht-automatischer Webstühle.

Das Verdienst an der Senkung der Lohnkosten muß überwiegend denjenigen neuentwickelten technischen Einrichtungen an den Webstühlen zuerkannt werden, die einen Großteil der Arbeit vom Menschen ab- und auf sich ziehen.

Tabelle 15[159]

Die gesamten Lohnkosten je 1000 Schuß in Pf
(Fertigungslöhne, Hilfslöhne einschl. Gehälter)

Kostenart	1 mech. St.	3 H'Aut.	4 Aut.	6 Aut.	8 Aut.	10 Aut.
a) in der ersten und zweiten Schicht						
Fertigungslohn	47,91	20,85	13,55	9,33	7,28	6,07
Hilfslohn	1,72	4,07	4,44	4,44	4,44	4,44
Insgesamt	49,63	24,92	17,99	13,77	11,72	10,51
b) in der dritten Schicht						
Fertigungslohn	–	–	19,94	13,72	10,71	8,94
Hilfslohn	–	–	5,56	5,56	5,56	5,56
Insgesamt	–	–	25,50	19,28	16,28	14,50

[158] Vgl. Seite 170 ff.
[159] Während in der ersten Abteilung (A) die Lohnkosten für die erste und zweite Schicht angegeben sind, werden ihnen zum Vergleich in Abteilung B die um 25 v. H. erhöhten Nachtlöhne gegenübergestellt, die in der dritten Schicht gezahlt werden müssen. Es wurde davon ausgegangen, daß nur bei modernen Stühlen eventuell dreischichtiger Einsatz technisch in Frage kommt (vgl. S. 79 ff.). Dabei ist immer noch fraglich, ob sich eine dritte

Niemand wird nun ohne weiteres voraussetzen, daß die Verringerung der Lohnkosten in ihrer ganzen Höhe reiner Gewinn sei, der den Tuchwebereien sozusagen als Geschenk in den Schoß falle. Man fragt vielmehr weiter nach dem Preis für die Verlagerung der Arbeit auf die Maschine und wie er sich in den Kosten der Leistungserstellung niederschlägt. Zwar sind wir bereits bei der Beleuchtung der Fertigungsmaterialkosten sowie der Stromkosten auf einen Teil dieses Preises gestoßen, der jedoch in erster Linie auf die Voraussetzungen für den Betrieb der neuen Maschinen entfällt [160]. Gerade im Anschluß an die Betrachtung der Lohnkosten aber liegt es nahe, dem Teil des Preises nachzuforschen, der der eigentlichen Tätigkeit der Maschine als solcher im Produktionsvollzug gegenübersteht und der in den Anteilen der einzelnen Leistungseinheit am *Kapitalverzehr*, also in Abschreibungen und Zinsen zum Ausdruck kommt.

2) *Der Anstieg des Kapitaldienstes*

Will man den Einfluß des technischen Fortschrittes auf die Höhe des zur Leistungserstellung notwendigen Anlageverzehrs genau abgrenzen und die betriebswirtschaftlichen Konsequenzen aus einem etwaigen Einfluß ziehen, so tut man gut daran, die über die Anteile der einzelnen Leistungseinheit am Anlageverzehr entscheidenden Komponenten eingehend auf ihr Verhalten gegenüber dem technischen Fortschritt hin zu überprüfen. Da die Verrechnung des Webstuhlverzehrs grundsätzlich in der Weise vorzunehmen ist, daß die Anschaffungskosten jedes Stuhles auf die gesamten mit ihm während der Nutzungsdauer erzeugten Leistungseinheiten aufgeteilt werden, und da das Leistungsvermögen der Stühle bereits gründlich durchleuchtet wurde, bleiben als weitere Schlüsselgrößen die Anschaffungskosten einerseits und die Nutzungsdauer andererseits zu analysieren.

aa) Das Anschwellen der Anschaffungskosten

Obschon der Kaufpreis der Anlagegüter keineswegs, wie man noch sehen wird, ihre Anschaffungskosten allein bestreitet, ist er es gewöhnlich, der bei der Erwähnung der Anschaffungskosten die Aufmerksamkeit auf sich lenkt. Folgen auch wir fürs erste dieser Gewohnheit, so beobachten wir, daß der Kaufpreis der modernen Webautomaten nicht unerheblich über dem für Stühle älterer Bauart liegt.

Während die Webstuhlhersteller einfache mechanische (Universal-)Tuchweb-

---

Schicht organisatorisch durchführen läßt. – Bei den Hilfslohnkosten der dritten Schicht wurde berücksichtigt, daß keine Jugendlichen oder Frauen in der Nachtschicht eingesetzt werden können, so daß mit höheren Löhnen gerechnet werden muß. – In der dritten Schicht wurde mit 15 v. H. Leistungsrückgang gerechnet (vgl. S. 80).
[160] Nach einem anderen Teil des Gegengewichtes gegenüber der Lohnkostensenkung wird bei den Instandhaltungs- und Raumkosten zu suchen sein.
[161] Diese Stühle wurden in ihrem Mechanismus im Laufe der Zeit allerdings ebenfalls verfeinert und vervollkommnet.

stühle[161] für 7000,— DM bis 9000,— DM (einschließlich Motoren und anderem Zubehör) anbieten, fordern sie für Einfarbenautomaten 11 000,— DM bis 12 000,— DM und für komplizierte Vierfarben-Mischautomaten[162] sogar 16 000,— DM bis 18 000,— DM. Die Unterschiede im Kaufpreis pendeln demnach etwa – vergleicht man Stühle, die für dieselben Aufgaben bestimmt sind – zwischen 20 und 100 v. H.[163]. Um für unsere weiteren Überlegungen von einer festen Grundlage ausgehen zu können, wollen wir übereinkommen, ein neuwertiger mechanischer Webstuhl für mittelschwere Tuche koste 8000,— DM, ein Halbautomat 9000,— DM und ein Vollautomat 11 500,— DM, beziehungsweise 18 000,— DM ab Werk.

Die technisch-fortschrittlichen Webereivorbereitungsmaschinen können ebenfalls nur zu erheblich höheren Kaufpreisen erworben werden als ehedem. Bei den bereits erwähnten vollautomatischen Schußspulmaschinen entfallen auf eine Spindel etwa 1600,— DM gegenüber rund 300,— DM bei einer veralteten nicht-automatischen Maschine derselben Firma. Hier macht der Kaufpreisunterschied also sogar mehr als 500 v. H. aus.

Zu den Anchaffungskosten zählen nun aber außer dem eigentlichen Kaufpreis auch die Nebenkosten wie Transport-, Zoll-, Montage- und Anlaufkosten, die häufig bei der Erfassung der Anschaffungskosten außer acht gelassen werden[164]. Genau so wie der Kaufpreis, der für den Webstuhl zu zahlen ist, sind auch diese Kosten notwendiger Verzehr, der an sämtlichen Webstuhlleistungen der kommenden Nutzungsperioden gleichmäßig beteiligt ist. Berücksichtigt man die Nebenkosten nicht bei den Anschaffungskosten oder lastet man sie nur dem ersten Nutzungsjahr[165] an, so muß ein derartiges Vorgehen ungenaue und irreführende Rechnungsergebnisse heraufbeschwören[166].

Außer den soeben aufgezählten Nebenkosten im engeren Sinne tritt zu dem Kaufpreis der Zinsaufwand für die bei der Auftragserteilung zu leistenden Anzahlungen. Nehmen wir an, die Anzahlung betrage 40 v. H. und sei 6 Monate vor der Lieferung zu entrichten, so muß der Betrieb in der Zwischenzeit auf die Zinsen für den angezahlten Betrag verzichten. Dieser Verzicht ist notwendig, um die Stühle schließlich in den Produktionsvollzug eingliedern zu können. Die Zinsen für die Anzahlung sind somit als notwendiger Verzehr anzusehen und als solcher den Anschaffungskosten zuzurechnen[167].

---

[162] Diese Mischautomaten erreichen allerdings nicht 130 U/Min., wie bisher für Automaten angenommen.
[163] Die bereits mehrfach erwähnten sogenannten Webmaschinen, die wir jedoch aus den allgemeinen Überlegungen ausgeklammert haben, kosten 40 000,— DM, beziehungsweise der in jüngster Zeit angebotene Vielfarben-Automat etwa 28 000,— DM. In diesem Fall wäre der Unterschied sogar mehr als 400 v. H.
[164] Z. B. bei *K. Schwabe*, Der Übergang ..., a. a. O., S. 440 ff.
[165] So verfährt auch O. *Schulz-Mehrin*, Die kalkulatorischen Posten, a. a. O., S. 2, der die Nebenkosten „sofort als Kosten auf die laufende Erzeugung" verrechnet.
[166] Vgl. *B. M. Gerbel*, Rentabilität, a. a. O., S. 23.
[167] Vgl. ebenda, S. 24; *Gerbel* bezeichnet diesen Zinsaufwand als „Interkalarien".

Man mag sich zunächst erstaunt fragen, auf welche Weise der technische Fortschritt auf die Nebenkosten bei der Anschaffung der Webstühle Einfluß nehme, was ihre Untersuchung in diesem Rahmen rechtfertige. Erst bei genauerem Hinsehen stellt man fest, daß die Nebenkosten tatsächlich vom technischen Fortschritt in der Webstuhlherstellung nicht unbeeinflußt blieben. *Direkte* — wenngleich relativ unbedeutende — Einflüsse sind hinsichtlich der Montage- und Anlaufkosten zu beobachten, es sei denn, diese Kosten übernehme der Hersteller selbst. Das Montieren und Anlaufen der Stühle macht bei automatischen Stühlen bis zum einwandfreien Arbeiten der Scheren, Fadenwächter und der Wechselmechanismen im allgemeinen mehr Mühe als bei mechanischen Stühlen. Man kann bei Automaten etwa mit einem Tag längerer Montage beziehungsweise Anlaufdauer rechnen.

Indirekt schlägt sich der technische Fortschritt in den Nebenkosten nieder, die von der Höhe des Kaufpreises abhängig sind, vor allem im Zoll und im Zinsaufwand. Hier können sich die Mehrkosten für höherwertige Automaten schwerwiegender bemerkbar machen. Legen wir 40 v. H. Anzahlung 6 Monate [168] vor Lieferung mit einem Zinssatz von 8 v. H. zugrunde und berücksichtigen wir 4 v. H. Zoll + 6 v. H. Ausgleichsteuer, so ergeben sich zum Beispiel folgende Mehrbeträge (in DM) gegenüber mechanischen Stühlen [169]:

	a mech. St.	b Halbaut.	c Vollaut. A	d Vollaut. B
Kaufpreis inkl. Zubehör	8 000,-	9 000,-	11 500,-	18 000,-
8 % p. a. auf 40 % für 6 Monate	128,-	144,-	184,-	288,-
4 % Zoll + 6 % Ausgl. St. = 10 %	800,-	900,-	1 150,-	1 800,-
Mehrkosten insg.	928,-	1 044,-	1 334,-	2 088,-
Diff. gegenüber a		116,-	406,-	1 160,-

Wenngleich auch diese Mehrkosten gegenüber dem „Rumpfpreis" nicht allzu sehr ins Auge springen — der Fall d mit 1160,— DM Mehrkosten ist immerhin vorerst eine Ausnahme — so lassen sie jedoch zumindest keinen Zweifel daran aufkommen, daß sich mit technischem Fortschritt auch die Entwicklung der direkten und indirekten Nebenkosten parallel zu den Anschaffungskosten im engeren Sinne tendenziell aufwärts bewegt.

Bevor wir uns der Frage zuwenden, wie lange die unter den aufgezeigten „Opfern" für den Betrieb erworbenen Webstühle der Leistungserstellung dienstbar gemacht beziehungsweise gehalten werden können, sei noch der Vollständigkeit

---

[168] Häufig sind die Lieferfristen noch weit länger.
[169] Selbstverständlich können die Zahlungsbedingungen im Einzelfall günstiger ausgehandelt sein, oder die Stühle können aus dem Inland bezogen werden: hier soll lediglich auf die Möglichkeit hingewiesen sein, sowie auf die Gefahr, sie zu übersehen.

halber auf die Rolle der Maschinenaltwerte hingewiesen. Da der am Ende der Lebensdauer noch zu realisierende Altwert bei der Leistungserstellung nicht verzehrt wird, bildet er keinen Kostenbestandteil, weshalb er, nach Abzug der Abbruchkosten, von den Anschaffungskosten abzusetzen ist. Bisher war man gewohnt, bei Webstühlen mit einem verhältnismäßig hohen Schrottwert zu rechnen, da sie aus hochwertigem Eisen gefertigt sind. Man erhielt für abgewrackte Webstühle etwa 300,— bis 400,— DM, was 5 bis 6 v. H. ihres ursprünglichen Kaufpreises ausmachte. Derselbe Altwert kann auch den modernen Webstühlen zugesprochen werden; er ist jedoch nicht im gleichen Verhältnis mit den Anschaffungskosten gestiegen. Der Grund dafür ist darin zu suchen, daß der Anstieg der Webstuhlpreise nicht auf einen höheren Materialbestandteil entfällt, sind doch moderne Automaten durchweg auffallend leichter gebaut als alte Stühle, sondern das Äquivalent für die verfeinerte Konstruktion darstellt. Hinzu kommt, daß die Fundamentierung moderner Automaten, die Verankerung, Verlegung der elektrischen Leitung usw. eher höhere als niedrigere Abbruchkosten verursachen. So unterstreichen die Unveränderlichkeit der Schrottwerte einerseits und die Neigung zu wachsenden Abbruchkosten andererseits die Spanne zwischen den auf die Leistungserstellung zu verrechnenden Anschaffungskosten technisch veralteter und fortschrittlicher Webstühle.

bb) Die Abkürzung der Nutzungsdauer

Wenden wir uns nunmehr der Betrachtung der zweiten für die Anteiligkeit der im Produktionsvollzug erstellten Leistungen am Kapitalverzehr maßgebenden Größe, nämlich der Nutzungsdauer der Webstühle zu. Um die Untersuchung der Nutzungsdauer hinsichtlich ihres Verhaltens gegenüber dem technischen Fortschritt zu erleichtern, seien ihr einige grundsätzliche Überlegungen vorangestellt.

Vom *technischen* Standpunkt aus findet die Nutzungsdauer einer Anlage ihr Ende, wenn das Aggregat infolge gebrauchsbedingter „Lockerung des molekularen Gefüges"[170], natürlichen Verschleißes oder Beschädigung unbrauchbar, schrottreif geworden ist. Von diesem Zeitpunkt ab können mit der Anlage keine Leistungen mehr erstellt werden.

Häufig aber setzen mit der technischen Leistungsfähigkeit nicht zusammenhängende *wirtschaftliche* Einflüsse der Nutzungsmöglichkeit einer Anlage ein Ende, obwohl sie an sich technisch weiter nutzbar wäre. Die betriebliche Nutzungsmöglichkeit einer Anlage wird ausschließlich durch ihren vorteilhaften Einsatz im Produktionsvollzug bestimmt, der seinerseits wesentlich von wirtschaftlichen Einflüssen, wie sie vor allem in technischem Fortschritt und Bedarfsverschiebungen zu sehen sind, abhängt. „Die betriebliche Verwendung eines Anlagegegenstandes kann vor Erreichung der vollen technischen Abnutzung unmöglich werden, wenn einer der ... sich indirekt auswirkenden Faktoren dies als das Wirtschaftlichste

---

[170] E. Gutenberg, Handwörterbuch der Sozial-Wissenschaften, a. a. O., S. 20.

Die Analyse der Kostenarten

erscheinen läßt" [171]. Es darf nicht bezweifelt werden, daß die Nutzungsdauer der Anlage allein durch ihre wirtschaftliche Verwendungsmöglichkeit begrenzt wird, wobei die Dauer der technischen Leistungsfähigkeit lediglich die obere Grenze bildet.

Die Nutzungsdauer eines Webstuhles muß als beendet angesehen werden, sobald seine Weiterverwendung „absolute Verluste" [172] verursacht. Das ist der Fall, wenn der Erlös für die mit ihm erstellten Leistungen den zu ihrer Erstellung benötigten Güterverzehr nicht mehr deckt. Man kann die Nutzungsdauer jedoch auch bereits dann als beendet ansehen, wenn bei Weiterbetrieb des Stuhles zwar keine „absoluten Verluste" anfallen, der Einsatz eines fortschrittlicheren Webstuhles aber wirtschaftlicher wäre. Verzichtet nämlich der Betrieb auf den Ersatz der älteren Stühle durch neuartige, vorteilhaftere, so entgeht ihm damit ein wirtschaftlicher Vorteil, was einem „relativen Verlust" [172] gleichkommt.

Bei der Bestimmung der Nutzungsdauer mechanischer Webstühle bilden langjährige Erfahrungen gute Anhaltspunkte. So kann angenommen werden, daß ein mechanischer Webstuhl bei ständiger Pflege und gelegentlicher Generalüberholung zwar technisch zumindest 40 Jahre nutzbar ist, jedoch erfahrungsgemäß bereits nach 20 Jahren als veraltet und unwirtschaftlich aus dem Produktionsvollzug ausgeschieden werden muß. Daß heute trotzdem vielfach weit ältere Webstühle Verwendung finden, ist ein wirtschaftlich anomaler und ungesunder Zustand, der sich im Schatten von Krieg, allgemeinen Absatzschwierigkeiten und nicht zuletzt durch steuerliche Überlastung herauszubilden vermochte.

Daß die in unseren Tagen gebauten mechanischen und automatischen Webstühle die gleiche wirtschaftliche Lebensdauer erreichen, ist nicht nur heftig zu bezweifeln, sondern nach reiflicher Überlegung rundweg zu verneinen. Freilich liegen bisher keine endgültigen Erfahrungen hinsichtlich der Nutzungsdauer moderner Webstühle vor, die man ins Feld führen könnte. Den Argumenten, die für eine kürzere Nutzungsdauer sprechen, konnte sich jedoch selbst die Finanzbehörde nicht verschließen. Die von ihr anerkannten Abschreibungssätze fußen auf der Annahme, Webautomaten könne eine Nutzungsdauer von 12 bis 16 Jahren zugesprochen werden. Wir wissen uns jedoch in weitgehender Übereinstimmung mit der Auffassung der Praxis [173], wenn wir in dieser Schätzung die derzeitig hochwirksamen Einflüsse des technischen Fortschrittes sowie auch der Bedarfsverschiebungen nicht genügend berücksichtigt finden.

Man erinnere sich der wiederholten Hinweise auf die sich gerade in jüngster Zeit deutlich und vermehrt abzeichnenden Neuerungen grundlegender Art in der Webtechnik. Mit ihrer Reife für die Praxis muß in Bälde gerechnet werden. Sie würde eine völlige Überalterung der Webereianlagen mit sich bringen. Breitenbach [174]

---
[171] *Fischer-Heß-Seebauer*, Buchführung und Kostenrechnung, a. a. O., S. 280.
[172] *H. Matzeit*, a. a. O., S. 26 ff.
[173] Selbst nach Ausfilterung eines gewissen tendenziösen Interesses.
[174] *K. Breitenbach*, Universal- oder Spezialwebstühle?, a. a. O., S. 361, ferner *K. Bauer*, Ursachen und Wirkungen der Automatisierung, Referat im Industrieseminar der Universität Köln, am 7. 11. 1957.

führt in diesem Zusammenhang aus: „Die Automatik ... ist sehr stark ... dem Fortschritt der Technik unterlegen; auch aus diesem Grunde darf dem Webstuhl kein zu hohes Lebensalter zugesprochen werden, weil sich dies unter Umständen recht bitter rächen könnte". Darüber hinaus verstärkt sich auf dem Textilmarkt die Tendenz zur Nachfrage nach Kunstfasergeweben, die sich mehr und mehr auch auf dem Tuchmarkt breitmacht. Da aber Kunstfasern nicht ohne weiteres – technisch eher als mit wirtschaftlichem Nutzen – auf schweren Tuchwebstühlen verarbeitet werden können, ist leicht einzusehen, daß auch diese Bedarfsverschiebungen, wenngleich schwer abzugrenzen, auf die Dauer der wirtschaftlichen Nutzungsmöglichkeit von Tuchwebstühlen unverkennbaren Einfluß haben. Es liegt demnach hier ein Einfluß technischen Fortschrittes auf anderem Gebiet als dem des Webstuhlbaues, nämlich dem der Kunstfasererzeugung vor, der die Nutzungsdauer technisch-fortschrittlicher Webautomaten berührt.

Angesichts solcher wirtschaftlichen Tatbestände kann ein verantwortungsbewußt und vorsichtig kalkulierender Unternehmer schwerlich das Wagnis auf sich nehmen, die Nutzungsdauer eines modernen – mechanischen oder automatischen – Webstuhles mit mehr als 10 Jahren zu veranschlagen. Dabei muß er sich allerdings darüber im klaren sein, daß die wirtschaftliche Nutzungsdauer von 10 Jahren vermutlich nicht durch einen mehrschichtigen Einsatz der Stühle verkürzt wird. Die bei modernen, einheitlichen Präzisionsstühlen, im Gegensatz zu den vordem gebräuchlichen, mögliche Mehrschichtarbeit verkürzt lediglich die technische Nutzungsdauer, die jedoch, wie wir sahen, in der Regel weit über die wirtschaftliche hinausreicht. Auch die höhere Tourenzahl technisch-fortschrittlicher Stühle, die außerdem meist mit einer leichteren Bauweise der Stühle verbunden ist, sowie die dazutretende Erhöhung des Ausnutzungsgrades automatischer Stühle sind zwar geeignet, die technische Nutzungsdauer gegenüber der älterer Stühle zu beschneiden; Fachleute bezweifeln jedoch, daß Mehrschichtarbeit, höhere Tourenzahl und höherer Ausnutzungsgrad die technische Nutzungsdauer näher als 10 Jahre an den Betriebsbeginn heranholen (vergleiche die nachstehende Übersicht).

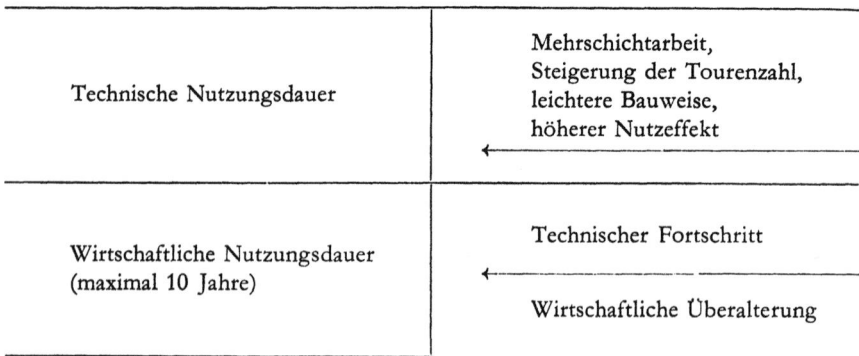

cc) Die unterschiedlichen Folgen steigender Anschaffungskosten sowie verkürzter Nutzungsdauer für die Kapitalkosten

Nachdem die Anschaffungskosten sowie die Nutzungsdauer veralteter und neuzeitlicher Webstühle festliegen, bereitet die Ermittlung des auf die Leistungserstellung entfallenden Verzehrs an Kapitalgut keine sonderlichen Schwierigkeiten. Die Überlegung, daß alle während der gesamten Nutzungsdauer von einem Webstuhl erstellten Leistungen gleichmäßig am Kapitalverzehr beteiligt sind, weist den Rechner unzweifelhaft auf den Weg der Division der gesamten Kapitalkosten (einschließlich der Zinsen für das gebundene Kapital) durch die gesamten Leistungen der Nutzungsperiode.

Die Rechnung geht von der Prämisse aus, daß die Stühle die im vorigen Abschnitt ermittelten Leistungen erbringen und zwar während der Nutzungsdauer mit gleichem Nutzeffekt (mit Ausnahme der dritten Schicht). Ferner werden je Nutzungsjahr 237 Arbeitstage [175] mit je 9 Arbeitsstunden zugrunde gelegt. Um eine gleiche Belastung der Nutzungsjahre (und demzufolge auch aller Leistungseinheiten) mit den Kapitalzinsen zu gewährleisten, werden nicht von Jahr zu Jahr geringere Zinsbeträge angelastet, wie es an sich der von Jahr zu Jahr abnehmenden Kapitalbindung entspräche, sondern gemäß der Erkenntnis gleicher Beteiligung aller Leistungseinheiten an den gesamten Zinsen und unter Anwendung eines – wenn auch ein wenig ungenauen – rechnerischen Kunstgriffes werden je Nutzungsjahr die Zinsen von der Hälfte der Anschaffungskosten berechnet (Spalte 7 der Tabelle 16 auf Seite 124).

Obwohl man modernen mechanischen Stühlen keine längere (wirtschaftliche) Nutzungsdauer zusprechen kann als Automaten, wurde in der auf Seite 124 folgenden Aufstellung bei mechanischen Stühlen mit einer zwanzigjährigen Nutzungsdauer gerechnet. Dies entspricht den Verhältnissen, unter denen die Tuchwebstühle vor dem Beginn der neuen Entwicklungsphase des technischen Fortschrittes eingesetzt waren. Da es hier nicht unsere Absicht sein kann, einen Kostenvergleich anzustellen, wie er zum Beispiel für die Wirtschaftlichkeitsrechnung mehrerer zur Debatte stehender neuer Anlagen erforderlich wäre [176], sondern da wir die Kostenentwicklung mit technischem Fortschritt skizzieren wollen, ist der alte Ansatz von zwanzig Jahren hier gerechtfertigt. Allerdings wird, um die Einflüsse der – allgemeinen – Preisentwicklung auszuschalten, von dem Preisniveau unserer Tage ausgegangen. Ähnliches gilt für den Ansatz der Zinskosten; auch sie werden neutral für alle vier Fälle zu demselben Zinssatz berechnet. Zinsänderungen, unterschiedliche Finanzierungsformen usw., wie sie in Wirtschaftlichkeitsrechnungen [177] beachtet werden müssen, können in dieser Aufstellung, die nicht mehr sein will als die Skizze der Tendenz der Kapitaldienstkosten, außer acht gelassen werden.

[175] 52 Wochen · 5 Tage = 260 ./. durchschnittlich 13 Ferientage (Staffelung je nach Alter und Betriebszugehörigkeit von 12 bis 15 Tagen) ./. 10 Feiertage = 237 Tage im Jahr.
[176] Vgl. Seite 161.
[177] Vgl. Seite 157 ff.

Die Spalten 9, 10 und 11 der Tabelle 16 lassen keinen Zweifel daran zu, daß die Kapitalkosten technisch fortschrittlicher Webstühle beträchtlich über denen der bisherigen mechanischen Stühle liegen. Bedeutend geringer ist der Unterschied jedoch bereits gegenüber halbautomatischen Stühlen.

Tabelle 16

Die Entwicklung des Kapitaldienstes mit technischem Fortschritt

Stuhlart	Anschaffungskosten in DM dir. u. indir.			N in Jahren[184]	Abschr. im Jahr in DM
	Kaufpreis	Nebenk.[178]	Gesamt		
1. mechan. Stuhl[179] Stuhl	8 000,—	928,—	8 928,—	20	446,40
2. Halbautomat[180]	9 000,—	1 044,—	10 044,—	10	1 004,40
3. Vollautomat A[181]	11 500,—	1 334,—	12 834,—	10	1 283,40
4. Vollautomat B[182]	18 000,—	2 088,—	20 088,—	10	2 008,80

Stuhlart	Zinsen im Jahr in DM	Kapit.-dienst in DM	Kapitaldienst je 1000 Schuß in Pf		
			1 Sch.	2 Sch.	3 Sch.[183]
1. mechan. Stuhl[179] Stuhl	267,84	714,24	6,34	3,17	–
2. Halbautomat[180]	301,32	1 305,72	10,41	5,21	–
3. Vollautomat A[181]	385,02	1 668,42	11,66	5,83	3,96
4. Vollautomat B[182]	602,64	2 611,44	20,01	10,00	6,80

Es ist des weiteren auffällig, daß sich die Kapitalkosten vielseitig verwendbarer Automaten (vergleiche Vollautomat B, Ziffer 4, Tabelle 16) um mehr als 80 v. H. über die der einfachen – nur Uni-Schuß erlaubenden – Automaten hinausheben. Selbst wenn man damit rechnet, daß ein derartig krasser Unterschied zwischen Uni- und Universal-Stühlen oder, was dem in etwa entspricht, zwischen Stapel- und Nouveauté-Stühlen, nicht von Dauer sein wird, sondern lediglich als ein überwindbarer Ausfluß der augenblicklich stark gärenden technischen Entwicklung im Tuchwebstuhlbau bewertet werden muß, so deuten die Tendenzen dieser Entwicklung dennoch darauf hin, daß ein spürbarer Unterschied zwischen den Anschaffungs-

---

[178] Ohne Transport-, Versicherungs-, Montage- und Anlaufkosten, die häufig vom Hersteller gezahlt werden; Schrottwerte sind ebenfalls nicht berücksichtigt.
[179] 110 U/Min., NE = 80 v. H.
[180] 120 U/Min., NE = 82 v. H.
[181] 130 U/Min., NE = 86 v. H.
[182] 120 U/Min., NE = 85 v. H.
[183] Nur Automaten arbeiten in drei Schichten.
[184] 1 Jahr = 237 Arbeitstage mit je 9 Stunden.

Kosten – und damit auch zwischen den Kapitaldiensten – ein- und mehrschütziger Automaten bestehenbleibt. Die Kostendifferenzen zwischen den Kapitaldiensten der Automaten A und B in den Spalten 9 und 10 lassen erkennen, daß die Webereien mehr als bisher gezwungen sein werden, getrennte Kalkulationen für uni-schüssige und stark ausgemusterte Ware durchzuführen und daß eine Kalkulation, die lediglich Zuschläge auf Fertigungsmaterial oder Fertigungslohn kennt, für die Weberei widersinnig ist. Sie zeigen darüber hinaus, daß es sich vom Kostenstandpunkt aus nicht anrät, etwa uni-schüssige Ware auf den sogenannten Buntautomaten zu weben. Die Webereien werden daher notfalls auf das äußerste bemüht sein, die Buntautomaten mit ihnen gemäßen Artikeln zu belegen; sie sehen sich auf diese Weise einer unter Umständen recht unangenehmen Beschränkung ihrer Dispositionsfreiheit gegenüber [185].

Wegen des relativ hohen Kapitalkostenanteiles empfiehlt sich bei Automaten im besonderen Maße mehrschichtiger Produktionsvollzug. Unter dem Aspekt der Arbeitszeitverkürzung, die in der Rechnung nach dem vorläufigen Stande der 45-Stunden-Woche Berücksichtigung gefunden hat, gewinnt das Verlangen nach mehrschichtigem Einsatz der hochentwickelten Webstühle besondere Dringlichkeit. Bei doppelschichtigem Einsatz erreichen beispielsweise die Kapitalkosten des Automaten B die bei einschichtigem Einsatz von halbautomatisierten Stühlen anfallenden Kapitalkosten. Hat man es mit solchen mechanischen beziehungsweise halbautomatischen Stühlen zu tun, die sich nicht für mehrschichtigen Einsatz eignen, so kann man die Belastung der Leistungseinheit mit den Anlagekosten bei Halbautomaten und Vollautomaten als mindestens gleich, in der Regel aber weit niedriger ansehen. Die Kosten je 1000 Schuß bleiben bei Automat A, verteilt auf zwei Schichten, sogar um 4,58 Pf = 43 v. H. unter den nur von einer Schicht zu tragenden Kosten des Halbautomaten. Im Hinblick auf höhere Tourenzahl, höheren Nutzeffekt und mehrschichtige Arbeitsmöglichkeit moderner Automaten wäre es offenbar irrig, bei Kapitalkostenvergleichen die absoluten und auf einen Stuhl entfallenden Beträge je Periode heranzuziehen, ohne sie auf die Leistungseinheit zu verrechnen.

3) *Das Verhalten der Instandhaltekosten gegenüber technischem Fortschritt*

Die soeben beleuchteten Kapitalkosten tragen dem Verzehr an wirtschaftlicher Substanz der Webereianlagen sowie den Kosten der Bereitstellung dieser Anlagen für den Produktionsvollzug (Zinskosten) Rechnung. In engem Zusammenhang mit ihnen stehen diejenigen Kosten, die durch die ständige Wartung der Maschinen und durch gelegentliche Reparaturen verursacht werden. Sie sind notwendig, um die Leistungsfähigkeit der Anlagen zu erhalten. Der Frage, inwiefern der technische Fortschritt auf diese Kosten, die als „Instandhaltekosten" bezeichnet werden, Einfluß nimmt, soll im folgenden nachgegangen werden.

[185] Vgl. Seite 183 f.

Die Meinungen der Praktiker über das Verhalten der Instandhaltekosten sind nicht einhellig. Die einen reden dem Anstieg dieser Kostenart das Wort, die anderen bestreiten, daß es dafür stichhaltige Anzeichen gebe. Diese Meinungsverschiedenheiten erweisen sich jedoch bei gründlicher Untersuchung als wenig tiefgreifend. Sie beruhen in der Regel auf zwei Gründen. Der erste ist der Mangel an genügender praktischer Erfahrung mit modernen fortschrittlichen Webstühlen. Dieser Mangel kann jedoch zum Teil durch deduktive Prognosen überbrückt werden, die durch externe Erfahrungen – zum Beispiel der Baumwollindustrie oder der nur bedingt mit europäischen Verhältnissen vergleichbaren amerikanischen Webereien – zu ergänzen und zu untermauern sind. – Der zweite Grund für die erwähnten Meinungsverschiedenheiten ist darin zu sehen, daß die einen alte mechanische Stühle und neuzeitliche Automaten im Augen haben und die anderen fortschrittliche mechanische mit ebensolchen automatischen Stühlen vergleichen. Der Ausgangspunkt, von dem aus den Wirkungen technischen Fortschrittes nachgespürt wird, ist demnach in beiden Fällen ein anderer. Beide Betrachtungsweisen sind für die Beurteilung des technischen Fortschrittes von Nutzen. Es gilt nur, sich ihrer Unterschiede bewußt zu sein.

aa) Der Anstieg der Instandhaltekosten bei neuzeitlichen Webstühlen

Eine Reihe von Tatsachen, auf die wir bereits im Verlaufe früherer Überlegungen gestoßen sind, lassen den Schluß zu, daß Stühle jüngerer Bauart höhere Instandhaltekosten verursachen, als es bei älteren Stühlen der Fall ist [186].

Nachdrücklich *für* einen höheren – zunächst rein quantitativ gemessenen – Ersatzteilverbrauch in der Zeiteinheit sprechen vor allem a) die beträchtlich gesteigerte Tourenzahl, b) die Erhöhung des Ausnutzungsgrades der Stühle, c) ihr mehrschichtiger Einsatz, d) die Zunahme der verschleißempfindlichen Vorrichtungen, wie zum Beispiel der Fadenwächtereinrichtungen und der automatischen Wechselaggregate, schließlich e) der Anstieg der Ansprüche an den Zustand der Stuhlteile, die im Rahmen der vorbeugenden Instandhaltung das Auswechseln aller nicht mehr tadellosen Ersatzteile notwendig gemacht haben.

Diesen verbrauchssteigernden Faktoren steht allerdings die mehr oder weniger spürbare Verschleißverringerung infolge ruhigeren und präziseren Stuhllaufes gegenüber. Niemand wird jedoch ernsthaft behaupten, die auf diese Weise herbeigeführte Schonung der Stuhlteile gleiche die vorgenannten verbrauchserhöhenden Einflüsse aus.

---

[186] Es sollte keines besonderen Hinweises bedürfen, daß man nicht solche mechanischen Stühle zum Vergleich heranziehen darf, deren Alter schon so weit fortgeschritten ist, daß das Ende ihrer Nutzungsdauer nur unter Inkaufnahme stark progressiver Reparatur- und Überholungskosten hinausgeschoben werden kann. Die Tatsache, daß nicht selten noch mit derartig überalterten Stühlen gearbeitet wird, verleitet jedoch häufig dazu, daß man bei Vergleichen von solch ungewöhnlichen Bedingungen ausgeht.

Hinzu kommt, daß die Anschaffungskosten der Ersatzteile fortschrittlicher Webstühle zum Teil das Mehrfache von denen herkömmlicher Stühle betragen. In einer Weberei konnte beispielsweise festgestellt werden, daß für Automaten Schäfte zum Preise von 26,— DM, ja sogar 42,— DM und Litzen zu 21,— DM je 1000 Stück verwendet wurden. Dagegen genügten den Ansprüchen der älteren (mechanischen) Stühle Schäfte zu 11,30 DM und Litzen zu 15,— DM je 1000 Stück.

Ferner muß bedacht werden, daß eigenbetriebliche Reparaturen an den komplizierten Mechanismen hochentwickelter Webautomaten zumindest weit schwieriger auszuführen sind als an grobschlächtigen mechanischen Stühlen, wenn sie nicht sogar unmöglich oder – mit Rücksicht auf die Erhaltung der Stuhlnormung im Websaal – untunlich sind.

Auch die Lohnkosten für die Arbeiten der vorbeugenden Instandhaltung sind in den Vergleich einzubeziehen. Da die Aufgaben der vorbeugenden Instandhaltung, die erst aus dem Postulat besonders hoher Ausnutzung kapitalintensiver Webautomaten erwachsen sind [187], zumeist nicht von eigens hierfür bestellten Fachkräften, sondern von den Stuhlmeistern neben den übrigen Aufgaben erfüllt werden, übersieht man diesen Teil der Instandhaltekosten allzu leicht. Er kommt jedoch in den erhöhten Meistergehältern und der geringen Stuhlzahl je Meister (vergleiche Seite 96) fraglos zum Ausdruck.

Bei all dem ist jedoch zu berücksichtigen, daß als Folge der vorbeugenden Instandhaltung die eigentlichen Reparaturkosten erheblich zurückgehen, ja fast völlig verdrängt werden, während sie bisher bei nicht vorbeugend instand gehaltenen mechanischen Stühlen je nach deren Alter jährlich etwa 3 bis zu 10 v. H. der Anschaffungskosten ausmachten. Eine generelle Aussage über den Kompensationsgrad der Instandhaltekosten und der rückläufigen Reparaturkosten ist wegen der Bedeutung der betriebsindividuellen Gegebenheiten nicht möglich. Ein Vergleich, der sich allerdings nur auf stark überalterte, dreißig- bis vierzigjährige mechanische Stühle und hochmoderne Webautomaten erstrecken konnte, hat ergeben, daß die Instandhaltekosten je Stuhl (ohne anteilige Gehälter) zuzüglich Reparaturen an den Automaten um 20 v. H. unter den Reparaturkosten für die alten Stühle lagen.

Letzten Endes sind auch die Kosten der Ersatzteil-*Lagerung* nicht ohne Bedeutung. Der erhöhte Ersatzteilverbrauch sowie die zunehmende Zahl der verschiedenen Teile je Stuhl deutet an sich auf ein Anschwellen der Kapitalbindungs- und Lagerverwaltungskosten hin. Auf der anderen Seite aber hat die technische Normung im Webstuhlbau einen Großteil der Unterschiede zwischen den Ersatzteilen verschiedener Stuhltypen und Baujahre verschwinden lassen, so daß in diesem Punkte von einem gewissen Ausgleich positiver und negativer Tendenzen gesprochen werden kann.

Der Vergleich der gesamten kostensteigernden und kostenmindernden Faktoren in der Entwicklung der Instandhaltekosten je Stuhl alter und neuzeitlicher Webstühle ergibt das Übergewicht der kostensteigernden Einflußgrößen. Bis zu welchem Aus-

---

[187] Vgl. *A. Böcker*, Vorbeugende Instandhaltung der Textilmaschinen, a. a. O., S. 546.

maße sie sich definitiv bemerkbar machen, hängt im Einzelfall von den betriebsindividuellen Verhältnissen, zum Beispiel vom Webstuhltyp, Ausnutzungsgrad und ähnlichem mehr ab.

Gesamtbetrieblich können die kostensteigernden Faktoren der Instandhaltekosten je Stuhl dadurch völlig aufgefangen, unter Umständen sogar überkompensiert werden, daß die Stuhlzahl der Automatenweberei geringer ist als die der herkömmlichen mechanischen Weberei. Bezogen auf die Leistungseinheit mag sich auf diese Weise eine rückläufige Tendenz der Instandhaltekosten abzeichnen.

bb) Das Fehlen nennenswerter Kostenunterschiede zwischen fortschrittlichen mechanischen und automatischen Stühlen

Stellt man nun aber die Instandhaltekosten zweier technisch-fortschrittlicher Webstühle einander gegenüber, von denen der eine automatisch, der andere jedoch nicht-automatisch arbeitet, so ist festzustellen, daß dieser Vergleich keine nennenswerten Kostenabweichungen ergibt. Die Erklärung für die annähernde Kostengleichheit liegt im Fortfall der im vorigen Abschnitt (vergleiche Seite 125 ff.) besprochenen kostensteigernden Momente. Die beiden modernen Stühle unterscheiden sich nicht hinsichtlich ihrer Tourenzahl, der Schichtzahl, in der sie eingesetzt werden können, der vorbeugenden Instandhaltung und hinsichtlich der Reparaturen. Lediglich die Unterschiede der automatischen Wechseleinrichtungen und des höheren Nutzeffektes automatischer Stühle gegenüber Nicht- oder Halbautomaten sind geblieben. Ihre kostenmäßige Bedeutung ist jedoch, was die Instandhaltekosten anbetrifft, nicht sehr hoch, so daß es verständlich ist, wenn man in der amerikanischen Tuchindustrie und auch in Kreisen der Baumwollindustrie von der Gleichheit der Instandhaltekosten mechanischer und automatischer Webstühle spricht.

4) Die Abnahme der Raumkosten je Leistungseinheit trotz Zunahme der raumabhängigen Kosten je Stuhl

Der Vollzug der Produktion ist nicht allein auf die Produktionsaggregate und die zu ihrem Betrieb unmittelbar erforderlichen Produktionsmittel angewiesen, deren Verzehr im Vorangegangenen Gegenstand der Untersuchung war, sondern er bedarf auch der Bereitstellung des Produktions-*Raumes*. Die Beanspruchung des Produktionsraumes durch die Leistungserstellung, konkreter ausgedrückt: der betriebsnotwendige Verzehr an Gebäuden, wird als Raumkosten [188] in die (Gemein-)Kostenarten eingeordnet. Wegen ihrer direkten Proportionalität zur Raumbeanspruchung sollen die quasi-indirekten Raumkosten, die Beleuchtungs- und Klimaanlagekosten, zusammen mit den eigentlichen Raumkosten auf ihr Verhalten gegenüber dem technischen Fortschritt hin überprüft werden.

[188] Dazu gehören Gebäudeabschreibungen, Grundsteuer usw.

aa) Die Raumkosten je Webstuhl

Die Höhe der Raumkosten je Webstuhl wird durch die Periodenkosten des Gesamtraumes sowie durch den Raumbedarf des einzelnen Stuhles determiniert. Der Raumbedarf eines Webstuhles bestimmt sich seinerseits durch die Stuhlgrundfläche (Raumbedarf im engeren Sinne) und durch die Anordnung der Stühle zueinander (Raumbedarf im weiteren Sinne). Zur Beleuchtung der Raumkosten je Webstuhl bedarf es demnach zunächst einer Untersuchung der beiden Faktoren: Stuhlgrundfläche und Stuhlanordnung.

Die Grundflächenmaße alter und neuzeitlicher Webstühle unterscheiden sich nicht notwendig voneinander. Unterschiede in den Stuhlmaßen sind zwischen den einzelnen Fabrikaten von jeher gang und gäbe. Der technische Fortschritt hat keinen spezifischen Einfluß auf sie. In einer Tuchweberei fanden sich zum Beispiel Automaten, die eine Bodenfläche von 365 cm · 189 cm = 68 985 qcm bedeckten und solche, deren Grundflächenmaße 371 · 196 = 72 716 qcm betrugen; die ersteren beanspruchten damit 539 qcm weniger, die letzten dagegen 3192 qcm mehr als die im gleichen Betrieb eingesetzten alten mechanischen Webstühle mit einem Flächenbedarf von 364 · 191 = 69 524 qcm.

Der unmittelbare Grundflächenbedarf macht jedoch nur einen Teil des gesamten Raumbedarfes aus. Die Bedienung der Stühle erheischt eine Maschinenaufstellung, die es durch hinreichenden Abstand der Stühle voneinander ermöglicht, unbehindert allseitig am Stuhl zu arbeiten. Außerdem soll sie den zügigen An- und Abtransport der Kett- und Warenbäume gewährleisten. Der Abstand zwischen den Stühlen vergrößert ihren gesamten Raumbedarf. (Vergleiche Abbildung 12)

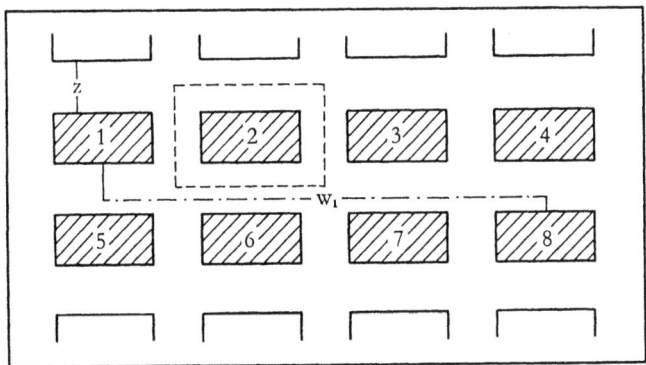

Abb. 12: Raumbedarf bei paralleler Stuhlanordnung

Es leuchtet ein, daß sich der Mindestabstand der Stühle, den man als den „kritischen" Abstand bezeichnen kann, nach den Erfordernissen derjenigen Arbeiten am Webstuhl richten muß, die die größte Bewegungsfreiheit beanspruchen und den größten Platzbedarf haben. Dieser kritische Abstand wird durch den Transport der Kett- und Warenbäume bestimmt. Der Zwischenraum zwischen den Stühlen darf daher keineswegs geringer sein als der um einen angemessenen Spielraum verlängerte Durchmesser eines Kett- beziehungsweise Warenbaumes. Uns stellt sich daher die Frage, ob der technische Fortschritt auf den Durchmesser der Kett- (Waren-)Bäume Einfluß genommen hat, denn größere (geringere) Stuhlabstände verursachen höheren (geringeren) Raumbedarf und folglich auch höhere (niedrigere) Raumkosten. Genauso wenig jedoch wie von der Stuhlgrundfläche kann von den Kett- und Warenbaumdurchmessern behauptet werden, daß sie sich aus Gründen des technischen Fortschrittes bei alten und fortschrittlichen Stühlen voneinander unterscheiden.

Von fehlenden Unterschieden in der Raumbeanspruchung kann allerdings nur unter der Voraussetzung gesprochen werden, daß sowohl mechanische wie automatische Stühle in paralleler Anordnung (vergleiche Abbildung 12, Seite 129) aufgestellt sind, wie es auch bisher allgemein in den Websälen üblich ist. Demgegenüber könnte eingeworfen werden, man dürfe die überkommene Stuhlanordnung nicht kritiklos auf das automatische Stuhlsystem übertragen. Es sei vielmehr zu untersuchen, ob die gegenüber dem (mechanischen) Ein- oder Zweistuhlsystem vervielfachte Wegstrecke, die durch die Bedienung des mehrstelligen Arbeitsplatzes notwendig wird, nicht etwa durch eine andere Stuhlanordnung verkürzt werden könne, was beispielsweise die sternförmige Anordnung (vergleiche Abbildung 13, unten) bewirke. Bei der Parallelanordnung bleibe es dem Weber, sofern er nach dem Prinzip der Sprungbedienung [189] vorgeht, nicht erspart, unter Umständen die

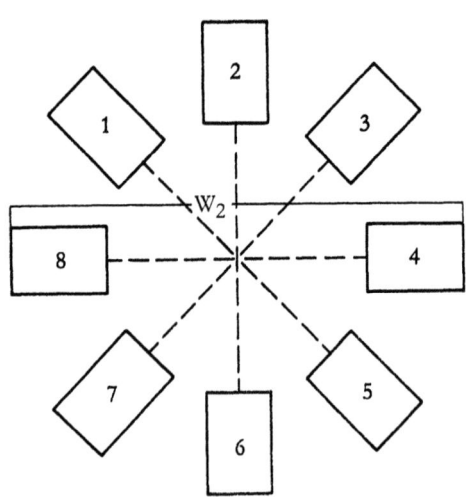

---

[189] Vgl. Seite 88.

beträchtliche Wegstrecke (w_1 in Abbildung 12, Seite 129) von Stuhl 1 bis zu Stuhl 8 zurückzulegen, während er bei sternförmiger Anordnung niemals einen längeren Weg zu überbrücken habe als zwei Webstuhllängen zuzüglich des Innenkreisdurchmessers (w_2 in Abbildung 13, Seite 130).

Dieser Vorschlag ist jedoch aus mehreren Gründen nicht zu verwirklichen. Einerseits wäre die durch ihn erzielte Wegeinsparung nur sehr gering, weil die notwendigen Stuhlabstände (z) einen sehr großen Innenkreisdurchmesser bedingen (in Abbildung 13 etwa 2,5 Stuhllängen). Zudem erfordert diese Anordnung bedeutend mehr Platz als die Parallelanordnung, was in Abbildung 14, unten, anschaulich zum Ausdruck kommt. Der Raumbedarf für 8 Stühle ist bei Parallelanordnung (Pa) um 56 v. H. niedriger als bei sternförmiger Stuhlanordnung (Sa). Außer der kostenmäßigen Wirkung hat diese Anordnung vor allem auch den organisatorischen Nachteil, daß die Transportwege ihrer für den flüssigen Verkehr unerläßlichen Gradlinigkeit beraubt werden und durch die „Verzahnung" der Sterne der Websaal jeder Übersichtlichkeit entbehren müßte.

Auch andere Stuhlanordnungen, wie beispielsweise schräge- oder Fischgrataufstellung würden ähnliche Folgen nach sich ziehen wie die sternförmige Stuhlaufstellung, ohne wirkungsvolle organisatorische Vorteile zu bringen. Von der Parallelaufstellung darf somit nicht abgegangen werden. So bleibt es zunächst bei dem Ergebnis, daß sich mit technischem Fortschritt die Raumbeanspruchung eines Stuhles nicht notwendig ändert und daß folglich die direkten Raumkosten je Stuhl ebenfalls unverändert bleiben.

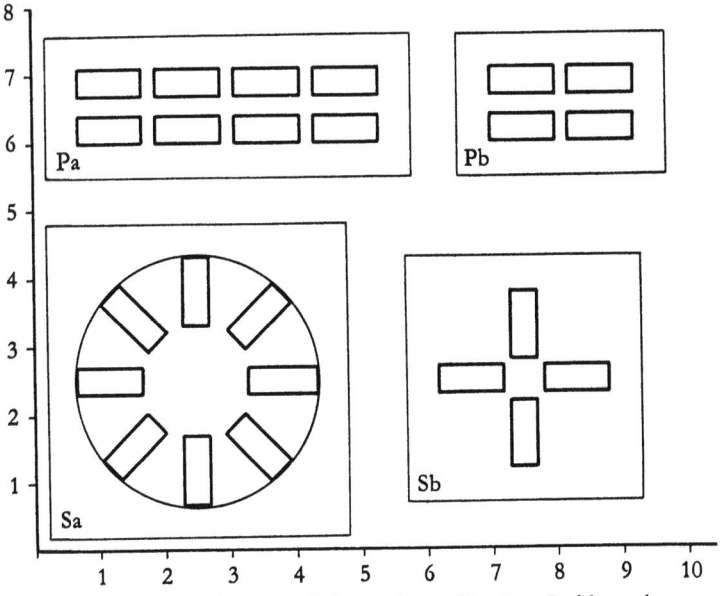

Abb. 14: Raumbedarf bei paralleler und sternförmiger Stuhlanordnung

Zieht man allerdings unserer Absicht gemäß auch die indirekten, der Stuhlgrundfläche proportionalen Kosten vor allem für Beleuchtung und Raumklimatisierung in die Betrachtung der Raumkosten ein, so ändert sich das Bild. Wir sahen bereits bei den auf die Leistung ausgerichteten Untersuchungen, daß die notwendige Übersicht des Webers über Kette und Ware jeden Stuhles seiner Gruppe eine besonders intensive und möglichst schattenlose Beleuchtung erfordert. Auch die qualitativen und quantitativen Leistungsvorteile der Klimaanlage [190] sind erst mit dem Postulat nach zufriedenstellender Leistung automatischer Webstühle aktuell geworden. Um die anteiligen Beleuchtungsmehrkosten sowie vor allem um die Kosten der Klimaanlage erhöhen sich die Raumkosten je Stuhl in der fortschrittlichen Automatenweberei gegenüber der Weberei älteren Stiles. Das genaue Ausmaß dieser Mehrkosten ist betriebsindividuell. Es richtet sich vornehmlich nach dem Rauminhalt je qm Websaalgrundfläche, nach der Bauweise des Websaales [191], den örtlichen klimatischen Verhältnissen, nach der Jahreszeit und anderem mehr.

bb) Die Raumkosten je Leistungseinheit

Wie aber bereits mehrfach in anderem Zusammenhang, so muß auch an dieser Stelle erneut davor gewarnt werden, es im Hinblick auf die Beurteilung des Kostenverhaltens im Zuge technischen Fortschrittes mit der Untersuchung der Kosten je Stuhl genug sein zu lassen. Bezieht man nämlich die – zumindest zum Ansteigen neigenden – Raumkosten je Stuhl auf 1000 Schuß, so zeigt sich als Folge des mit technischem Fortschritt stark abfallenden Raumbedarfes der Leistungserstellung ein deutlicher Rückgang der Raumkosten je Leistungseinheit. Gleiches (quantitatives) Leistungsziel vorausgesetzt, benötigt der Produktionsvollzug mit 130tourigen vollautomatischen Stühlen (NE = 85 v. H.) nur rund 80 v. H. des Raumes, der belegt wäre, wenn mit 110tourigen mechanischen Stühlen (NE = 80 v. H.) produziert würde. Dies gilt bei gleicher Schichtzahl. Geht man davon aus, daß Automaten zweischichtig, alte mechanische Stühle jedoch nur in einer Schicht einzusetzen sind, so ermäßigt sich der Raumbedarf – und etwa im gleichen Verhältnis [192] die Raumkosten je Leistungseinheit – für automatische Webstühle bis auf 40 v. H.

Diese Zahlen sprechen für sich selbst. Es sollte nicht sonderlich betont werden müssen, daß in der ohne weiteres bis zu 150 v. H. reichenden Raumeinsparung einer der hervorstechenden Vorteile des technischen Fortschrittes für die Kosten des Produktionsvollzuges zu suchen ist [193]. Ihre Kostenwirksamkeit fällt besonders ins Gewicht, wenn der Produktionsvollzug in aufwendigen Neubauten oder in gemieteten beziehungsweise gepachteten Räumen stationiert ist.

[190] Vgl. Seite 50 ff.
[191] Z. B. mit Fenstern oder fensterlos, ebenerdig oder mehrgeschossig usw.
[192] Das Verhältnis verschiebt sich um ein geringes Maß infolge relativ höherer Beleuchtungskosten bei Zweischichtarbeit sowie infolge der nicht proportional zur Kubikmeterzahl ab- bzw. zunehmenden Klimatisierungskosten.
[193] Nicht minder bedeutungsvoll sind ihre imponderablen Vorteile (vgl. Seite 186).

Zwar muß eingeräumt werden, daß ein Teil der Raumeinsparung dadurch ausgeglichen wird, daß unter Umständen zusätzliche Schußspulaggregate aufgestellt werden müssen. Die Raumbeanspruchung dieser Maschinen ist jedoch verhältnismäßig gering. Neuzeitliche Schußspulmaschinen nehmen je Spulstelle einschließlich Bedienungsraum etwa 0,6 qm Grundfläche in Anspruch. Da eine Spulstelle etwa 2,5 Automaten versorgt[194], entfallen möglicherweise auf 120 Automaten rund 30 qm Schußspulgrundfläche, während die Raumeinsparung gegenüber 150 beziehungsweise 300 mechanischen Stühlen[195] = (150 ./. 120) · 11 = 330 qm beziehungsweise[196] (300 ./. 120) · 11 = 1980 qm ausmacht.

Es ist schwer verständlich, daß dem Vorzug der geringeren Raumbeanspruchung von der Praxis bisher allzu wenig Beachtung gezollt wurde, obwohl gerade sie ihn unmittelbar vor Augen hat.

5) *Die Verringerung der Zinskosten für das im Produktionsvollzug gebundene Umlaufkapital*

Die Auswirkungen des technischen Fortschrittes auf die Gemeinkosten beschränken sich nicht auf die anlagebedingten Gemeinkosten, sondern zeigen sich ebenfalls in den Kosten des durch den Produktionsvollzug gebundenen Umlaufvermögens vor allem des Maschinenbelages. Die Änderung, die die Summe der Zinskosten für den betriebsnotwendigen Maschinenbelag als Folge der Verwendung hochtouriger und leistungsintensiver Webautomaten erfährt, ist nicht unbedeutend und verdient eine nähere Untersuchung.

Zur Verringerung der Zinskosten für das betriebsnotwendige Umlaufvermögen tragen zwei Komponenten bei. Einmal die Tatsache, daß mechanische und automatische Webstühle ungeachtet ihrer unterschiedlichen Tourenzahlen und Nutzeffekte mit der gleichen durchschnittlichen Materialmenge belegt sind. Zum zweiten machen sich auf der anderen Seite eben diese höheren Tourenzahlen und Nutzeffekte der Automaten insofern bemerkbar, als es zur Erstellung der gleichen Leistungsmenge in derselben Produktionszeit 20 bis 25 v. H. weniger Automaten als ältere mechanischer Stühle bedarf. Diese beiden Faktoren lassen bereits den Schluß zu, daß zur Aufrechterhaltung des Produktionsvollzuges einer technisch-fortschrittlichen Weberei eine geringere Umschlagszeit für das Umlaufvermögen erforderlich ist als für den Produktionsvollzug einer mechanischen Weberei älteren Stils mit der gleichen Kapazität. Die Kosten des Umlaufvermögens müssen – soweit sie den Maschinenbelag betreffen – in demselben Verhältnis abnehmen wie die notwendige Stuhlzahl [197].

Ein Zahlenbeispiel soll diesen Schluß bekräftigen und verdeutlichen. Man kann davon ausgehen, daß Kett- und Warenbaum der alten (M) und neuzeitlichen (A)

---

[194] Vgl. Seite 97.
[195] Raumbedarf einschließlich Bedienungsraum = rund 11 qm.
[196] Bei Automaten zweischichtiger Einsatz, bei mechanischen Stühlen einschichtige Arbeit.
[197] Vgl. Seite 97.

Stühle das gleiche Fassungsvermögen haben. Im folgenden Beispiel sollen sowohl M als auch A mit 500-m-Ketten belegt werden. Dann ist sowohl bei M als auch bei A im Mittel jeder Stuhl mit 300 m belegt [198]. Rechnet man nun auf einen Kettmeter – einschließlich Rohstoffwert für Kett- und Schußmaterial sowie der Herstellkosten bis dahin – 10,— DM, so sind durch den Maschinenbelag im Durchschnitt je Stuhl 3000,— DM gebunden [199], was bei einem Zinsfuß von 6 v. H. [200] 180,— DM im Jahr ausmacht.

Greifen wir auf die bereits mehrfach verwendeten Leistungsdaten für M und A zurück und rechnen wir mit 110 U/min und 80 v. H. Nutzeffekt bei M, beziehungsweise 130 U/min und 86 v. H. Nutzeffekt bei A und nehmen wir in beiden Fällen eine Weberei-Gesamtkapazität von rund 6500 m je Tag [201] an, so benötigt man zur Bewältigung dieser Produktion 120 in zwei Schichten arbeitende Automaten, aber 150 mechanische Stühle, beziehungsweise 300 mechanische Stühle, wenn diese gezwungenermaßen nur einschichtig eingesetzt werden können. Der Produktionsvollzug der Automatenweberei verzehrt jährlich 21 600,— DM Zinsen für das im Maschinenbelag gebundene Umlaufvermögen; die mechanische Weberei hat 5400,— DM beziehungsweise bei Einschichtarbeit 10 800,— DM mehr aufzubringen. Diese Ersparnis ist sicherlich nicht unbedeutend, obwohl sie umgerechnet auf 1000 Schuß nur 0,32 Pf ausmacht.

Das Beispiel kann selbstverständlich keine Allgemeingültigkeit beanspruchen. Die Relationen können sich ändern, wenn beispielsweise statt 100 m bereits 50 m Rohware vom Stuhl abgezogen werden, so daß nur durchschnittlich 275 m gebunden sind, oder wenn die Kettlänge verkürzt oder verlängert wird. Der Kostenunterschied wird in seiner Gesamthöhe nur selten die Höhe des Beispieles erreichen, da es von einer überdurchschnittlichen Kapazität ausgeht. Diese Kapazität wurde mit der Absicht gewählt, die Tendenz der Unterschiede möglichst deutlich aufzuzeigen, aber auch deshalb, weil eine Automatenweberei von rund 120 Stühlen produktionstechnisch eine empfehlenswerte [202] Größe darstellt.

Außer der Einsparung von Umlaufvermögen, das an die Maschinen gebunden ist, zeitigt der technische Fortschritt keine sonderlichen Folgen für die Kosten des Umlaufvermögens. Auf die Rohmaterial- und Zwischenläger, die der Weberei vor- oder nachgeschaltet sind, übt der Einsatz technisch hochentwickelter Webstühle nur

---

[198] $\dfrac{500 + 400 + 300 + 200 + 100}{5} = 300.$

[199] Hinsichtlich des Ansatzes der Selbstkosten-bis-dahin kommen je nach Rohstoffqualität und -preis erhebliche Schwankungen von Betrieb zu Betrieb vor. Auch müßte an sich die im Stuhl gebundene Rohware mit die Webkosten höher gewertet werden als das Kett- und Schußmaterial. Eine solche Differenzierung kann jedoch in diesem groben Beispiel um so eher außer acht gelassen werden, als sie das Ergebnis nicht wesentlich ändern würde.

[200] Da das Umlaufvermögen meist fremdfinanziert ist, wäre auch ein höherer Zinsfuß gerechtfertigt (vgl. Seite 157).

[201] Die Schußdichte je cm sei 22.

[202] Vgl. die Ausführungen zur Arbeitsteilung, S. 81.

dann einen Einfluß aus, wenn durch ihn eine zusätzliche Vorbereitung des Kett- oder Schußmaterials [203] veranlaßt wird oder die Rohware länger (kürzer) als bisher in der Stopferei/Nopperei aufgehalten wird. Diese Fälle sind jedoch nicht die Regel. Gegebenenfalls muß geprüft werden, inwieweit solche Unterschiede für das Kostenbild relevant werden. Da aber das Garn die Fertigungsstellen der (zusätzlichen) Vorbereitung, wie Schußspulerei und/oder Leimerei, sehr schnell durchläuft und nicht anzunehmen ist, daß die zeitliche Bindung der Rohware in der Stopferei schwerwiegende Unterschiede erfährt, kann man erwarten, daß eventuelle Kostendifferenzen nur geringen Ausmaßes sein werden.

6) Die Indifferenz der sonstigen Webereigemeinkosten

In das Gefüge der übrigen, bisher nicht beleuchteten Gemeinkosten des Produktionsvollzuges, wie zum Beispiel Versicherungen (soweit betriebsnotwendig), allgemeine Ausmusterungs- und Verwaltungskosten, Kostensteuern und ähnliches mehr, greift der technische Fortschritt kaum ein [204]. Das liegt vor allem daran, daß die Verbindung dieser Kosten zum eigentlichen Produktionsvollzug weit lockerer ist als die der anlageabhängigen (Kapitaldienst-, Raum-, Instandhalte- und Belagzins-) Gemeinkosten.

In gleichem Maße wie die Anschaffungs- beziehungsweise Kapitaldienstkosten steigen auch die *Versicherungskosten* für die Anlagegüter. Sie machen jedoch nur sehr geringe Beträge aus und können mit rund 1 v. T. im Jahr, gerechnet vom Anlageneuwert, angesetzt werden. Greifen wir auf die Ermittlung der Anschaffungskosten (vergleiche Seite 117 ff.) zurück und vergleichen dann die auf die Unterschiedsbeträge entfallenden Versicherungskosten, so ergeben sich bei den Automaten A Mehrkosten von 4,— DM je Stuhl im Jahr, bei den Automaten B 36,— DM je Stuhl im Jahr gegenüber mechanischen Stühlen mit Anschaffungskosten von 9000,— DM. Legt man die gleiche Gesamtkapazität für Automaten- und mechanische Weberei zugrunde, so schrumpfen die Unterschiede noch mehr zusammen. Die Versicherungskosten fallen sogar, wenn bei mechanischen Stühlen Einschicht-, bei Automaten aber Zweischichtarbeit vorausgesetzt wird. Allerdings kann sich auch dieser Rückgang nur relativ schwach bemerkbar machen: gesamtbetrieblich wird er sich je nach den Anschaffungskosten der Automaten bei einer Zahl von 120 Automaten beziehungsweise 300 mechanischen Stühlen zwischen 600,— und 1000,— DM bewegen.

Ausmusterungs-, Verwaltungs- und Steuerkosten ändern sich allenfalls dann, wenn die Verwirklichung des technischen Fortschrittes im Produktionsvollzug wesentliche Umstellungen in Umfang und/oder Zusammensetzung des Produktionsprogrammes, in Auflagenhöhe und ähnlichem mehr mit sich bringt, was in ein-

---

[203] Vgl. Seite 6 ff.
[204] Vgl. Industrie Lainière, a. a. O., p. 276.

zelnen Betrieben denkbar ist. Eine auch nur annähernd genaue Aussage über diese indirekten Kostenänderungen ist jedoch angesichts der überaus großen Vielfalt der möglichen quantitativen, qualitativen und imponderablen Einflüsse inner- und außerbetrieblicher Natur nicht möglich. Zudem fehlt es an den für ein derartiges Urteil unerläßlichen langfristigen Erfahrungen. Soweit für die Gestaltung des Fertigungsprogrammes Kostengesichtspunkte maßgebend sind, kann lediglich von einem zunehmenden Hang zu gestrafftem – und der Artikelzahl nach – beschränktem Fertigungsprogramm die Rede sein, was unter anderem auch die allgemeinen Ausmusterungs- und Verwaltungskosten vermindern würde, wenngleich zu erwarten steht, daß dieser Minderung eine Intensivierung der Markterkundung sowie der Verkaufsanstrengungen gegenüberstehen wird. –

Die Möglichkeit, den betriebswirtschaftlichen Einflüssen technischen Fortschrittes auf den Produktionsvollzug der Weberei mit Hilfe der Analyse der Kostenarten auf den Grund zu gehen, ist damit erschöpft. Freilich ließe sich über eine solche Einzelanalyse hinaus an dieser Stelle die Untersuchung der Entwicklung der Kosten-Relationen anknüpfen, die möglicherweise weitere Auswirkungen des technischen Fortschrittes auf den Produktionsvollzug aufdecken und in einem neuen Licht erscheinen lassen könnte. Dieser Untersuchung darf nicht aus dem Wege gegangen werden. Jedoch ist, im Gegensatz zu den im Prinzip exakt abzugrenzenden absoluten Kostenveränderungen, die Bedeutung etwaiger Verschiebungen der Kostenrelationen weitgehend imponderabel. Daher wollen wir uns ihnen aus systematischen Erwägungen heraus erst später zuwenden. Dies empfiehlt sich auch aus dem Grunde, weil die folgenden Betrachtungen der Wirtschaftlichkeit des Produktionsvollzuges bei der Beurteilung des Verhaltens der Kostenrelationen nützliche Hilfestellung leisten werden.

Zuvor aber bedarf die Erkundung des Kostenbereiches des Produktionsvollzuges noch der Abrundung durch den Hinweis auf die indirekten Kosteneinflüsse, die dem technischen Fortschritt in der Weberei als Folge ihrer Verflechtung mit anderen Fertigungsstellen zuzuschreiben sind.

3. Interdependäre Kostenänderungen durch technischen Fortschritt

Infolge der Verkettung der Weberei mit den ihr vor- und nachgelagerten Fertigungsstellen und ihrer daraus erwachsenden wechselseitigen Abhängigkeit liegt der Verdacht nahe, daß die Kostenwirkungen technischen Fortschrittes in der Weberei sich nicht nur innerhalb der Grenzen dieser Fertigungstelle halten, sondern auf das Kostenbild anderer Stellen ausstrahlen.

Was die Kosten der vorgelagerten Fertigungsstellen anbetrifft, so hat sich dieser Verdacht bereits während der Betrachtung der Fertigungsmaterialkosten[205] be-

---

[205] Vgl. Seite 100 ff.

stätigt. Es stellte sich heraus, daß unter bestimmten Voraussetzungen vor allem Schlicht- und Schußspulkosten mit fortschreitender Technik in der Weberei ansteigen bzw. überhaupt erst anfallen, daß diese Kosten aber andererseits um so geringer sind, je weiter sich die Technik auch in diesen Fertigungsstellen entwickelt.

Es bleibt demnach nurmehr die Frage offen, ob auch in den nachgelagerten Fertigungsstellen eine auf den technischen Fortschritt in der Weberei zurückzuführende Kostenbewegung zu beobachten ist. Geht der Kostenvergleich von der Voraussetzung aus, daß die Art der im Fertigungsprogramm enthaltenen Artikel vom technischen Fortschritt nicht berührt wird und daß daher sowohl der auf alten mechanischen Webstühlen als auch der auf Automaten gewebten Rohware die gleiche Nachbehandlung zuteil wird, dann gibt es offenbar keinen Anlaß für eine Kostenänderung in der Ausrüstung (Appretur) und Färberei. Allenfalls ist ein geringfügiger Waschkostenanstieg denkbar, nämlich dann, wenn das Auswaschen einer bestimmten Schlichte die Beimischung eines besonderen Lösemittels zur Waschlauge oder auch nur besonders gründliches Waschen erforderlich macht. Dagegen werden sich unter Umständen beachtliche Appreturkostenänderungen einstellen, wenn mit Rücksicht auf den technischen Fortschritt in der Weberei die Revidierung und Umstellung des Fertigungsprogrammes akut wird. Wie schon mehrfach angedeutet, läßt sich in vielen Fällen mit technischem Fortschritt eine Verstärkung der Tendenz zu möglichst straffem und beschränktem Fertigungsprogramm erkennen, um eine hohe Ausnutzung der Webautomaten zu gewährleisten. In diesem Fall werden im gleichen Verhältnis auch die Kapazitäten der Ausrüstung und der Färberei besser ausgenutzt und dadurch ihre Kosten gesenkt. Die Höhe dieser Kostenunterschiede wie auch das Ausmaß der Mehr- (Minder-) Kosten infolge der Aufnahme eines neuen - etwa besonders für Automaten geeigneten - Artikels ist von Fall zu Fall zu ermitteln.

Eine besonders umstrittene Stellung nehmen in der Diskussion um die Wirkungen des technischen Fortschrittes auf den Produktionsvollzug in praxi die Nopp- und Stopfkosten ein, das heißt die Kosten, die durch die Beseitigung von Knoten (meist Folge von Fadenbrüchen) und Gewebefehlern verursacht werden [206]. Die Meinungen hierüber sind geteilt und stehen sich schroff gegenüber.

Die einen behaupten, automatisches Weben bedinge eine deutlich fühlbare Zunahme der Fehlerhaftigkeit der Rohware. Sie verweisen auf die Größe des Arbeitsplatzes des Automatenwebers, die eine ebenso gründliche und wirksame Beobachtung und Fehlern vorbeugende Behandlung der Ware wie sie der Einstuhlweber aufbringen kann, nicht mehr zulasse. Hinzu komme die nur Automatenstühlen eigentümliche Gefahr der Wechselversager, Doppelschüsse, Fadeneinzüge usw., die fast immer zu Gewebefehlern führen. Schließlich sei die Materialbeanspruchung als Folge höherer Tourenzahlen gewachsen.

[206] Die Stopf- und Noppkosten sind in der Tuchfabrikation durchweg recht hoch; sie schwanken allerdings (in einem Kostenvergleich, der zwölf Webereien umfaßt) von rund 74 Pf bis 19 Pf je 1 000 Schuß.

Im Gegensatz dazu wollen andere von einem gegenüber mechanischem Weben verbesserten Warenausfall und als Folge davon zurückgehenden Stopfkosten beim Automatenweben wissen. Grund dafür sei unter anderem der ruhigere, gleichmäßigere [207] und präzisere Stuhllauf moderner Webstühle, ferner die gründlichere Vorbereitung von Kette und Schuß.

Geht man den verschiedenen Meinungen auf den Grund, so zeigt sich, daß *beide* Auffassungen berechtigt und beweisbar sind (abgesehen von den Äußerungen, die ohne wohlfundierte Beweismittel, aber leider meist mit desto mehr Pathos, vorgetragen werden). Es fragt sich nur, ob diese Gegensätze zwangsweise bestehen müssen oder ob sie durch Gründe mitbestimmt werden, die aus dem Weg zu räumen sind.

In einigen Fällen, in denen von einer Zunahme der Fehlerhaftigkeit der Rohware die Rede war, konnte zum Beispiel festgestellt werden, daß man die Automaten mit Artikeln belegt hatte, die sich ihrer Qualität nach nicht für die Mehrstellenfertigung eigneten. Ein treffendes Beispiel für die Maßgeblichkeit der Artikelqualität für das Ergebnis des Vergleiches der Stopfkosten ergab ein Versuch in einer Weberei: Artikel A, B, C und D wurden sowohl auf alten mechanischen Stühlen wie auch auf modernen Automaten gefertigt. Bei Artikel A lagen die Stopf- und Noppkosten der auf alten Stühlen gewebten Ware um durchschnittlich 15 v. H., bei Artikel C um 11,7 v. H. über denen der auf Automaten gefertigten; die Stopf- und Noppkosten der Artikel B und D dagegen stiegen um 6,5 beziehungsweise 7,2 v. H. an, sobald sie statt auf mechanischen Stühlen auf Automaten gewebt wurden. (Der Nutzeffekt der Automaten lag bezeichnenderweise im Falle A bei 85 v. H., B 81 v. H., C 84 v. H. und im Falle D bei 78 v. H.)

Anderen Betrieben mangelte es noch an genügender Erfahrung [208] mit dem neuen Mechanismus und seiner automatischen Arbeitsweise: Wechselmechanismus und Scheren arbeiteten nicht zuverlässig, die Stellenzahl war im Verhältnis zur Fadenbruchhäufigkeit und Pflegebedürftigkeit der Kette zu hoch, die Arbeitsteilung ungenügend durchgeführt [209], die Beleuchtung der Stühle war unzureichend und dergleichen mehr.

Die Webereien, die demgegenüber von geringeren Stopf- und Noppkosten bei Automaten berichten, verfügen in der Regel über ausreichende Erfahrung mit Webautomaten; sie belegen die Automaten nur mit widerstandsfähigem Kett- und Schußmaterial; sie kennen eine Arbeitsteilung, die dem Weber genügend Zeit zum Beobachten und Pflegen der Kette und Ware läßt; sie können schließlich auch sonst auf sehr gute Produktionsbedingungen verweisen [210].

[207] Vornehmlich wegen der automatischen Kett- und Warenbaumregulierung.
[208] Es ist keine Ausnahme, wenn in einer Weberei erst nach ein- bis zweijährigen, von mancherlei Rückschlägen begleiteten Versuchen davon die Rede sein kann, daß die Automaten einwandfrei arbeiten.
[209] Vielfach macht die geringe Automatenzahl im Anfangsstadium der Automatisierung eine automatengerechte Arbeitsteilung unmöglich.
[210] Hier ist besonders auf die Klimatisierung der vollautomatisierten **amerikanischen** Webereien hinzuweisen.

Ein end- und allgemeingültiges Urteil über den Einfluß technischen Fortschrittes auf die Kosten der Fertigungsstellen Nopperei und Stopferei kann somit nicht gefällt werden, zumal es fast immer äußerst schwierig ist, etwaige Kostenänderungen in diesen Kostenstellen, selbst wenn sie zeitlich mit der Einführung technischen Fortschrittes in der Weberei auffällig übereinstimmen, ausschließlich und unwiderlegbar eben diesem technischen Fortschritt zuzuschreiben.

IV. Die Auswirkungen technischen Fortschrittes auf die Wirtschaftlichkeit des Produktionsvollzuges

1. Grundsätzliche Vorbemerkungen

a) Der Begriff der Wirtschaftlichkeit und der Sinn ihrer Berechnung

Die Fortführung der Bemühungen der beiden vorigen Abschnitte unserer Untersuchung, die dem Versuch galten, dem Einfluß des technischen Fortschrittes auf Leistung und Kosten des Produktionsvollzuges nachzuspüren, spitzt sich nunmehr auf die bedeutsame Frage zu, wie sich mit dem technischen Fortschritt das Verhältnis der Leistungen und Kosten zueinander entwickelt.

Da dieses Verhältnis Maßstab für die Wirtschaftlichkeit des Produktionsvollzuges ist, die sich „kennzeichnet durch die Höhe der Kosten, zu denen eine Einheit Erzeugnis hergestellt wird"[211], kann die Frage, besser akzentuiert, auch so formuliert werden: ist der technische Fortschritt geeignet, den Produktionsvollzug wirtschaftlicher oder unwirtschaftlicher ablaufen zu lassen, kommt er dem Streben nach Erstellung einer Leistung mit dem geringstmöglichen Verzehr an Stoffen und Kräften entgegen oder nicht? Und ferner gilt es zu fragen, welche Komponenten die Wirkung technischen Fortschrittes auf die Wirtschaftlichkeit bestimmen und in welchem Maße sie sie gegebenenfalls beeinflussen.

Zur Beantwortung dieser Fragen versetzt man sich zweckmäßigerweise in die Lage einer Tuchweberei, die vor die Entscheidung gestellt ist, ob sie ihren Webstuhlpark (durch Investitionen) technisch modernisieren soll oder nicht. Die Berechnung der Wirtschaftlichkeit der älteren vorhandenen Webstühle im Vergleich zu den in Erwägung gezogenen technisch fortschrittlichen Stühlen, die eine solche Weberei als Grundlage ihrer Entscheidung aufstellt, wird nicht nur prinzipielle Aufschlüsse über die Wirkung technischen Fortschrittes auf die Wirtschaftlichkeit vermitteln, sondern darüber hinaus auch auf eine Reihe von Gründen hinweisen, die zu der in unseren Tagen symptomatischen technischen Rückständigkeit der (europäischen) Tuchwebereien geführt haben.

---

[211] *Th. Beste*, Die Entflechtung..., a. a. O., S. 61.

b) Kritik und Wahl der Berechnungsmethoden

1) Die begrenzte Tauglichkeit der wissenschaftlich-mathematischen Formelrechnung für die Ermittlung der Wirtschaftlichkeit technischen Fortschrittes im Produktionsvollzug der Weberei

Für die Berechnung der Wirtschaftlichkeit im Rahmen einer Investitionsplanung bieten sich grundsätzlich mehrere Wege an. Ein Weg führt über die Verwendung *mathematischer* Formeln. Die Überlegung nämlich, daß eine Investition aus einer einmaligen Zahlung oder aus mehreren aufeinanderfolgenden Auszahlungen besteht, denen Einnahmen in Gestalt des Erlöses für die mit dem Investitionsobjekt erstellten Leistungen gegenüberstehen, sowie die unverkennbare Übereinstimmung dieses Zusammenhanges mit den mathematischen Gesetzen der Rentenrechnung haben dazu angeregt, die Rentengesetze und -formeln auf die Investitionsrechnung anzuwenden [212].

Diese Methode ist jedoch dem Vergleich der Wirtschaftlichkeit technisch veralteter und fortschrittlicher Webstühle kaum dienlich.

1. Die Gegenüberstellung von Ausgabe- und Einnahmereihen ist ausgeschlossen, weil a) die Erlöse in der Tuchindustrie starken unvorhersehbaren Schwankungen unterworfen sind, b) weil Zahl, Zusammensetzung und Mengenverhältnis der während der Nutzungsdauer auf einem Webstuhl zu webenden Artikel nicht festliegen, die Erlöse jedoch von diesen Größen abhängig sind, c) weil die auf Webstühlen gefertigte Ware kein marktgängiges Produkt ist, so daß die Bestimmung des auf sie entfallenden Erlösanteiles wenn überhaupt, so nur sehr ungenau möglich ist.

2. Da die Einnahmereihen nicht bestimmbar sind, könnte vorgeschlagen werden, sich auf den Vergleich der Auszahlungsreihen, das heißt der auf einen Zeitpunkt diskontierten Anschaffungs- und Betriebskosten zu beschränken. Dieser Weg wäre jedoch nur gangbar, wenn die zu vergleichenden Webstühle unterschiedlicher technischer Entwicklung gleiche Leistungen erbrächten, da nur so ein richtiges Bild der Wirtschaftlichkeit mehrerer verschiedener Anlagen durch den Vergleich der totalen Ausgaben je Maschine entstehen kann. Wie wir jedoch sahen, stimmen die Leistungen mechanischer und automatischer Stühle ganz und gar nicht überein. Allenfalls wäre zu erwägen, die Auszahlungsreihen mehrerer Stühle zugleich gegenüberzustellen, und zwar immer so vieler Stühle, wie sie gleicher Leistung entsprechen, also etwa 120 Auto-

---

[212] Die vornehmlich von *Boulding* (Time and Investment, London 1936), *Schneider* (Wirtschaftlichkeitsrechnung, a. a. O.) und *Rummel* (Wirtschaftlichkeitsrechnen, a. a. O.) vorangetriebenen Untersuchungen finden wachsende Beachtung und lösten eine lebhafte Diskussion aus. Vgl. *E. Gutenberg*, Der Stand der wissenschaftlichen Forschung..., a. a. O., ferner: *W. Lücke*, Investitionsrechnen..., ZfhF, H. 7, 1955, ferner: *K. H. Borchard*, Dynamische Wirtschaftlichkeitsrechnung, a. a. O. Die Diskussion läßt deutlich werden, daß die bisher aufgezeigten Vorschläge zur Klärung der Gesetzmäßigkeiten in den Investitionszusammenhängen noch nicht auf sicheren Füßen stehen.

maten mit 150 mechanischen Stühlen und 134 Halbautomaten zu vergleichen [213].

3. Abgesehen davon müssen wir grundsätzliche Bedenken gegen die Anwendung mathematischer Formeln auf die Wirtschaftlichkeitsrechnung hegen, insofern nämlich, als sie in besonderem Maße zu dem Fehlschluß verleitet, die Wirtschaftlichkeitsrechnung gewährleiste exakte Genauigkeit, was aber wegen der Unsicherheit der eingesetzten, zum Teil geschätzten Größen nicht der Fall sein kann und ferner deswegen, weil sie den Anteil bestimmter Kostenarten an den Wirtschaftlichkeitsunterschieden in ihrem globalen Ansatz nicht erkennen läßt.

Aus den angeführten Gründen sind wir gezwungen, uns nach einem anderen Wege der Berechnung der Folgen technischen Fortschrittes für die Wirtschaftlichkeit des Produktionsvollzuges umzusehen.

2) Die Methode der statistischen Gegenüberstellung von Leistungen und Kosten sowie zusätzlicher Ergänzungsrechnungen

Der zweite Weg zur Durchführung der Berechnung der Wirtschaftlichkeit von Webstühlen unterschiedlicher technischer Entwicklungsstufe führt über die statistische Gegenüberstellung der Leistungen und Kosten, aus der sich die Kosten je Leistungseinheit ergeben. Da im großen und ganzen weder die Ermittlung der Leistungen noch die der Kosten mechanischer und automatischer Webstühle unüberwindbare Schwierigkeiten bereiten, ist diese Methode geeignet, die Stückkostenunterschiede der verschiedenen Produktionsverfahren, also die Unterschiede ihrer Wirtschaftlichkeit, herauszustellen. Freilich kann auch sie nur auf zum Teil stark einengenden Prämissen aufbauen. Diesen Nachteil vermögen jedoch zusätzliche Sonderrechnungen mit veränderten Prämissen weitgehend auszugleichen.

c) Besondere Gesichtspunkte bei der Erfassung der Leistungen und Kosten im Hinblick auf die Berechnung der Wirtschaftlichkeit technischen Fortschrittes

Zur gerechten und erschöpfenden Beurteilung der Wirtschaftlichkeitsrechnung ist folgendes zu beachten:

1. Der Rechnung liegen dieselben Leistungs- und Kostenbegriffe zugrunde, die uns aus der Leistungs- und Kostenartenbetrachtung geläufig sind.

2. Es wird mit gleichbleibenden durchschnittlichen Leistungen der einzelnen Stühle gerechnet. Für schwankende Leistungen werden Sonderrechnungen durchgeführt.

3. Was die Kosten anbelangt, so muß die Wirtschaftlichkeitsrechnung grundsätzlich den gesamten Güterverzehr bei der Erstellung der Webstuhlleistungen

[213] Vgl. Seite 97.

erfassen. Stellt sich jedoch heraus, daß bestimmte Kosten bei den zu vergleichenden technischen Verfahren in derselben Höhe anfallen, so können diese Kosten aus der Rechnung herausgelassen werden, ohne daß deren Ergebnis verfälscht würde. Die bei beiden Verfahren gleichen Kosten ständen nämlich beim Kostenvergleich sowohl auf der rechten wie auf der linken Seite der Rechnung. Sie würden sich daher gegenseitig aufheben. Hier ist besonders hervorzuheben, daß die Kosten, *bezogen auf die Leistungseinheit*, nicht etwa auf das Anlageobjekt, gleichbleiben müssen. So dürfen zum Beispiel die Raumkosten, obwohl sie je Stuhl gleichbleiben, nicht aus der Rechnung herausgelassen werden, da sie sich mit steigender Stuhlleistung infolge technischen Fortschrittes bezogen auf die Leistungseinheit ändern, also auch eine Änderung der Wirtschaftlichkeit bedingen.

Der Auswirkungen dieser rechnerischen Manipulation auf das Ergebnis der Rechnung muß man sich jedoch bei seiner Beurteilung voll bewußt sein. So sind die aus der Rechnung hervorgehenden „Gesamtkosten" in Wirklichkeit nicht die tatsächlichen gesamten Kosten, wenn bestimmte Kostenarten (zum Beispiel Rohmaterialkosten, Verwaltungsgemeinkosten usw.) aus den soeben dargelegten Gründen nicht in die Rechnung eingegangen sind. Sie dürfen daher beispielsweise nicht ohne vorherige Überprüfung und Vervollständigung für die Kalkulation der Selbstkosten herangezogen werden.

4. Der Rechnung werden jeweils neuwertige Webstühle sowie die volle Nutzungsdauer, demnach der volle Kapitaldienst, zugrunde gelegt, obwohl die tatsächliche Situation in den meisten Webereien zur Zeit so ist, daß die alten vorhandenen mechanischen Stühle keine Kapitalkosten mehr verursachen, da sie bereits amortisiert sind oder nur noch für eine kurze Periode Kapitalkosten anfallen lassen. Da es aber in erster Linie darauf ankommt, die *objektive* Entwicklung der Wirtschaftlichkeit mit technischem Fortschritt in der Weberei darzustellen, kann auf *relative* Wirtschaftlichkeitsverhältnisse, wie sie der Vergleich amortisierter, jedoch noch leistungsfähiger Stühle mit neuwertigen zum Gegenstand hat, zunächst keine Rücksicht genommen werden. In Anbetracht der Aktualität dieser Fragen der relativen Wirtschaftlichkeit technischen Fortschrittes, die auf die Frage nach dem wirtschaftlich ratsamen Ersatzzeitpunkt alter Stühle durch fortschrittliche hinausläuft, wird ihre Beantwortung in einer besonderen Ergänzungsrechnung anzustreben sein.

Tabelle 17

Die Entwicklung der Wirtschaftlichkeit mit fortschreitender Technik

1. bei einschichtiger Arbeit mechanischer und automatischer Webstühle

	1 mech. St.	3 H'Aut.	Einfarben-Automat A				Mehrfarben-pic-à-pic-Automat B			
			4 Aut.	6 Aut.	8 Aut.	10 Aut.	4 Aut.	6 Aut.	8 Aut.	10 Aut.
A. Leistungen in 1000 Sch.	11 262,2	12 583,3	14 308,2	14 308,2	14 308,2	14 308,2	13 054	13 054	13 054	13 054
B. Kosten in DM/Jahr										
1. Energie	309,71	454,24	516,19	516,19	516,19	516,19	516,19	516,19	516,19	516,19
2. Fertigungsl.	3 396,49	2 538,27	1 962,36	1 349,19	1 045,17	859,60	1 962,36	1 349,19	1 045,17	859,60
3. Hilfslohn und Gehälter	211,17	505,31	628,60	628,60	628,60	628,60	628,60	628,60	628,60	628,60
4. Kapitaldienst	714,24	1 305,72	1 668,42	1 668,42	1 668,42	1 668,42	2 611,44	2 611,44	2 611,44	2 611,44
5. Raumkosten	34,50	34,50	34,50	34,50	34,50	34,50	36,00	36,00	36,00	36,00
6. Zinsen für Stuhl-Belag	264,00	264,00	264,00	264,00	264,00	264,00	264,00	264,00	264,00	264,00
7. Summe 1–6	4 930,11	5 102,04	5 074,07	4 460,90	4 156,88	3 971,31	6 018,59	5 405,42	5 101,40	4 915,83
C. Kosten je Leistungseinh. in Pf	43,78	40,55	35,46	31,18	29,05	27,76	46,10	41,41	39,08	37,66
D. Ersparnis gg. mechan. Stuhl	–	+ 3,23	+ 8,32	+ 12,60	+ 14,73	+ 16,02	./. 2,32	+ 2,37	+ 4,70	+ 6,12
E. Ersparnis gg. Halbautomaten	./. 3,23	–	+ 5,09	+ 9,37	+ 11,50	+ 12,79	./. 5,55	./. 0,86	+ 1,47	+ 2,89
F. Ersparnis bei Anstieg der Stuhlzahl je W.	–	–	–	+ 4,28	+ 2,13	+ 1,31	–	+ 4,69	+ 2,33	+ 1,42

Tabelle 17 (Fortsetzung)

Die Entwicklung der Wirtschaftlichkeit mit fortschreitender Technik

Grundsätzliche Vorbemerkungen

2. *bei zweischichtiger Arbeit mechanischer und automatischer Webstühle*

		1 mech. St. 3 H'Aut.	Einfarben-Automat A				Mehrfarben-pic-à-pic-Automat B			
			4 Aut.	6. Aut.	8 Aut.	10 Aut.	4 Aut.	6. Aut.	8 Aut.	10 Aut.
A.	Leistungen in 1000 Sch.	22 524,5 25 166,7	28 616,3	28 616,3	28 616,3	28 616,3	26 108	26 108	26 108	26 108
B.	Kosten in DM/Jahr									
	1. Energie	619,42 908,48	1 032,38	1 032,38	1 032,38	1 032,38	1 032,38	1 032,38	1 032,38	1 032,38
	2. Fertigungsl.	6 792,98 5 076,54	3 924,72	2 698,38	2 090,34	1 719,20	3 924,72	2 698,38	2 090,34	1 719,20
	3. Hilfslohn und Gehälter	422,35 1 010,62	1 257,19	1 257,19	1 257,19	1 257,19	1 257,19	1 257,19	1 257,19	1 257,19
	4. Kapitaldienst	714,24 1 305,72	1 668,42	1 668,42	1 668,42	1 668,42	1 668,42	1 668,42	1 668,42	1 668,42
	5. Raumkosten	34,50 34,50	34,50	34,50	34,50	34,50	36,00	36,00	36,00	36,00
	6. Zinsen für Stuhl-Belag	264,00 264,00	264,00	264,00	264,00	264,00	264,00	264,00	264,00	264,00
	7. Summe 1–6	8 847,49 8 599,86	8 181,21	6 954,87	6 346,83	5 975,69	9 125,73	7 899,39	7 291,35	6 920,21
C.	Kosten je Leistungseinh. in Pf	39,28 34,17	28,59	24,30	22,18	20,88	34,95	30,26	27,93	26,51
D.	Ersparnis gg. mechan. Stuhl	– + 5,11	+ 10,69	+ 14,98	+ 17,10	+ 18,40	+ 4,33	+ 9,02	+ 11,35	+ 12,77
E.	Ersparnis gg. Halbautomaten	./. 5,11 –	+ 5,58	+ 9,87	+ 11,99	+ 13,29	./. 0,78	+ 3,91	+ 6,24	+ 7,66
F.	Ersparnis bei Anstieg der Stuhlzahl je W.	– –	–	+ 4,29	+ 2,12	+ 1,30	–	+ 4,69	+ 2,33	+ 1,32

2. Die Darstellung der Entwicklung der Wirtschaftlichkeit des Produktionsvollzuges mit fortschreitender Technik

a) Die Gegenüberstellung von Leistungen und Kosten verschiedener technischer Entwicklungsstufen

1) Die Ermittlung der Kosten je Leistungseinheit

Nachdem wir uns über die grundsätzlichen Aspekte klargeworden sind, unter denen die Entwicklung der Wirtschaftlichkeit des Produktionsvollzuges gesehen werden muß, können wir uns der Gegenüberstellung der Leistungen und Kosten als Maß der Wirtschaftlichkeit zuwenden. Diese Gegenüberstellung erfolgt unter gleichzeitiger Ermittlung der Kostenunterschiede der verschiedenen technischen Entwicklungsstadien in Tabelle 17 auf Seite 144. Bevor wir mit der Auswertung dieser Tabelle beginnen, bedarf es noch einiger Erläuterungen zur Ermittlung der einzelnen Werte.

a) Die Leistungen der Webautomaten wurden ungeachtet der Stellenzahl je Weber angesetzt, da unterstellt ist, daß die Stuhlzahl je Weber nur erhöht wird, wenn der Nutzeffekt gehalten werden kann. Die Erhöhung der Stellenzahl setzt demnach eine Verbesserung der Garnqualität, beziehungsweise die Verringerung der Fadenbruchzahlen voraus. Für den Fall, daß diese Prämisse nicht der Wirklichkeit entspricht, folglich der Nutzeffekt bei zunehmender Stellenzahl sinkt, muß auf die Sonderrechnung auf Seite 152 ff. verwiesen werden.

b) Die Fertigungsmaterialkosten wurden nicht in die Kostenerfassung einbezogen, da sie bei allen technischen Verfahren als gleich angenommen werden. Auf etwaige Kostenunterschiede in den Fertigungsmaterialkosten und ihre Bedeutung für die Wirtschaftlichkeit wird jedoch bei der Auswertung der Tabelle eingegangen.

c) Auch die Instandhalte- und Reparaturkosten wurden nicht berücksichtigt, da ihre gegenseitige Kompensation wahrscheinlich ist, jedenfalls aber etwaige Kostenunterschiede nicht mit befriedigender Sicherheit festzustellen sind (vergleiche Seite 128).

d) Als Stromverbrauch wurden beim mechanischen Stuhl 1,5 kWh, beim Halbautomaten 2,2 kWh und bei allen Vollautomaten 2,5 kWh angesetzt. Einschützige und mehrschützige pic-à-pic-Automaten haben gleichen Stromverbrauch, da die höhere Tourenzahl des einen durch den größeren Massewiderstand des anderen wettgemacht wird.

e) Der Errechnung des Kapitaldienstes liegt ein Zinssatz von 6 v. H. zugrunde. Für andere Zinsfüße wird eine Sonderrechnung durchzuführen sein (vergleiche Seite 157).

f) Die Nutzungsdauer der mechanischen Stühle wurde mit 20 Jahren, die der übrigen Stühle mit 10 Jahren angesetzt (vergleiche Seite 120 ff.).

Darstellung der Entwicklung der Wirtschaftlichkeit 147

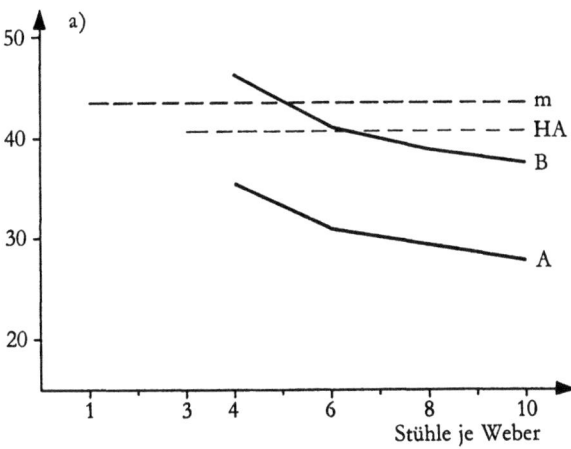

Abb. 15a: Bei einschichtiger Arbeit

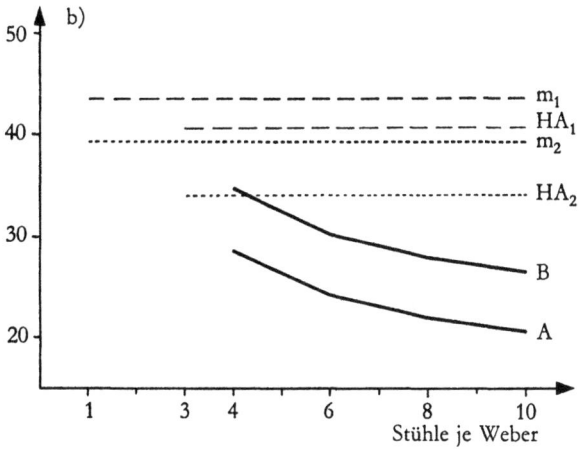

Abb. 15b: Bei zweischichtiger Arbeit

Abb. 15: Die Entwicklung der Wirtschaftlichkeit mit technischem Fortschritt, dargestellt an der Kostenentwicklung

g) Als Raumkosten wurde ein Quadratmetersatz von 5,— DM im Jahr angesetzt. Darin sind Gebäudeabschreibung, Grundsteuer usw. enthalten, dagegen keine Sonderanteile etwa verwendeter Klimaanlagen oder Sonderbeleuchtungen. Für pic-à-pic-Automaten wurde ein Flächenbedarf von 7,2 qm, für die übrigen Stühle von 6,9 qm eingesetzt.

h) Bei der Berechnung der Zinskosten des Umlaufvermögens wurde ein durchschnittlicher Stuhlbelag für alle Stühle von 300 Kettmetern angenommen. Der

Wert je Kettmeter ist 11,— DM, der Zinsfuß (für fremdfinanziertes Umlaufvermögen) beträgt 8 v. H.

2) Die Auswertung des Rechnungsergebnisses

Vergleicht man die Kosten je Leistungseinheit, so kann kein Zweifel daran bleiben, daß der technische Fortschritt die Wirtschaftlichkeit des Produktionsvollzuges merklich gehoben hat. Unter den angeführten Voraussetzungen liegen nur die Kosten für Vierfarben-pic-à-pic-Automaten bei vier Stühlen je Weber *über* denen für das Weben auf mechanischen Stühlen. Würde man für mechanische Webstühle dieselbe wirtschaftliche Nutzungsdauer annehmen wie für die neuzeitlichen Automaten, so würde auch diese Ausnahme der Unterlegenheit automatischen Webens nicht zu vermerken sein.

Die Überlegenheit einschütziger Automaten ist dagegen in allen Fällen gegeben. Gegenüber mechanischen Stühlen schwankt sie zwischen 8,3 und 18,4 Pf je 1000 Schuß, gegenüber Halbautomaten zwischen 3,1 und 13,3 Pf je 1000 Schuß.

Gegenüber Halbautomaten verringert sich der Kostenvorsprung, wie man sieht, nicht unbeträchtlich. Bei einschichtiger Arbeit sind Mehrfarben-Automaten den Halbautomaten unterlegen, sofern nicht einem Weber mindestens 8 Stühle zugeteilt werden können; bei zweischichtiger Arbeit verringert sich diese Mindestzahl auf 6 Stühle je Weber.

Mit zunehmender Automatenzahl nimmt das Maß des Kostenrückganges ab. Während die Wirtschaftlichkeit bei Erhöhung der Stellenzahl von 4 auf 6 (Automat A) noch um 4,28 Pf je 1000 Schuß zunimmt, geht die Kostenersparnis bei der Stellenzahlerhöhung von 8 auf 10 Stühle auf 1,31 Pf je 1000 Schuß zurück, (vergleiche auch Abbildung 15 auf Seite 147). Diese Differenz nimmt der Erhöhung der Stuhlzahl – ceteris paribus – vom Wirtschaftlichkeitsstandpunkt [214] einen Großteil ihres Reizes, kommt sie doch nurmehr einer Jahresersparnis von 187,44 DM je Stuhl gleich, während zum Beispiel der Unterschied von Halbautomaten zu den Automaten A bei Zweischichtarbeit und 8 Stühlen je Weber 11,99 Pf je 1000 Schuß = 3431,— DM im Jahr je Stuhl und gegenüber mechanischen Stühlen 17,10 Pf je 1000 Schuß = 4893,— DM im Jahr je Stuhl beträgt. Nimmt man an, daß nur Automaten in zwei Schichten eingesetzt werden können, so erhöhen sich die Unterschiede in der Wirtschaftlichkeit in den beiden angegebenen Fällen sogar auf 5257,— DM beziehungsweise auf 6181,— DM im Jahr je Stuhl.

Daß der Produktionsvollzug mit technisch-fortschrittlichen Webautomaten auch dann noch wirtschaftlicher sein kann, wenn sie sich nicht durch höhere Tourenzahlen von den älteren Webstuhltypen abheben würden, erhellt der Vergleich der Gesamtkosten (Spalte B, 7, Tabelle 17). Unabhängig von der Webstuhlleistung halten sich die Kosten der Automaten A generell unter denen der Halbautomaten und –

---

[214] Vgl. jedoch die Erwägungen auf Seite 197 ff.

abgesehen von Vierstuhlbedienung bei Einschichtarbeit – auch unter denen nichtautomatischer mechanischer Webstühle.

Die Wirtschaftlichkeit der kapitalintensiveren pic-à-pic-Automaten B hängt dagegen in größerem Maße von ihrer, dem technischen Fortschritt zu verdankenden, höheren Leistungsfähigkeit und deren Ausnutzung ab. Bei einschichtigem Einsatz kämen sie bei gleicher Leistung wie mechanische Webstühle diesen in der Wirtschaftlichkeit nur dann gleich, wenn 10 Automaten (gegenüber Halbautomaten: 8 Automaten) von einem Weber bedient werden. Dies ist aber gerade bei Buntautomaten selten der Fall. Sobald allerdings zweischichtig gearbeitet wird, sind auch diese Automaten von 6 Stühlen je Weber ab den technisch älteren Produktionsverfahren überlegen. Auf die Bedeutung der Ausnutzung der Leistungsfähigkeit sowie der Mehrschichtarbeit für die Wirtschaftlichkeit des Produktionsvollzuges kommen wir jedoch noch ausführlich an anderer Stelle [215] zurück.

Etwas ungünstiger für die Wirtschaftlichkeit von Webautomaten wird das Ergebnis in dem Fall, in dem im Gegensatz zu mechanischem und halbautomatischem Weben das Schußgarn umgespult werden muß, wenn es auf Automaten verwebt werden soll. Die Ersparnis würde sich dann um 1,8 Pf/1000 Schuß [216] verringern. Noch weit schwerer fiele zusätzliches Schlichten ins Gewicht, das mit etwa 7 Pf/1000 Schuß [217] veranschlagt werden muß. Kommen Umspulen und Schlichten gemeinsam zusätzlich zu den Fertigungskosten bei automatischem Weben, so ist beispielsweise der Einsatz des Automaten B gegenüber Halbautomaten in jedem Falle unwirtschaftlich und nur begrenzt wirtschaftlicher als der Einsatz glatter Stühle. Auch hier zeigt sich wieder die überragende Bedeutung der richtigen Qualität von Kette und Schuß für die Wirtschaftlichkeit des Produktionsvollzuges mit vollautomatisierten Webstühlen.

Die bisher über die Entwicklung der Wirtschaftlichkeit im Zuge technischen Fortschrittes erlangten Aufschlüsse sind – dessen muß man sich bewußt sein – nicht absolut zuverlässig. Sie geben zwar wertvolle Anhaltspunkte, fußen jedoch auf einer Anzahl von Prämissen, die der heterogenen Wirklichkeit nicht in jedem Falle entsprechen müssen. Eine Investition vollautomatischer Webstühle, die auf Grund der vorliegenden Wirtschaftlichkeitsberechnung durchgeführt wird, könnte zu unliebsamen Überraschungen führen, wenn der Betrieb der Stühle aufgenommen wird. Gerade bei der Einführung von Vollautomaten in die Tuchindustrie haben einseitige Wirtschaftlichkeitsüberlegungen zu Fehlinvestitionen geführt, die dann in Zukunft nicht nur die betroffenen Unternehmen selbst, sondern auch außenstehende Beobachter derselben Branche vor der Verwirklichung des technischen Fortschrittes in ihren Betrieben zurückschrecken ließen, obwohl sie an sich für eine Anzahl von Tuchwebereien, zumindest vom Wirtschaftlichkeitsstandpunkt aus, entsprechend den anders gelagerten betriebsindividuellen Voraussetzungen durchaus ratsam gewesen wären.

[215] Vgl. Seite 156 f.
[216] Vgl. Seite 102.
[217] Vgl. Seite 103.

Freilich waren bereits die der Wirtschaftlichkeitsrechnung vorangehenden Einzelanalysen der Leistungs- und Kostenkomponenten des Produktionsvollzuges dazu angetan, die in Tabelle 17, Seite 144, ermittelten Wirtschaftlichkeitsergebnisse aufschlußreich zu ergänzen. Darüber hinaus aber bedarf die Vorstellung über die Entwicklung der Wirtschaftlichkeit einer weiteren Vertiefung und Abrundung, ehe sämtliche Möglichkeiten, sie so umfassend wie möglich zu bilden, erschöpft sind. Diesem Bedürfnis wollen die folgenden ergänzenden Überlegungen Rechnung tragen.

b) Die Ergänzungsrechnungen zur Wirtschaftlichkeitsberechnung

1) Die mit technischem Fortschritt wachsende Bedeutung des Maschinenlastgrades für die Wirtschaftlichkeit des Produktionsvollzuges

Die bisherigen Überlegungen über die Entwicklung der Wirtschaftlichkeit gingen von einem fixierten Maschinenlastgrad [218] (Ausnutzungsgrad) der Webstühle aus. Es wurde also ein konstantes Verhältnis von Istleistung zu Sollleistung unterstellt. In praxi stellen jedoch Unterschiede im Nutzeffekt sowohl in den einzelnen Betrieben als erst recht von Betrieb zu Betrieb keine Seltenheit dar. Es ist daher ratsam, sich über die Bedeutung des Lastgrades für die Wirtschaftlichkeit des Produktionsvollzuges im klaren zu sein. Dabei interessiert im Rahmen des Zieles unserer Untersuchungen vor allem, ob sich mit technischem Fortschritt eine Änderung der Bedeutung des Lastgrades für die Wirtschaftlichkeit abzeichnet und welchen Ausmaßes diese Änderung gegebenenfalls ist.

aa) Die Abhängigkeit der Wirtschaftlichkeitsänderungen von der Starrheit der Kosten und den Ursachen der Nutzeffektschwankungen

Die Tatsache allein, daß sich der Ausnutzungsgrad unter bestimmten Bedingungen um ein bestimmtes Maß ändert, gibt zwar genaue Angaben über den dadurch bedingten Leistungsrückgang (-anstieg), sagt jedoch noch nichts über das Verhalten der Kosten gegenüber der Nutzeffektänderung aus. Entscheidend für das Kostenverhalten bei Nutzeffektschwankungen sind einmal der Grad der Leistungsgebundenheit der Kosten und zum anderen die Ursache der Leistungsschwankung.

1. Im selben Maße wie die Leistung kann nur ein Teil der gesamten Stückkosten ab-(zu-)nehmen, nämlich die proportionalen Kosten. Der Anteil der fixen Kosten dagegen, der in seiner absoluten Höhe vom Ausnutzungsgrad unabhängig ist, wird, auf die Leistungseinheit bezogen, desto geringer (höher) sein, auf je mehr (weniger) Leistungseinheiten er sich verteilen kann. Daraus folgt der Grundsatz, daß die Kosten und damit auch die Wirtschaftlichkeit der Leistungserstellung dem Ausnutzungsgrad um so weniger (mehr) proportional sind, je höher (niedriger) ihr fixer Bestandteil ist.

[218] Vgl. *K. Rummel*, Einheitliche Kostenrechnung, a. a. O., S. 61.

Nun läßt sich jedoch nicht übersehen, daß sich die fixen Kosten mit technischem Fortschritt immer mehr im Verhältnis zu den proportionalen Kosten ausbreiten [219], größtenteils einerseits wegen der ansteigenden fixen Kapitalkosten, andererseits wegen der zunehmenden Erstarrung der Lohnkosten, die – als Folge des Trends zum Zeitlohn und mit zunehmender Stellenzahl je Arbeitskraft – eher als „sprungfix" denn als proportional zu bezeichnen sind, während der Fertigungslohn beim mechanischen Einstuhlsystem noch rein proportionaler Kostenbestandteil ist.

Für die Wirtschaftlichkeit des Produktionsvollzuges ergibt sich daraus die Konsequenz, daß sie desto abhängiger vom Ausnutzungsgrad, das heißt anfälliger gegenüber Nutzeffektschwankungen jeder Art ist, je technisch-fortschrittlicher sich die Leistungserstellung vollzieht.

2. Nicht nur der Grad der Kostenstarrheit aber bestimmt das Kostenverhalten gegenüber Nutzeffektschwankungen. Es ist vielmehr ebenfalls von der Art der Ursache, die zu den Schwankungen führt, abhängig. Ein Absinken des Nutzeffektes, etwa infolge erhöhter Fadenbruchzahlen oder (wegen steigender Stellenzahl) überhandnehmender Stillstandsüberlagerungen, beeinflußt die Kosten je Leistungseinheit lediglich in dem soeben abgegrenzten Rahmen der veränderten Fixkostenverteilung. Ist dagegen die Änderung des Ausnutzungsgrades beispielsweise auf häufigere (seltenere) und/oder länger (kürzer) während Kettwechsel zurückzuführen, so können sich die Kosten nicht nur relativ (im Verhältnis zur Leistungseinheit), sondern auch absolut erhöhen (verringern) und daher je Leistungseinheit noch ärger (schwächer) ins Gewicht fallen. Dies ist der Fall, wenn ein geringerer (höherer) Ausnutzungsgrad eine Erweiterung (Reduzierung) des Kettwechselpersonals bedingt. Beim einfachen mechanischen Websystem, in dem der Weber selbst zusammen mit dem Meister den Kettwechsel besorgt, ist es demgegenüber ohne absolute Kostenfolgen, wenn die Kettwechselhäufigkeit oder -dauer zu- oder abnimmt, es sei denn, die Stuhlzahl je Meister müsse herabgesetzt werden, der Weber erhalte Vergütungen für besonders hohe Ausfälle, die ihn seinen Grundlohn nicht erreichen lassen und dergleichen Ausnahmefälle mehr.

3. Schließlich dürfen auch die interdependären Kostenwirkungen von Nutzeffektschwankungen in der Weberei nicht außer acht gelassen werden. Die wechselseitige Abhängigkeit aller Fertigungsstellen voneinander bringt es mit sich, daß auch die der Weberei vor- beziehungsweise nachgelagerten Fertigungsstellen indirekt von den Auswirkungen der Nutzeffektschwankungen der Webstühle berührt werden. Jeder unvorhergesehene Stillstand in der Weberei bedeutet eine Produktionsstockung, die gleichzeitig den Fertigungsfluß im gesamten Betrieb stören kann. Dadurch werden indirekte Kosten verursacht und die Wirtschaftlichkeit gedrückt. Je genauer die Kapazitäten der Fertigungsstellen aufeinander abgestimmt sind, je genauer disponiert und je dispositionsgemäßer produziert wird, um so unausbleiblicher zwingen Nutzeffektschwankungen (Produktionsschwankungen oder -ausweitungen) in der Weberei auch die vor- oder nachgelagerten Fertigungs-

---

[219] Vgl. Seite 170.

stellen in Unter-(Über-)Beschäftigung beziehungsweise bedrängen sie die Zwischenläger, wobei jedoch eingestanden werden muß, daß es in praxi meistens gelingt, Nutzeffektschwankungen zuzuschreibende Produktionsverzögerungen (-beschleunigungen) mit Hilfe der Zwischenläger aufzufangen.[220]

Es ist unschwer einzusehen, daß Nutzeffektschwankungen mit technischem Fortschritt größere interdependäre Kosten-(Wirtschaftlichkeits-)Wirksamkeit haben, da sie mit zunehmender Tourenzahl auch größere Leistungswirksamkeit aufweisen.

Dies ist gleichzeitig der Grund dafür, daß sich mit fortschreitender Technik eine andere Kategorie interdependärer Kostenwirkungen in der Abhängigkeit vom Weberei-Ausnutzungsgrad stärker bemerkbar macht. Gemeint sind die sogenannten kalkulatorischen Kosten einschließlich des Unternehmergewinnes. Ebenso wie die interdependären Kostenwirkungen in den vor- und nachgelagerten Fertigungsstellen, so muß nämlich gerechterweise auch der durch den etwaigen Produktionsrückgang bedingte Gewinnausfall in die Betrachtung einbezogen werden.

Zwar könnte man auch hier darauf hinweisen, daß zum Ausgleich des Produktionsrückganges andere Fabrikate in den nachgelagerten Fertigungsstellen für den Verkauf fertiggestellt werden, die vorher auf Zwischenlägern erfolgsunwirksam lagerten. Aber selbst bei der – eher utopischen als optimistischen – Unterstellung, daß diese Lagerware stets preisgünstig und ohne besonderen Verkaufsaufwand abzusetzen ist, bleibt die nicht gewebte Ware für den Verkauf und damit für den Gewinn endgültig verloren.

bb) Die Beeinflussung der Wirtschaftlichkeit durch Änderungen der Fadenbruch- und Stellenzahlen

Sehen wir uns nunmehr die Auswirkungen von Nutzeffektschwankungen genauer an und wenden wir uns zunächst den Fällen zu, in denen die einzige Wirkung von Änderungen des Ausnutzungsgrades darin besteht, daß sich die zeitabhängigen Kosten auf eine höhere (niedrigere) Leistung verteilen. Dies trifft immer dann zu, wenn die Nutzeffektschwankungen auf Stillstände zurückgehen, die, ohne zusätzliche Kosten zu verursachen, vom Weber routinemäßig zu beheben sind. Es ist dabei ohne Belang, ob der Weber während des Stillstandes am Stuhl beschäftigt ist oder ob der Stuhl brachliegt und auf Bedienung wartet. Änderungen in der Zahl und in der Dauer derartiger Stuhlstillstände folgen in der Regel entweder auf wechselnde Fadenbruchzahlen oder – bei konstantem Lastgrad des Webers – steigende Stellenzahl.

Die auf das Konto der beschriebenen Stillstände gehenden Änderungen der Wirtschaftlichkeit des Produktionsvollzuges sind aus der auf Seite 153 folgenden

---

[220] Man nimmt zum Beispiel das Garn, das infolge von Nutzeffektrückgängen nicht verwebt werden konnte, auf Lager, so daß die Zwirnerei voll durcharbeiten kann. Auf der anderen Seite gleicht die Färberei den Produktionsrückgang der Weberei durch Entnahmen aus dem Rohwarenlager aus.

Abbildung 16 ersichtlich. Bei dem zugrunde liegenden Kostenansatz wurden als proportionale Kosten lediglich die Energiekosten angesehen, wobei jedoch deren remanente Tendenz [221] berücksichtigt wurde. Die leistungsproportionalen Materialkosten wurden – wie schon in der Tabelle 17 auf Seite 144 – ausgelassen. Beim mechanischen Einstuhlsystem wurden die Fertigungslohnkosten nur so weit als proportional angesetzt, wie es dem Akkordrichtsatz entspricht. Nicht in die Kostenerfassung einbezogen wurden die interdependären Kosten einschließlich des entgangenen Gewinnes (vergleiche Seite 136), da ihre Höhe zu ungewiß und praktisch nicht exakt bestimmbar ist. Der besseren Übersicht wegen wurde das Beispiel nur jeweils für eine Stellenzahl (8) der Automaten A und B durchgerechnet.

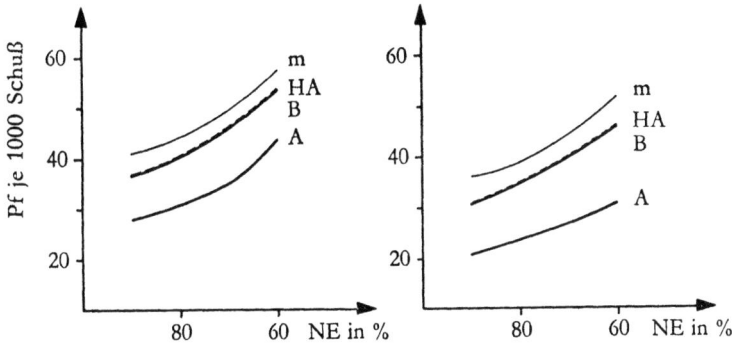

Abb. 16: Die Abnahme der Wirtschaftlichkeit mit abnehmendem Nutzeffekt
(dargestellt am Verlauf der Kostenkurven)

Aus dem Verlauf der Kostenkurven lassen sich zwei Schlüsse ziehen:
1. Die effektive Abnahme der Wirtschaftlichkeit bei rückläufigem Nutzeffekt ist auf Grund der hier behandelten Stillstandsursachen bei allen Verfahren relativ nicht sehr verschieden. (Der Steigungsgrad der Kurven ist fast gleich.) Dies wird vor allem deutlich in den dicht nebeneinanderherlaufenden Kostenkurven der Halbautomaten (HA) und des Automaten B (B). Der Grund hierfür liegt darin, daß die höheren Fixkosten fortschrittlicher Verfahren insofern nicht durchschlagen, als der größte Teil der Löhne aus arbeitsrechtlichen Gründen ebenfalls als fix anzusetzen ist. Ein steilerer Steigungsgrad der Kostenkurven technisch-fortschrittlicher Webstühle ergäbe sich erst dann, wenn der Rückgang des Nutzeffektes zusätzliche Kosten verursachen würde, was aber in den hier vorliegenden Fällen nicht zutrifft.
2. Der Nutzeffekt kann beim Halbautomaten und beim Automaten B bei einschichtiger Arbeit auf etwa 75 v. H., beim Automaten A bis auf rund 60 v. H. sinken, ehe der Produktionsvollzug auf diesen Stühlen unwirtschaftlicher wird als

[221] Vgl. Seite 104 ff.

auf mit 80 v. H. ausgenutzten mechanischen Webstühlen. Ein hoher Ausnutzungsgrad vor allem der halbautomatischen und der kapitalintensiven Automaten B ist demnach besonders dringlich.

Bei zweischichtigem Produktionsvollzug liegt die Schwelle der Wirtschaftlichkeit bei weit niedrigeren Nutzeffekten. Die Halbautomaten erreichen bei rund 73 v. H., die Automaten B bei 62 v. H. und die Automaten A erst bei einem Nutzeffekt, der weit unter 60 v. H. liegt, die Stückkostenlöhne der zu 80 v. H. ausgenutzten mechanischen Stühle. Halbautomaten sind mit einem Nutzeffekt von 80 v. H. den Automaten B überlegen, sobald deren Nutzeffekt auf etwa 68 v. H. sinkt.

Beide Automaten sind dann auch bei sehr geringem Nutzeffekt noch wirtschaftlicher als mechanische Stühle, wenn sie in zwei Schichten eingesetzt werden, mechanische Stühle aber nur in einer Schicht.

Die gesamte Entwicklung der Wirtschaftlichkeit im Zusammenhang mit dem Nutzeffekt muß unter dem Gesichtspunkt beurteilt werden, daß die Gefahr eines Absinkens des Nutzeffektes bei Automaten größer ist als bei Nichtautomaten, da steigende Fadenbruchzahlen und ähnliche Stillstandsursachen bei Automaten vor allem wegen der Überlappungsgefahr den Nutzeffekt besonders empfindlich herabdrücken.

cc) Die Beeinflussung der Wirtschaftlichkeit durch Änderungen der Auflagenhöhe und Sortenfolge

Die bisherigen Untersuchungen der Leistungen, Kosten und der Wirtschaftlichkeit fußten, wenn nicht ausdrücklich von dieser Prämisse abgewichen wurde, auf der Annahme, daß die Kettlänge 500 m beträgt. Im Verlaufe unserer Leistungsanalyse sahen wir jedoch bereits, wie sich die Variation der Kettlänge im Nutzeffekt der Stühle spiegelt, und es ist erinnerlich, daß die Schwankungen des Nutzeffektes vor allem im Bereich kurzer Ketten erheblich sind, mit Verlängerung der Kette aber immer weniger ins Gewicht fallen.

Welchen Einfluß die Verringerung (Erhöhung) des Nutzeffektes auf die Wirtschaftlichkeit des Produktionsvollzuges ausübt, ergab sich grundsätzlich bereits aus dem vorstehenden Abschnitt. Der dort für den Rückgang des Nutzeffektes ermittelte Kostenanstieg stellt jedoch nur das Anstiegsminimum der Kosten dar, wenn der Nutzeffekt als Folge abnehmender Kettlänge zurückgeht. Die Kostenkurve verlagert sich unter Umständen nach oben, wenn zur Erreichung eines bestimmten Nutzeffektes die Verstärkung des Kettwechseltrupps notwendig wird, um die bei steigender Kettwechselhäufigkeit, jedoch konstantem Wechselpersonal unvermeidliche progressive Nutzeffekt-Abnahme infolge von Wartezeiten und Überlagerungen zu vermeiden.

Es wurde bereits erwähnt, daß die Gefahr derartig progressiver Nutzeffekt-Abnahmen um so größer ist, je straffer die Arbeitsteilung im technisch-fortschrittlichen Websaal durchgeführt ist.

Um die anteiligen Mehrkosten infolge der Einstellung zusätzlichen Kettwechselpersonals verlagert sich die Kostenkurve nach oben. Dabei ist allerdings zu berücksichtigen, daß die Zinskosten des Umlaufvermögens mit abnehmender Kettlänge zurückgehen, da die durchschnittliche Materialbindung geringer ist [222].

Dasselbe, was für die Entwicklung der Wirtschaftlichkeit bei veränderter Kettwechselhäufigkeit gilt, trifft auch unter Umständen auf die Auswirkungen veränderter *Sortenfolge* zu [223]. Von der Leistungsbetrachtung her ist uns noch geläufig, daß von der Art der aufeinanderfolgenden Artikel die Menge der beim Kettwechsel anfallenden Arbeit und damit auch der Zeitbedarf wesentlich bestimmt wird. Je kürzer die Ketten und je höher die Sortenzahl, desto größer ist die Wahrscheinlichkeit, daß die Kettwechsel ungünstige Sortenfolge und hohe Sortenwechselkosten verursachen [224], wobei die Kosten des Sortenwechsels einmal durch den Rückgang des Nutzeffektes und zum anderen durch die Höhe des Personalmehrbedarfes bestimmt werden. Schließlich bleibt zu bedenken, daß Auflagenhöhe und Sortenfolge besondere interdependäre Bedeutung haben, da sie auch die Wirtschaftlichkeit des Produktionsvollzuges anderer Fertigungsstellen [225] als der Weberei entscheidend beeinflussen, und zwar um so mehr, je mehr auch diese Fertigungsstellen mit fortschreitender Technik in ihrer Wirtschaftlichkeit von einem hohen Ausnutzungsgrad abhängen.

Trotz der unbestritten nachteiligen Wirkung geringer Auflagenhöhe für die Wirtschaftlichkeit des Produktionsvollzuges in der Weberei darf ihre Tragweite nicht überschätzt werden. Wie aus dem Vergleich der Nutzeffekt-Wirkung [226] mit den ihr entsprechenden Kostenverläufen hervorgeht, treten mechanisch und technisch-fortschrittliche Automaten – ceteris paribus – erst im Bereich von Kettlängen von 200 m und darunter in Wirtschaftlichkeitskonkurrenz. Derartig kurze Ketten sind jedoch nur relativ selten anzutreffen, so daß man in dieser Hinsicht nur mit Maßen Schulten [227] beipflichten kann, der in enger Anlehnung an Schmalenbach [228] sagt, daß „Nichtautomaten wegen ihrer geringen Fixkostenanteile unter Umständen günstiger arbeiten können, so daß das primitivere neben dem technisch vollkommenen Fertigungsverfahren bestehen und diesem sogar überlegen sein kann, wenn kleinere Auflagen herzustellen sind".

---

[222] Die Zinsminderbelastung darf jedoch – soweit sie sich auf den Materialwert bezieht – nur dann angerechnet werden, wenn infolge der kürzeren Ketten auch tatsächlich das Garn in kürzeren Zeitabständen und in kleineren Mengen vom Lieferanten abgerufen wird, was jedoch häufig nicht der Fall ist. Werden aber geringere Mengen eingekauft, so müssen gegebenenfalls fortfallende Mengenrabatte, Frachtdegressionen usw. gegen die Abnahme der Zinsen aufgerechnet werden.
[223] Vgl. *A. Wolter*, Das Problem der Wirtschaftlichkeit..., a. a. O., S. 381 ff.
[224] Vgl. *H. Frackenpohl*, a. a. O., S. 14.
[225] Insbesondere der Schärerei.
[226] Vgl. Seite 66 und Seite 147.
[227] *W. Schulten*, Die Auswirkungen der Automatisierung..., a. a. O., S. 93.
[228] *E. Schmalenbach*, Selbstkostenrechnung..., Leipzig 1930.

2) *Die mit technischem Fortschritt wachsende Bedeutung des Zeitgrades für die Wirtschaftlichkeit des Produktionsvollzuges*

Von nicht minder großer Bedeutung für die Wirtschaftlichkeit der Leistungserstellung als der Maschinenlastgrad ist der Grad der zeitlichen Beanspruchung (Zeitgrad) der Webstühle, das ist das Verhältnis von Fertigungszeit zu Kalenderzeit. Nicht nur einmal wurde bereits im Verlaufe der Kosten- und Wirtschaftlichkeitsuntersuchungen deutlich, in welchem Maße es für die Höhe der Kosten je Leistungseinheit darauf ankommt, ob sich die Produktion in einer Schicht oder in zwei Schichten vollzieht.

So bedarf es an dieser Stelle lediglich einer Rekapitulation der Ergebnisse früherer Überlegungen [229], um die mit technischem Fortschritt erheblich wachsende Bedeutung einer hohen zeitlichen Ausnutzung der Maschinen für die Wirtschaftlichkeit ihres Einsatzes noch einmal besonders hervorzuheben. Die Nutzung der Kostendegression infolge der geringeren Fixkostenbelastung der Leistungseinheit mit Hilfe zweischichtiger Arbeitsweise hat sich, wie wir sahen, zu einem Erfordernis entwickelt, von dem die wirtschaftliche Über- beziehungsweise Unterlegenheit technisch-fortschrittlicher Webstühle [230] gegenüber „primitiveren" Webverfahren in vielen Fällen entscheidend abhängt. Wie die Untersuchungen der Wirtschaftlichkeit im Zusammenhang mit ihrer Abhängigkeit vom Lastgrad der Stühle aufdeckten, wird der zweischichtige Produktionsvollzug um so mehr zum Angelpunkt der Wirtschaftlichkeit der verschiedenen Webstuhltypen, je geringer der Lastgrad ist, da die Kostenprogression bei sinkendem Lastgrad in den Durchschnittskosten nur durch die Hebung des Zeitgrades aufgefangen beziehungsweise sogar überkompensiert werden kann.

Während die Antwort auf die Frage, ob die Leistungserstellung in einer Schicht oder doppelschichtig durchzuführen sei, offenbar vom Standpunkt der Wirtschaftlichkeit aus nur zugunsten der Doppelschicht ausfallen kann, müssen gegen Erwägungen, die Produktion in drei Schichten zu vollziehen, eine Reihe von Bedenken angemeldet werden. Es ist zunächst fraglich, ob ein dreischichtiger Produktionsvollzug angesichts der zur Zeit gültigen arbeitsrechtlichen Bestimmungen möglich ist. Die 45-Stunden-(= 5-Tage-)Woche läßt für Dreischichtarbeit keinen Raum, da sich drei Schichten zu 9 Stunden in den 24 Stunden eines Tages nicht unterbringen lassen. Eine (ungerade) Verteilung der wöchentlichen Arbeitszeit auf 6 Tage wäre notwendig. Aber selbst dann könnten in der Nachtschicht keine Frauen und Jugendlichen eingesetzt werden [231], die mit fortschreitender Arbeitsteilung im Websaal der Tuchweberei mehr und mehr Verwendung finden. Es müßten in der

---

[229] Vgl. Seite 123 ff. und Seite 150 ff.
[230] Insbesondere der Pic-à-pic-Stühle.
[231] Bereits bei zweischichtiger Produktion stößt der Einsatz von Frauen und Jugendlichen auf — wenn auch meist zu bewältigende — Schwierigkeiten wegen des frühzeitigen Beginns des ersten und des späten Endes der zweiten Schicht.

Nachtschicht also ausschließlich Männer eingesetzt werden [232]. Dadurch, sowie besonders auch wegen der Nachtzuschläge auf den Lohn, würde durch die Erhöhung der Lohnkosten ein Teil der Kapitalkostendegression abgeschöpft [233]. Hinzu kommt, daß die Kostendegression auch von der Leistungsseite her untergraben wird, da die Leistung während der Nachtschicht infolge des erheblich geringeren Arbeiterlastgrades sowohl quantitativ als auch qualitativ [234] beträchtlich unter der Leistung bei Tagesschicht liegt. Schließlich steigt erfahrungsgemäß auch der Maschinenverschleiß bei dreischichtiger Arbeit progressiv an, so daß Reparatur- und Instandhaltekosten ebenfalls einen Teil der Kapitalkostendegression ausgleichen. Unter diesen Umständen scheint die Arbeit in drei Schichten nicht ratsam zu sein; allenfalls kann sie zum Ausgleich etwaiger Saisonschwankungen in Erwägung gezogen werden [235].

3) Die Entwicklung der Wirtschaftlichkeit bei verändertem Zinsfuß

Das grundsätzliche Postulat nach der Verzinsung des Kapitals, von dem man – zumindest im Bereich der privaten Wirtschaft – verlangt, daß es nutzbringend in den Dienst des Produktionsvollzuges gestellt werde, wirft die Frage nach dem Ansatz der Zinshöhe auf. Die bisherigen Berechnungen gingen von dem konstanten Zinsfuß von 6 v. H. aus (vergleiche Seite 146). Da bei den verschiedenen Entwicklungsstufen der Webtechnik unterschiedliche Kapitalbeträge gebunden sind, ist die Frage der Zinshöhe auch im Rahmen der vorliegenden Wirtschaftlichkeitsuntersuchungen akut. Da die Zinsen nämlich als Kostenbestandteil (zunächst unabhängig davon, ob sie – für Fremdkapital – schließlich zu Ausgaben werden oder ob das – bei Zinsen für Eigenkapital – nicht der Fall ist [236]), maßgeblichen Einfluß auf das Ergebnis der Wirtschaftlichkeitsrechnung haben, „ist es unter Umständen von entscheidender Bedeutung, in welcher Höhe der Kalkulationszinsfuß angesetzt wird" [237]. Gerade, wenn die Wirtschaftlichkeit verschiedener Verfahren im Hinblick darauf berechnet werden soll, daß das Ergebnis wesentliche Unterlage bei einer eventuellen Entscheidung sein soll, ob der technische Fortschritt durch Investitionen in den Produktionsvollzug eingegliedert werden soll oder nicht, gerade dann bedarf es zur Beantwortung der Frage nach der Zinshöhe gründlicher Überlegung, der auch wir uns nicht entziehen wollen.

---

[232] Bei den augenblicklichen Verhältnissen auf dem Arbeitsmarkt (vgl. S. 197) wird es überdies Mühe kosten, überhaupt Arbeitskräfte für die Nachtschicht anzuwerben.
[233] Vgl. Tabelle 15, Seite 116.
[234] Nicht nur, daß die Webfehler und Garnverwechslungen zahlreicher werden, spielt dabei eine Rolle, sondern auch, daß dem (organischen) Rohstoff keine Ruhe gegönnt wird, die er zur Erhaltung seiner Elastizität und Widerstandskraft braucht.
[235] Vgl. Seite 176 ff.
[236] Vgl. K. *Mellerowicz*, Kosten und Kostenrechnung, a. a. O., S. 61 ff.
[237] E. *Schneider*, Wirtschaftlichkeitsrechnung, a. a. O., S. 66.

Die Ansicht Schmalenbachs[238], die Höhe der Kapitalverzinsung sei nach dem Grenznutzen des Kapitals auszurichten, deckt sich mit der allgemeinen Ansicht der modernen Literatur[239]. Nach Schmalenbach ist „der Zinssatz gleich der ersten nicht mehr aktiv gewordenen Nutzbarkeit"[240], was besagt, daß das investierte Kapital zumindest den gleichen Nutzen abwerfen soll, den es erbrächte, wenn es zur Durchführung der nächst vorteilhaften Investitionsmöglichkeit verwendet würde. Es ist zum Beispiel denkbar, daß ein Tuchfabrikant sowohl die Anschaffung neuer Spulmaschinen als auch die Automatisierung seines Websaales in Erwägung zieht. Nehmen wir an, in beiden Fällen werde jeweils das gleiche Kapital benötigt, es seien jedoch nur die Mittel für die Durchführung eines der beiden Vorhaben verfügbar. Da der Tuchfabrikant die Automatisierung des Websaales für dringlicher hält als die Anschaffung der Spulmaschinen, verzichtet er auf die letztere, die einen Nutzen von 8 v. H. erwarten ließ. Dieser entgangene Nutzen muß als Mindestmaß für die Verzinsung der Automatisierungs-Investition erwartet werden.

Nun gestaltet es sich in praxi außerordentlich schwierig und kostspielig, den „letzten nicht mehr aktiv gewordenen Nutzen" in seiner absoluten Höhe zu bestimmen. Man geht daher in der Regel von näherliegenden Vergleichen mit bereits bekanntem Kapitalnutzen aus. In diesem Zusammenhang leuchtet ein, daß man bei der Verwendung von Fremdkapital einen Zinsfuß wählt, der über dem Fremdkapitalzinssatz liegt. Anderenfalls mißt man dem Fremdkapital keinen Nutzen für den eigenen Betrieb zu. „Bei eventuell über dem Fremdkapitalzinssatz liegendem Marptpreisniveau für Fremdkapital gleicher Art" soll der Kalkulationszinssatz „nicht unter diesem"[241] liegen.

Wird geplant, die Investition durch Eigenkapital zu finanzieren, so richtet sich die Höhe des Kalkulationszinsfußes nach Schneider[242] „im allgemeinen nach der in der betreffenden Branche als normal angesehenen Verzinsung". Für den Fall, daß die „branchenübliche Verzinsung unter dem Zinsertrag liegt, den eine mit gleichem Risiko behaftete Kapitalanlage außerhalb des Betriebes ergeben würde, bildet dieser Zinssatz", wie Matzeit fordert, „die Untergrenze"[243].

Dieser Forderung glauben wir jedoch nicht uneingeschränkt folgen zu können. Sie beachtet nämlich nicht die möglichen Auswirkungen der Investition auf den gesamten Betrieb. Unterbleibt die Investition, da das Kapital anderswo rentabler angelegt werden kann, so ist durchaus denkbar, daß als Folge davon die Verzinsung des Gesamtkapitals beeinträchtigt wird, weil der Betrieb ohne die Investition nicht mehr wirtschaftlich zu arbeiten vermag[244]. Außerdem schließt der Verzicht

---

[238] *E. Schmalenbach*, Kapital, Kredit und Zins, a. a. O., S. 157.
[239] Vgl. *E. Schneider*, a. a. O., S. 66 ff., ferner *K. Schwantag*, Der Zins als Kostenfaktor, a. a. O., S. 483.
[240] *E. Schmalenbach*, a. a. O., S. 157.
[241] *H. Matzeit*, a. a. O., S. 48.
[242] *E. Schneider*, a. a. O., S. 67.
[243] *H. Matzeit*, a. a. O., S. 48.
[244] Umgekehrt würde die Verzinsung des Gesamtkapitals durch die Investition gesteigert.

auf eine Kapitalanlage im eigenen Betrieb mit der Begründung, das Kapital werfe anderswo höheren Nutzen ab, keineswegs aus, daß der höhere Ertrag dieses anderweitig angelegten Kapitals (über-) kompensiert wird durch einen Ertragsrückgang des eigenen Betriebskapitals.

Sicherlich wird es im konkreten Fall außerordentlich schwer – wenn nicht gar unmöglich – sein, diese Beziehungen in ihrer ganzen Tragweite bis ins einzelne zu erkennen und gegeneinander abzuwägen. Immerhin aber sollte sich der Investor ihrer grundsätzlichen Bedeutung voll bewußt sein.

Es ist untunlich, sich bereits vor der Durchführung der Berechnung auf eine bestimmte Finanzierungsform festzulegen, die durch ihre Besonderheiten den Spielraum für die Wahl des Zinsfußes stark einengen und damit die Objektivität der Wirtschaftlichkeitsrechnung gefährden würde. Die Rechnung soll ja nicht allein darüber Aufschluß geben, ob die Automatisierung überhaupt wirtschaftlich ist, sondern auch darüber, unter welchen Voraussetzungen sie gegebenenfalls vorteilhaft ist, ferner über die Bedingungen, unter denen sie keinen Nutzen abwirft. Erst auf Grund des Rechnungergebnisses sollte die Entscheidung über die Finanzierungsform fallen, selbst dann, wenn der Investor bereits von vornherein glaubt, es käme mit Sicherheit nur eine bestimmte in Frage. Das Ergebnis der Rechnung kann den Investor unter Umständen zwingen, seine im voraus gefaßte Finanzierungsplanung umzustoßen und neue Wege zu suchen, an die er vorher entweder nicht gedacht hat oder die er doch zumindest für unbegehbar hielt.

Sieht man zum Beispiel vor der Durchführung der Wirtschaftlichkeitsrechnung keine andere Finanzierungsmöglichkeit als die Aufnahme eines langfristigen Kredites zu 8 v. H., da die vorhandenen eigenen Mittel für die Investition nicht ausreichen, und zeigt die Rechnung, daß die Investition bei diesem Zinsfuß nicht vorteilhaft ist, wohl aber bei einem Zinsfuß von 6 v. H., sieht sich der Betrieb jedoch andererseits nur unter der Voraussetzung zukünftig in der Lage, sich gegenüber der Konkurrenz zu behaupten, daß die Investition durchgeführt wird, so bleibt nur noch eine Erhöhung des Eigenkapitals übrig, die man zunächst nicht ins Auge gefaßt hatte.

Aus diesem Grunde führt man die Wirtschaftlichkeitsrechnung für verschiedene Zinsfüße durch. Es muß sich dann zeigen, bei welchem Zinsfuß die Automatisierung des Websaales als wirtschaftlich zu betrachten ist und welche Finanzierungsform dieser Zinsfuß möglich macht. Der den bisherigen Rechnungen zugrunde liegende Zinsfuß von 6 v. H. entspricht der Verzinsung des Eigenkapitals. Zur Ergänzung wollen wir nun noch die Kostenentwicklung für den Fall ermitteln, daß der Zinsfuß 10 v. H. betrage, was dem durchschnittlichen Zinsfuß für langfristige Bankkredite zuzüglich eines geringen eigenen Nutzungszuschlages entspricht.

Die Tabelle 18 auf Seite 160 zeigt, daß die Erhöhung des Zinsfußes von 6 auf 10 v. H. in der wirtschaftlichen Überlegenheit der Automaten A gegenüber mechanischen und halbautomatischen Webstühlen keine wesentlichen Änderungen hervorruft, da sich die Kapitalintensität dieses Webverfahrens nur relativ gering von

Tabelle 18

Die Bedeutung eines unterschiedlichen Zinsfußes für die Wirtschaftlichkeit des Produktionsvollzuges

	mechan. St. 6%	10%	Halb-Aut. 6%	10%	4 Aut./Weber 6%	10%	6 Aut./Weber 6%	10%	8 Aut./Weber 6%	10%	10 Aut./Weber 6%	10%
a) Unter Zugrundelegung des Einfarben-Automaten A												
1. Einschichtarbeit												
Kosten je 1 000 Sch.	43,78	45,36	40,55	42,14	35,46	37,26	31,18	32,97	29,05	30,85	27,76	29,55
Ersp. gg. mechan. St.	–	–	3,23	3,22	8,32	8,10	12,60	12,39	14,73	14,51	16,02	15,81
Ersp. gg. Halb-Aut.	./. 3,23	./. 3,22	–	–	5,09	4,88	9,37	9,17	11,50	11,29	12,79	12,59
2. Zweischichtarbeit												
Kosten je 1 000 Sch.	39,28	40,07	34,17	35,00	28,59	29,49	24,30	25,20	22,18	23,07	20,88	21,78
Ersp. gg. mechan. St.	–	–	5,11	5,07	10,69	10,58	14,98	14,87	17,10	17,00	18,40	18,29
Ersp. gg. Halb-Aut.	./. 5,11	./. 5,07	–	–	5,58	5,51	9,87	9,80	11,99	11,93	13,29	13,22
b) Unter Zugrundelegung des Mehrfarben-pic-à-pic-Automaten B												
1. Einschichtarbeit												
Kosten je 1 000 Sch.	43,78	45,36	40,55	42,14	46,10	49,19	41,41	44,48	39,08	42,15	37,66	40,74
Ersp. gg. mechan. St.	–	–	3,23	3,22	./. 2,32	./. 3,83	2,37	0,88	4,70	3,21	6,12	4,62
Ersp. gg. Halb-Aut.	./. 3,23	./. 3,22	–	–	./. 5,55	./. 7,05	./. 0,86	./. 1,34	+ 1,47	./. 0,01	+ 2,89	+ 1,40
2. Zweischichtarbeit												
Kosten je 1 000 Sch.	39,28	40,07	34,17	35,00	34,95	36,50	30,26	31,79	27,93	29,46	26,51	28,04
Ersp. gg. mechan. St.	–	–	5,11	5,07	4,33	3,57	9,02	8,28	11,35	10,61	12,77	12,03
Ersp. gg. Halb-Aut.	./. 5,11	./. 5,07	–	–	./. 0,78	./. 1,50	+ 3,91	+ 3,21	+ 6,24	+ 5,54	+ 7,66	+ 6,96

der der älteren Verfahren abhebt. Die Verringerung der Ersparnisse durch die Erhöhung des Zinsfußes auf 10 v. H. hält sich je 1000 Schuß innerhalb der Zehntelpfenniggrenze.

Dagegen hat die Erhöhung des Zinsfußes von 6 auf 10 v. H. schwerwiegendere Folgen für die Wirtschaftlichkeit des Automaten B (Tabelle 18b). Das liegt einmal daran, daß dieses Verfahren ohnehin schon in seiner Wirtschaftlichkeit von den technisch unterlegenen Verfahren bedrängt wird und zum anderen an der höheren Wirksamkeit der Zinserhöhung infolge des größeren Kapitalanteils an den Kosten der Leistungserstellung. Bei einem Zinsfuß von 10 v. H. ist der Automat B in einschichtigem Einsatz nicht nur bis zu 6 Stühlen je Weber, sondern bis einschließlich 8 Stühlen je Weber dem Halbautomaten unterlegen. Auch in zweischichtigem Einsatz rückt die Kostenkurve dieses kapitalintensiven Webautomaten bedenklich nahe an die der Halbautomaten heran, was um so bedrohlicher wird, je geringer der Lastgrad der Automaten ist [245].

4) Die Bedeutung der Nutzungsdauer für die Wirtschaftlichkeit des Produktionsvollzuges in verschiedenen technischen Entwicklungsstufen

aa) Die Auswirkungen verschiedener Nutzungsdauer

Ähnlich wie die Abweichung des Beschäftigungsgrades (Last- und/oder Zeitgrades) und des Zinsfußes von der in der Grundrechnung (Seite 146 ff.) fixierten Höhe, so kann auch eine Änderung der Nutzungsdauer der Webstühle zu einer Verschiebung des Wirtschaftlichkeitsbildes führen, über die man sich in der Beurteilung des Wirtschaftlichkeitsvergleiches der verschiedenen technischen Verfahren im klaren sein muß.

Zu diesem Zwecke werden die Kosten je Leistungseinheit in Ergänzung zu der Nutzungsdauer von 10 Jahren (beziehungsweise von 20 Jahren bei mechanischen Stühlen), von der die Grundrechnung ausging, für die Nutzungsdauer von 5; 8; 12 und 15 Jahren errechnet und in Abbildung 17 auf Seite 144 miteinander verglichen.

Da sich die Änderung der Nutzungsdauer wiederum auf die Höhe der Kapitalkosten auswirkt, kann – wie auch bereits in den vorstehenden Überlegungen – von vornherein vermutet werden, daß die Kostenwirksamkeit veränderter Nutzungsdauern vor allem bei der Wirtschaftlichkeit der kapitalintensiven Automaten B zum Durchbruch kommt, während sich das Bild der Wirtschaftlichkeit der Automaten A gegenüber mechanischen und halbautomatischen Stühlen zwar absolut, nicht aber bemerkenswert in der Relation verschiebt. Die Abbildung 17 bestätigt diese Annahme.

Man sieht, daß sich das Verhältnis der Kosten mechanischer und halbautomatischer Stühle zu den Vollautomaten vom Typ A nicht wesentlich verändert, wenn

---

[245] Vgl. Abbildung 16 auf Seite 153.

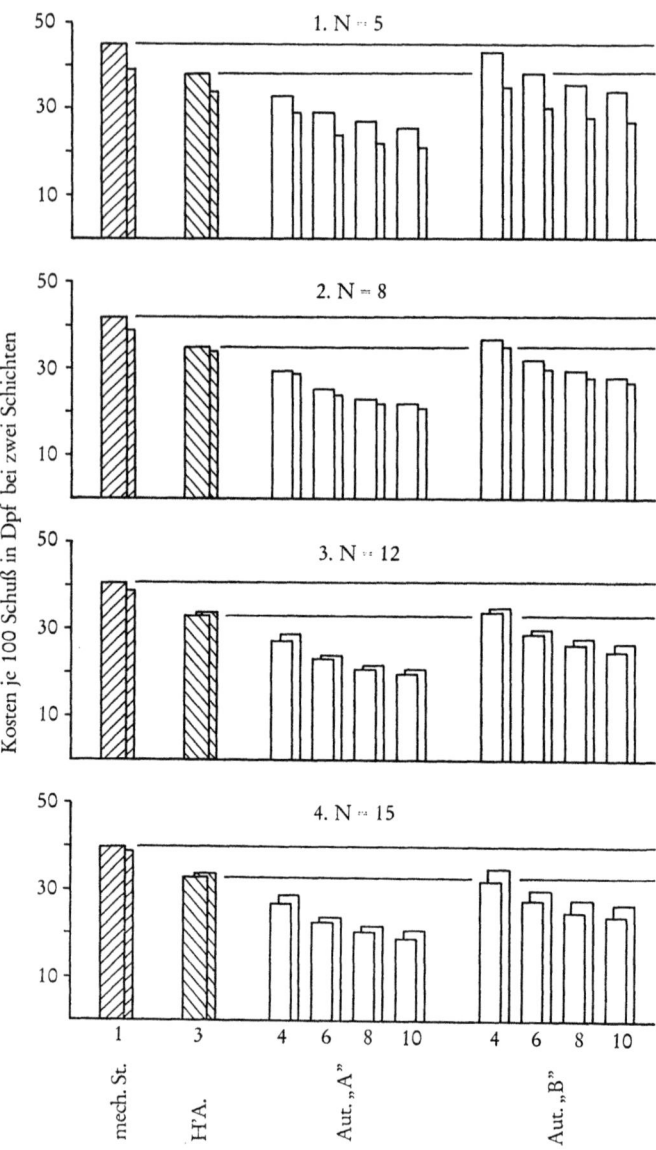

Abb. 17: Die Entwicklung der Wirtschaftlichkeit bei verschiedener Nutzungsdauer (N)

die Nutzungsdauer für alle drei Stühle *gleichmäßig* verlängert (verkürzt) wird. Die durchschnittlichen Kosten je Leistungseinheit liegen – ceteris paribus – für den vollautomatischen Produktionsvollzug selbst dann deutlich unter den Kosten tech-

nisch weniger vollkommener Webstühle, wenn die Stühle nur fünf Jahre lang
– allerdings in zwei Schichten – genutzt werden können.

Die Automaten B dagegen verlieren, sofern nicht wenigstens acht Stühle von einem Weber bedient werden können, ihren Wirtschaftlichkeitsvorsprung gegenüber halbautomatischen Stühlen, wenn die Nutzungsdauer auf fünf Jahre herabsinkt. Umgekehrt wächst ihre wirtschaftliche Überlegenheit (relativ) merklich, wenn sie länger als zehn Jahre genutzt werden können.

Freilich, es wird in praxi eher so sein, daß die wirtschaftliche Nutzungsdauer technisch-fortschrittlicher Webstühle kürzer anzusetzen ist als die der älteren Verfahren [246]. Aber auch für diesen Fall liefert die Abbildung 17 wertvolle Aufschlüsse. Es erweist sich, daß der Vorsprung der Vollautomaten A selbst dann nicht aufzuholen ist, wenn sie nur acht Jahre, mechanische und halbautomatische Stühle dagegen fünfzehn Jahre genutzt werden. Für Vollautomaten vom Typ B gilt dies immerhin unter der Voraussetzung, daß mindestens sechs Stühle von einem Weber bedient werden.

bb) Die Mindestnutzungsdauer

Die bisherigen Betrachtungen gingen durchweg von einer jeweils fixierten Nutzungsdauer der Webstühle aus und untersuchten die Wirtschaftlichkeitsvor- beziehungsweise -nachteile der Webverfahren verschiedenen Grades technischer Vollkommenheit unter der (fiktiven) Annahme, die Nutzung der Stühle habe zum gleichen Zeitpunkt begonnen. Ein derartiger Vergleich der unter gleichen Bedingungen stehenden Verfahren entsprach unserem vordringlichen Ziel, die Entwicklung der Wirtschaftlichkeit im Zuge technischen Fortschrittes in ihrem Ablauf quasi historisch, das heißt neutral und ohne konkrete Zweckausrichtung darzulegen.

Nun ist jedoch an dieser Stelle der Untersuchung, in Anbetracht des in unseren Tagen hoch-aktuellen Problems des Ersatzes mechanischer Webstühle durch automatische, die Frage nicht nur erlaubt, sondern notwendig, in welchem Licht die Wirtschaftlichkeitsunterschiede der einzelnen Webverfahren erscheinen, wenn es um die Entscheidung geht, ob die in Betrieb befindlichen mechanischen oder halbautomatischen Webstühle durch automatische oder wiederum durch nicht-automatische Stühle ersetzt werden sollen oder ob der Produktionsvollzug mit den alten Stühlen fortzuführen ist.

Für den Fall, daß die alten Stühle technisch nicht mehr nutzbar sind, also neue Stühle angeschafft werden *müssen*, geben die bisherigen Rechnungen die nötigen Aufschlüsse. Obschon es auch dann für den Investor zur Abschätzung des Investitionsrisikos von nicht geringem Interesse ist zu wissen, in welcher Zeit sich die neue Maschine „bezahlt" macht, gewinnt dieser Faktor erst seine eigentliche Bedeutung, wenn zur Debatte steht, technisch noch nutzbare Webstühle durch wirtschaftlicher arbeitende moderne Maschinen zu ersetzen. Will man nun Klarheit darüber haben,

---

[246] Vgl. Seite 120 ff.

in welcher Zeit das investierte Kapital äußerstenfalls durch die Tätigkeit der Maschine getilgt werden kann, und nimmt man an, daß die aus der Differenz der nicht kapitalbedingten Kosten erwachsende Ersparnis der neuen Stühle zur Kapitaltilgung verwendet wird, dann ergibt sich die Mindestnutzungsdauer (N_{min}) der neuen Stühle aus dem Verhältnis ihrer Anschaffungskosten zu der jährlichen (Betriebskosten-) Ersparnis. Haben die eventuell zu ersetzenden alten Stühle noch einen Restwert, das heißt ist das in in ihnen investierte Kapital noch nicht „zurückverdient", so muß diese Restsumme – kalkulatorisch [247] – zu den Anschaffungskosten der neuen Stühle zugeschlagen werden, wenn man auf dem Standpunkt steht, daß die neuen Stühle den Verlust, den sie durch die „Verdrängung" der alten Stühle verursachen, wieder wettzumachen haben.

In der folgenden Tabelle 19 sind die Jahresersparnisse [248] (auf Grund des Betriebskostenvergleichs aus Tabelle 17 auf Seite 144) sowie die sich daraus (ohne Berücksichtigung der Zinsen [249]) ergebenden approximativen Nutzungsdauern aufgeführt. Da anzunehmen ist, daß es sich bei den zu ersetzenden Stühlen nicht um alte mechanische, sondern um halbautomatisierte Stühle handelt, die durch Vollautomaten abgelöst werden, ist die Tabelle nur für diesen Fall aufgestellt worden.

Tabelle 19

	Automat A			
	4 St./W.	6 St./W.	8 St./W.	10 St./W.
1. Betriebskosten [250] (beim Halbaut. = 7 294,– DM)	6 513,–	5 287,–	4 679,–	4 308,–
2. Ersp. gg. H'Aut. [250]	781,–	2 007,–	2 615,–	2 986,–
3. $N_{min.}$ [251]	16,5	6,5	4,5	4,3

	Automat B			
	4 St./W.	6 St./W.	8 St./W.	10 St./W.
1. Betriebskosten [250] (beim Halbaut. = 7 294,– DM)	6 514,–	5 288,–	4 680,–	4 309,–
2. Ersp. gg. H'Aut. [250]	780,–	2 006,–	2 614,–	2 985,–
3. $N_{min.}$ [251]	26	10	8	7

[247] Vgl. *E. Gutenberg*, Allgemeine Betriebswirtschaftslehre, Bd. I, a. a. O., S. 282 ff.
[248] Bei Zweischichtarbeit für alle Stühle.
[249] Unter Berücksichtigung der Zinsen ergibt sich ein etwas längerer Zeitraum, dem jedoch durch die Aufrundung der Nutzungsdauer weitgehend Rechnung getragen wurde.
[250] In DM.
[251] In Jahren.

Augenfällig ist die Bedeutung einer möglichst hohen Stuhlzahl je Weber für die Höhe der Mindestnutzungsdauer automatischer Webstühle, worin sich abermals die überragende Tragweite der Lohnkostenersparnis bei automatisiertem Produktionsvollzug dartut. Steht zu erwarten, daß einem Weber nur vier Stühle zugeteilt werden können, so wird man von dem Ersatz durch automatische Webstühle abraten müssen, da sich das Investitionsrisiko über 16,5 beziehungsweise sogar 26 Jahre hindurch erhalten würde, eine solche Zeitspanne aber mit einem zu großen Wagnis belastet wäre. Selbst eine siebenjährige Amortisationsdauer, wie sie Automat B fordert (auch wenn zehn Stühle von einem Weber bedient werden können), gibt zu Bedenken Anlaß. Dagegen scheint das Investitionsrisiko beim Automaten A von sechs Stühlen an, erst recht bei zehn Stühlen je Weber, zweifellos tragbarer zu sein, da sich unter diesen Voraussetzungen – ceteris paribus – die Stühle nach sieben, beziehungsweise nach vier Jahren amortisiert haben.

Die Mindestnutzungsdauer verlängert sich entsprechend, wenn noch Restwerte der alten Halbautomaten zu tilgen sind, etwa weil diese erst vor kurzem generalüberholt oder mit automatischen Kett- und Schußfadenwächtern ausgestattet wurden. Es ist besonders darauf hinzuweisen, daß bei der Berechnung der von einem Automaten zu tragenden Restquote das zahlenmäßige Verhältnis der Automaten zu den Halbautomaten zu beachten ist. Da ein Automat A etwa 1,14 und ein Automat B etwa 1,04 Halbautomaten entspricht, entfielen auf einen Automaten, unter der Annahme, daß je Halbautomat noch 2000,— DM Restquote zu tilgen sind, 2280,— DM beziehungsweise 2080,— DM.

Es ist verständlich, daß in den Fällen, in denen es darum geht, den Produktionsvollzug technisch zu modernisieren, mit Rücksicht auf etwa noch zu tilgende Restwerte der alten Webstühle der Zeitpunkt der Ersatzinvestition hinausgezögert wird, obwohl die objektive wirtschaftliche Überlegenheit der technisch-fortschrittlichen Stühle auf der Hand liegt. Angesichts des überwiegend ungewöhnlich hohen Alters der Webstühle in den deutschen Webereien [252] kann jedoch in unseren Tagen, in denen die Automatisierung der Tuchwebereien ansteht, die „Bremswirkung" der Restwerte keine stichhaltige Erklärung für den schleppenden Fortgang der Modernisierung unserer Tuchwebereien sein.

5) Die mit wachsender Betriebsgröße zunehmende Bedeutung des technischen Fortschrittes für die Wirtschaftlichkeit

Es bleibt schließlich im Rahmen der Wirtschaftlichkeitsbetrachtung noch die Frage offen, welche Bedeutung der Betriebsgröße, das heißt der Anzahl der in den Produktionsvollzug eingespannten Webstühle, im Hinblick auf die Wirtschaftlichkeit beizumessen ist. Während die bisherigen Berechnungen eine Zahl von 120 Automaten unterstellten, die den Möglichkeiten und Erfordernissen leistungssteigernder und gleichzeitig kostensenkender Arbeitsteilung weitgehend entspricht, geht es nun

---

[252] Vgl. Tabelle 5 auf Seite 28.

darum festzustellen, wie sich die durchschnittlichen Stückkosten verhalten, wenn die Betriebsgröße geringer (größer) ist als 120 Automaten beziehungsweise die entsprechende Zahl nicht-automatischer Stühle. Die untere Grenze der – wirtschaftlich gesehen – betriebsfähigen Stuhlzahl wird durch die Weberstellenzahl bestimmt. Sie liegt für den alten mechanischen Webstuhl bei 1 Stuhl, für den Halbautomaten bei 3 Stühlen und für den Vollautomaten bei 4 bis etwa 10 Stühlen, wobei wir aus unseren früheren Berechnungen wissen, daß die Wirtschaftlichkeit desto höher ist, je höher – bei konstantem Nutzeffekt – die Stuhlzahl je Weber angesetzt werden kann. Schon aus dieser Tatsache ist ersichtlich, daß der technische Fortschritt die wirtschaftlichste Betriebsgröße eindeutig nach oben drängt.

Je geringer die Stuhlzahl ist, desto weniger läßt sich eine straffe Arbeitsteilung im Websaal durchführen, es sei denn, das Personal ist entsprechend mangelhaft ausgelastet. Wie aber aus den Erörterungen im Zusammenhang mit den Möglichkeiten und Notwendigkeiten der Arbeitsteilung im Zuge technischen Fortschrittes erinnerlich ist, hängt sowohl die Höhe des Nutzeffektes – und damit auch das Ausmaß der Gemeinkostenbelastung je Leistungseinheit – als auch insbesondere die Lohnkostenhöhe je Leistungseinheit einerseits von dem erreichten Grad der Arbeitsteilung, andererseits von der Auslastung des Webereipersonals ab.

Die genaue Höhe der Wirtschaftlichkeitsänderung als Folge veränderter Betriebsgröße hängt im wesentlichen von den betriebsindividuellen Verhältnissen, vor allem von der Zusammensetzung des Fertigungsprogrammes ab.

Zur Erläuterung der möglichen Auswirkungen einer geringeren Stuhlzahl als der bisher unterstellten seien aus der großen Zahl denkbarer Fälle der Praxis lediglich zwei Möglichkeiten herausgegriffen, nämlich eine Betriebsgröße von a) 24 [253] und b) 60 [254] Automaten.

Bei 24 Automaten können außer den Webern und einem Meister als Hilfspersonal allenfalls ein Spuleneinleger und ein Stuhlputzer eingesetzt werden, jedoch sind diese beiden Hilfskräfte durch ihren Aufgabenbereich nicht annähernd ausgelastet; sie können daher beim Kettwechsel (Lamellenstecken) behilflich sein. Da bei dieser Arbeitsteilung vornehmlich die Arbeiten des Kettwechsels längere Zeit beanspruchen als bei strengerer Aufgabenteilung, muß damit gerechnet werden, daß der Nutzeffekt um wenigstens 5 bis 10 v. H. abfällt.

In einem 60stühligen Webstuhlpark wird man auf Lamellenstecker, Putzer, Öler und Kettwechsler nicht mehr verzichten können, wenn der Nutzeffekt nicht unter die bei 70 v. H. liegende Wirtschaftlichkeitsschwelle [255] fallen soll. Aber auch bei dieser Stuhlzahl ist ein Teil des Hilfspersonals i. d. R. noch nicht ausgelastet.

Unter Berücksichtigung der geschilderten Annahmen geht die folgende Gegenüberstellung der Stückkosten (als Kennzeichen der Wirtschaftlichkeit des Produktionsvollzuges) davon aus, daß

---

[253] $24 = 3 \cdot 8 = 4 \cdot 6 = 6 \cdot 4$ Stühle.
[254] $60 = 6 \cdot 10 = 10 \cdot 6 = 15 \cdot 4$ Stühle.

a) den 24 Automaten außer den Webern und dem Meister ein Putzer (gleichzeitig Öler) und ein Spuleneinleger beigegeben sind und der Nutzeffekt um 7,5 v. H. auf 78,5 (Automat A) beziehungsweise 77,5 v. H. (Automat B) fällt und daß

b) die in Tabelle 10 auf Seite 96 aufgezeigte Arbeitsteilung unter Inkaufnahme einer Unterbelastung des Hilfspersonals für 60 Automaten bei Aufrechterhaltung des Nutzeffektes von 86 beziehungsweise 85 v. H. eingeführt ist.

In beiden Fällen wird von zweischichtigem Produktionsvollzug ausgegangen.

Tabelle 20

Fall a)	4 St./W.	8 St./W.	6 St./W.
		Automat A	
Stückkosten in Pf bei:			
1. 120 Automaten[256]	28,59	24,30	22,18
2. 24 Automaten	31,95	27,45	25,12
		Automat B	
Stückkosten in Pf bei:			
1. 120 Automaten	34,95	30,26	27,93
2. 24 Automaten	39,24	34,09	31,53
Fall b)		Automat A	
Stückkosten in Pf bei:			
1. 120 Automaten	28,59	24,30	20,88
2. 60 Automaten	29,44	25,12	21,73
		Automat B	
Stückkosten in Pf bei:			
1. 120 Automaten	34,95	30,26	26,51
2. 60 Automaten	35,89	31,19	27,44

Man sieht, wie die Einbuße an Wirtschaftlichkeit um so größer ist, je geringer die Stuhlzahl des Webstuhlparkes ist. Eine Anzahl von 60 Automaten erlaubt eine Arbeitsteilung und Auslastung der Arbeitskräfte, die eine der Wirtschaftlichkeit bei 120 Stühlen ziemlich nahekommende Kostenhöhe gewährleistet, während die Stückkosten bei einer Betriebsgröße von 24 Automaten noch um rund 3 Pf je 1000 Schuß über denen der fünffachen Betriebsgröße liegen.

Exkurs: Die strukturelle Bedeutung der wachsenden Mindeststuhlzahl
Wegen der Gefahr, die der Tuchindustrie in struktureller Hinsicht von der

---

[255] Vgl. Abb. 11 auf Seite 112.
[256] Laut Tabelle 17 auf Seite 145.

168 Auswirkungen auf die Wirtschaftlichkeit des Produktionsvollzuges

Tendenz zur wachsenden Betriebsgröße her droht, halten wir es an dieser Stelle für unerläßlich, mit einem kurzen Hinweis auf sie einzugehen.

Für die Struktur der Tuchindustrie sind bisher relativ kleine Betriebsgrößen charakteristisch. Auf keinen Fall kann von einer „Konzentration der westdeutschen Textilindustrie in der Hand weniger Großunternehmer und Aktionäre" [257] im Hinblick auf die Tuchindustrie die Rede sein. Das kommt in den auffallend niedrigen Beschäftigtenzahlen der Wollwebereibetriebe anschaulich zum Ausdruck, die für das Jahr 1951, als die Automatisierung der Tuchindustrie Europas noch in den ersten Anfängen lag [258], in der nachfolgenden Tabelle 21 aufgeführt sind.

Tabelle 21

Betriebsgrößen in der Wollindustrie [259]

	Ges.-zahl d. Untern.	Beschäftigte in Personen					
		unter 10		10–49		50–99	
		abs.	rel.	abs.	rel.	abs.	rel.
B. R. Deutschland	311[260]	21	6,8	110	35,4	67	21,5
Belgien	362[261]	73	20,2	129	35,6	63	17,4
Frankreich	1 007	240	23,8	336	33,4	140	13,9
Groß-Brit.	1 298	86	6,6	352	27,0	281	21,6
Italien	1 153	463[262]	40,2	330	28,6	133	11,5

	Ges.-zahl d. Untern.	Beschäftigte in Personen						
		100–249		250–499		500–999		ab 1000
		abs.	rel.	abs.	rel.	abs.	rel.	abs.	rel.
B. R. Deutschland	311[260]	97	31,2			15	4,8	1	0,3
Belgien	362[261]	58	16,0	27	7,5	10	2,8	2	0,6
Frankreich	1 007	157	15,6	89	8,8	45	4,5		
Groß-Brit.	1 298	384	29,6	129	9,9	49	3,8	17	1,3
Italien	1 153	109	9,5	68	5,9	31	2,7	19	1,6

[257] Vgl. Die Textilgewerkschaft fordert weniger Typen, Frankfurter Allgemeine Zeitung vom 6. 7. 1957.
[258] Vgl. Tabelle 4, Seite 28.
[259] M. Kaiser, Probleme einer Analyse..., a. a. O., S. 82. Die Tabelle wurde zusammengestellt nach Angaben des Textil-Komitees des OEEC und bezieht sich auf das Jahr 1951.
[260] Nur Nordrhein-Westfalen; die relativen Zahlen beziehen sich auf die gesamte Bundesrepublik.
[261] Einschließlich Luxemburg.
[262] Nach halbamtlichen Mitteilungen betrug diese Zahl (laut Kaiser, a. a. O.) Anfang 1953 bereits 650.

Wie man sieht, haben über 40 v. H. der Webereien der Bundesrepublik weniger als 50 Beschäftigte; nur etwa 5 v. H. beschäftigen mehr als 500 Arbeitskräfte, wobei zu berücksichtigen ist, daß sich diese hohen Beschäftigtenzahlen nicht allein auf die Webereien, sondern zum großen Teil auch auf Spinn-Webereien und angegliederte Ausrüstungsbetriebe beziehen. In anderen europäischen Staaten liegt die durchschnittliche Betriebsgröße sogar noch unter der für die Bundesrepublik ermittelten. In Italien beschäftigen zum Beispiel 40,2 v. H. der Betriebe weniger als 10 Personen, 28,6 v. H. weniger als 50 Personen.

Im selben Jahr (1951) lag die *durchschnittliche* Webstuhlzahl der Betriebe in der Bundesrepublik bei 44 Stühlen [263], was darauf schließen läßt, daß ein großer Teil der Webereien über weniger als diese Stuhlzahl verfügte.

Wie wir bereits früher sahen, würden 44 Stühle nur etwa 34 Automaten entsprechen, vorausgesetzt, daß auch die mechanischen Stühle in Doppelschicht laufen. Eine so niedrige Zahl von Automaten hat sich jedoch in unserer Rechnung als wirtschaftlich nicht vorteilhaft erwiesen, beginnt doch die Kostendegression des automatisierten Produktionsvollzuges gegenüber mechanischen Stühlen erst ab etwa der doppelten Stuhlzahl (60) entscheidend wirksam zu werden.

Zieht man dazu in Erwägung, daß es den kleinen Unternehmen äußerst schwerfallen, wenn nicht gar unmöglich sein dürfte, die Anschaffung einer größeren Zahl von Automaten zu finanzieren [264], so kann ihre einzige Überlebens-Chance auf lange Sicht nur in der modischen Aktualität ihres Fertigungsprogrammes und in kurzfristiger Anpassung an Marktschwankungen und -sonderwünsche liegen, die durch höhere Erlöse Kostennachteile überschattet und zweitrangig werden läßt, „und damit den kleineren Betrieben die Möglichkeit eröffnet, die Teile des Marktes zu beliefern, welche die großen entweder nicht beliefern können oder nicht beliefern wollen" [265].

Durch diese Chance wird die Entwicklung zur größeren Stuhlzahl als bisher jedoch im allgemeinen nur wenig gehemmt werden können, zumal sie von der Absatzseite her durch die Ausbildung der (Massen-)Konfektion in der Bekleidungsindustrie, ferner durch neuzeitliche Werbemöglichkeiten und anderes mehr gefördert wird. Sie wird sich allerdings auf Grund der gegebenen Struktur der Tuchindustrie vorwiegend und besonders kompromißlos im Kreise derjenigen Betriebe vollziehen, die bereits jetzt über eine überdurchschnittliche Kapazität verfügen. Dadurch aber geraten die kleinen Betriebe in ihrer Wettbewerbsfähigkeit produktionskostenmäßig erst recht ins Hintertreffen, was ihr langfristiges Überleben – zumindest in der bisherigen Zahl und der bisherigen Betriebsgröße – sicherlich nicht begünstigt.

---

[263] Errechnet nach *L. Köllner*, Textilwirtschaft heute, a. a. O., S. 112.
[264] Vgl. Seite 200.
[265] *F. Pollock*, Automation, a. a. O., S. 268.

V. Die Auswirkungen technischen Fortschrittes im Bereich imponderabler Faktoren

Die Spuren des technischen Fortschrittes im Produktionsvollzug, die aufzufinden, zu verfolgen und darzustellen bisher vorwiegend unser Bemühen war, ließen sich letztlich – auch wenn es dazu hier und da vorsichtigen Herantastens bedurfte und es galt, mancherlei Varianten auszuschließen oder einzubeziehen – zumindest in ihrer Tendenz klar abgrenzen und quantitativ (nach der Leistung) und/oder qualitativ (nach Kosten und Wirtschaftlichkeit) eindeutig beziffern. So bedeutsam sie aber auch im einzelnen und in ihrer Gesamtheit sein mögen, so darf der Betriebswirt über diesen genau wägbaren Folgen technischen Fortschrittes nicht seine *imponderablen* – „nicht quantifizierbaren" [266] – Auswirkungen vergessen. Wie man nämlich sehen wird, vermag eine Reihe von imponderablen, wert- oder mengenmäßig nicht faßbaren Einflüssen, die mit der technischen Vervollkommnung des Webereimaschinenparkes wirksam werden, die wägbaren Auswirkungen an Gewicht zu übertreffen, wenn nicht sogar in den Schatten zu stellen. Beispielsweise sind in ihrem Bereich einige der maßgeblichen Gründe für die bislang in europäischen Tuchwebereien zu beobachtende Ablehnung automatischer Webstühle zu finden; gleichzeitig aber zeichnen sich auch die Aussichten auf ein nahes Ende dieser generellen Ablehnung ab, die aus der Leistungs-, Kosten- und Wirtschaftlichkeitsbetrachtung allein nicht zu entnehmen waren. Außerdem werden die folgenden Überlegungen manch weiteren betriebswirtschaftlich relevanten Aufschluß über die Beziehungen zwischen technischem Fortschritt und Produktionsvollzug in der Tuchweberei geben.

1. Die imponderable Bedeutung der Verschiebung der Lohn- und Kapitalkostenrelationen

Aus der Kostenbetrachtung hatte sich die gegenläufige Entwicklung der Lohn- und Kapitalkosten, nämlich der steile Abfall der Gesamtlohnkostenkurve und der Anstieg der Kapitalkostenkurve ergeben. Das Verhältnis dieser beiden Kostenarten zueinander, die zusammen den überwiegenden Anteil an den gesamten Fertigungskosten [267] ausmachen und daher besondere Beachtung verdienen, ist vor allem von großer, jedoch nicht bezifferbarer betriebspolitischer [268] Bedeutung, da

---
[266] *J. Löffelholz*, Der Stand der methodologischen Forschung..., a. a. O., S. 481.
[267] Vgl. Tabelle 17, Seite 145.
[268] Abgesehen von den Einflüssen, die den Unternehmensbereich betreffen, wie beispielsweise diejenigen preispolitischer Natur...

es maßgeblichen Einfluß auf Beschäftigungs-, Anlagennutzungs-, Arbeitsablauf- und allgemeine organisatorische Dispositionen ausübt.

Die Abbildung 18, unten, veranschaulicht die Entwicklung des Verhältnisses von Lohn- zu Kapitalkosten. Es wird darin deutlich, daß die Lohnkosten in ihrer absoluten Vorherrschaft mit fortschreitender Technik mehr und mehr von den Kapitalkosten zurückgedrängt werden. Die Automatisierung des Produktionsvollzuges „bedingt eine Verschiebung der menschlichen Arbeitskraft zur toten

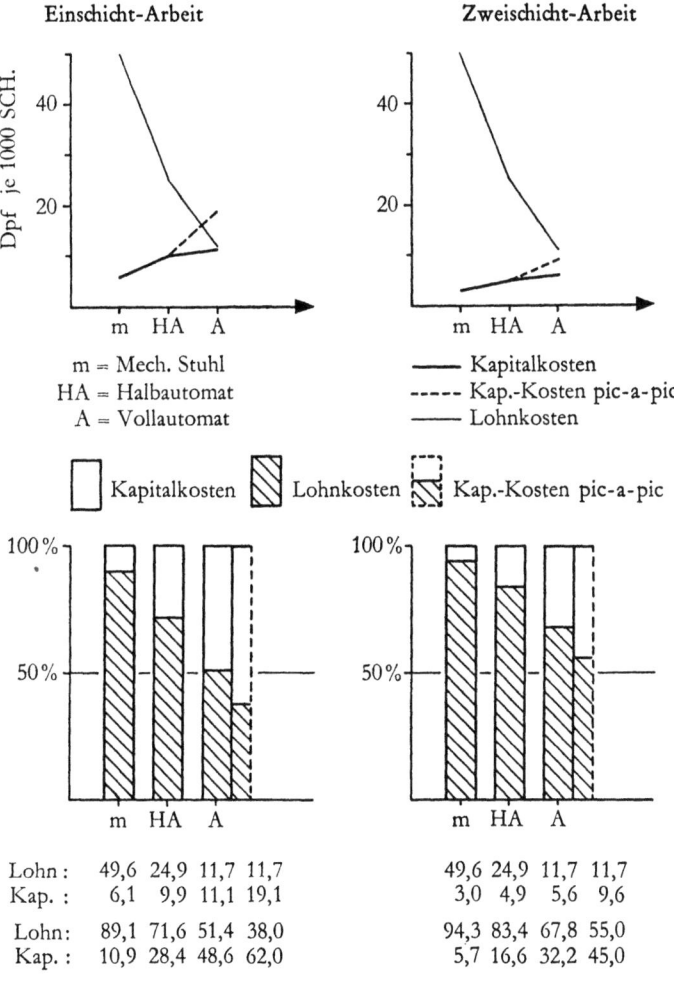

Abb. 18: Die Entwicklung des Verhältnisses von Lohn- zu Kapitalkosten mit fortschreitender Technik

Arbeitskraft. Die proportionalen Kosten der Arbeitsausführung wandern ab zu den fixen Kosten der Arbeitsbereitschaft."[269]

Während die Löhne in der herkömmlichen mechanischen Tuchweberei die Kapitalkosten noch etwa um das Neunfache[270] übersteigen, machen sie – je nach dem Beschäftigungsgrad (vor allem je nach dem Zeitgrad) und nach dem Typ des Automaten – nurmehr zwischen 40 v. H. und 60 v. H. der durchschnittlichen Kosten je Leistungseinheit aus. Darin kommt die mit technischem Fortschritt zunehmende Erstarrung der Kosten unübersehbar zum Ausdruck. Unter anderem lassen sich daraus das immer dringlichere Postulat einer möglichst totalen Anlagenausnutzung ableiten, die zunehmende Krisenanfälligkeit der Tuchwebereien ersehen, andererseits aber auch der Gewinn an Unempfindlichkeit gegenüber Lohnerhöhungen entnehmen.

Besonders für Nouveauté-Webereien, für die die Weblohnkosten im Verhältnis zu den Gesamtkosten (wegen der hohen Musterungs-, Veredelungs-, Appretur- und Sortenwechselkosten) seit jeher von relativ untergeordneter Bedeutung waren[271], fällt die Erstarrung des Kostenniveaus ins Gewicht, um so mehr, da gerade die Nouveauté-Webereien nur für die besonders kapital-intensiven Mehrfarben-pic-à-pic-Automaten Verwendung haben.

Im Zusammenhang mit der zunehmenden Erstarrung der Kosten ist auch die Entwicklung des Verhältnisses von Fertigungs- zu Hilfslohnkosten von Interesse, die in Abbildung 19 auf Seite 173 dargestellt ist. Man sieht, daß der Rückgang der Lohnkosten allein auf die Fertigungslohnkosten entfällt, durch den Anstieg der zeitabhängigen Hilfslohnkosten jedoch abgebremst wird. Erinnert man sich dazu, daß auch in der Tuchweberei die menschliche Arbeitskraft durch die Automatisierung „mehr und mehr auf die Überwachungs- und Steuerungsfunktion beschränkt und damit selbst zu einem stärker zeitabhängigen als mengenabhängigen Faktor"[272] wird, so erkennt man nicht nur von der Seite der Kapitalkosten her, sondern auch von seiten der ehemals proportionalen Kosten die wachsende Tendenz zur Erstarrung der Kosten, wobei allerdings einzuräumen ist, daß die Lohnkosten in der Regel trotz allem nur sprungfix, nicht aber absolut fix zu sein pflegen.

Die Erstarrung der Lohnkosten wird ebenfalls dadurch gefördert, daß der Anteil der qualifizierten Facharbeiter sowohl zahlenmäßig als auch kostenmäßig

---

[269] *E. Eigenbertz*, Aufgaben und Auswirkungen der Rationalisierung, a. a. O., S. 733.
[270] Aus im Jahre 1956 *(M. Kaiser,* Probleme einer Analyse..., a. a. O., S. 38, ferner: Forschungsbericht Nordrhein-Westfalen Nr. 222, a. a. O., S. 80) veröffentlichten Statistiken, die sich auf das Jahr 1953 beziehen, geht sogar hervor, daß die gesamten Lohnkosten in der Wollweberei das Zehnfache der Kapitalkosten betragen. Es ist jedoch anzunehmen, daß in diesen Zahlen nicht allein die Kosten der *Weberei,* sondern auch die der vor- und nachgelagerten Fertigungsstellen, z. B. die der lohnintensiven Nopperei/Stopferei enthalten sind.
[271] Vgl. *W. Schulten,* Die Auswirkungen der Automatisierung von Baumwollwebereien ..., a. a. O., S. 152.
[272] *L. Illetschko,* Betriebswirtschaftliche Probleme der Automation, a. a. O., S. 81.

anschwillt, was aus Tabelle 22 und der dazugehörigen Abbildung 20 hervorgeht. Erfahrungsgemäß erweisen sich die Löhne beziehungsweise Gehälter um so rema-

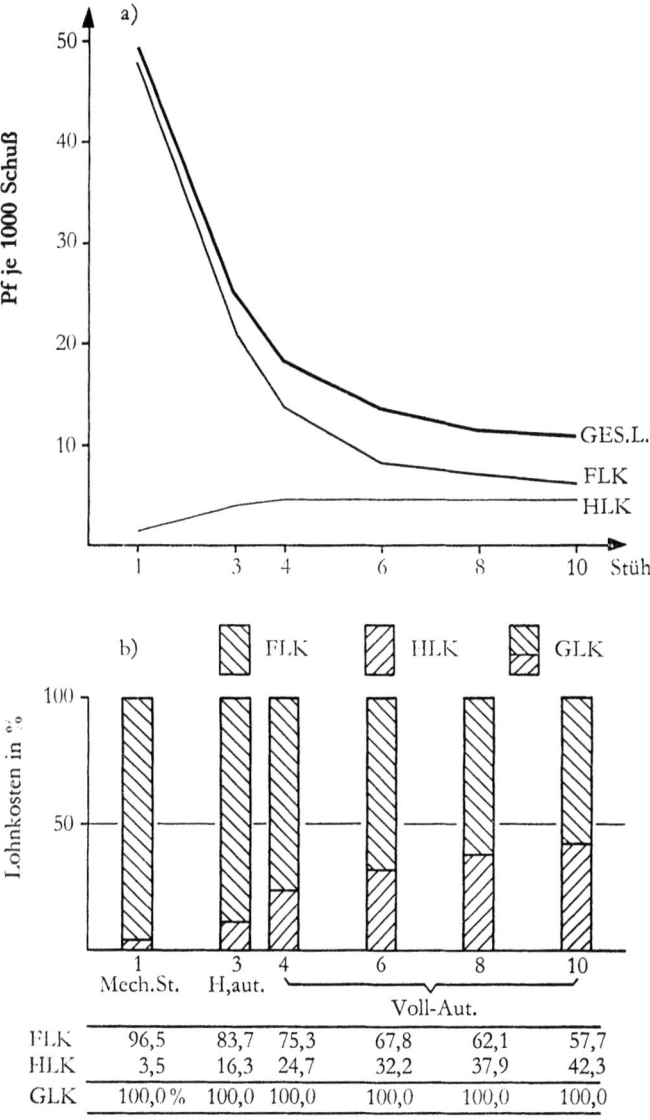

Abb. 19: Die Entwicklung der Lohnkostenrelationen
a) Die absolute Entwicklung
b) Die relative Entwicklung

nenter (bedingt-fixer), je höhere Qualifikation die Arbeit fordert, für die sie gezahlt werden.

Tabelle 22

Die Verschiebung des anzahl- und kostenmäßigen Verhältnisses der Arbeitsqualifikationen

Qualifikation	m. St. 1 je Weber a	H'Aut. 3 je Weber b	4 je Weber c	Voll-Automaten 6 je Weber d	8 je Weber e	10 je Weber f
A. das anzahlmäßige Verhältnis						
1. angelernt	97,6	80,9	88,0	84,1	81,1	78,8
2. gelernt	2,4	19,1	2,4	3,2	3,8	4,2
3. Facharb.	–	–	9,6	12,7	15,1	17,0
4. insgesamt	100,0	100,0	100,0	100,0	100,0	100,0
B. das kostenmäßige Verhältnis						
1. angelernt	96,2	89,4	84,7	80,0	76,3	72,0
2. gelernt	3,8	10,6	2,9	3,8	4,5	5,0
3. Facharb.	–	–	12,4	16,2	19,2	23,0
4. insgesamt	100,0	100,0	100,0	100,0	100,0	100,0

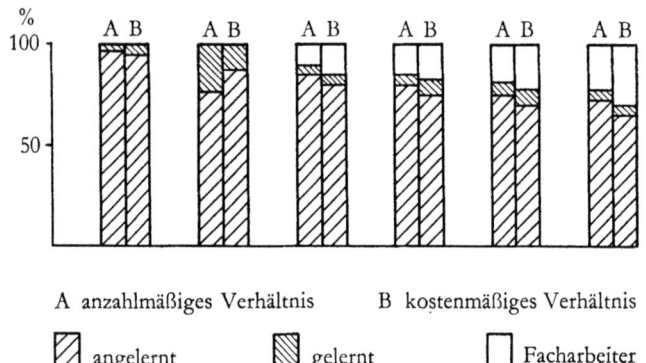

Abb. 20

Der Vorteil der Verringerung des Lohnkostenanteiles bei automatisierter Fertigung gegenüber dem einfachen mechanischen Verfahren fällt um so stärker in die Waagschale, je höher das Lohnniveau ist, genauso wie auf der anderen Seite der Nachteil des Anwachsens des Kapitalkostenanteiles an den Gesamtkosten um so weniger Bedeutung hat, je niedriger das Zinsniveau liegt. So haben ohne Zweifel die relativ hohen Löhne und niedrigen Kapitalzinsen in den Vereinigten Staaten von Amerika zu der dort beobachteten raschen Verbreitung des automatischen Webstuhles entscheidenden Beitrag geleistet. *Indirekte* imponderable Folgen der Verschiebung der Lohn- und Kapitalkostenrelationen werden vor allem auch in den nachfolgenden Erörterungen zum Ausdruck kommen, die sich mit der Anpassungsfähigkeit des Produktionsvollzuges befassen werden.

2. Der Einfluß technischen Fortschrittes auf die Elastizität des Produktionsvollzuges

a) Die Bedeutung der Produktionselastizität als wichtige imponderable Grundlage für die Unternehmenspolitik von Tuchwebereien

Unter den nicht rechnerisch erfaßbaren Größen im Produktionsvollzug hat der Betriebswirt besonderes Augenmerk zu richten auf das Ausmaß der Möglichkeiten des Betriebes, sich in der Produktion an außerbetriebliche und innerbetriebliche Datenänderungen anzupassen. Die Anpassungsfähigkeit ist zwar in den meisten Fällen technisch exakt bestimmbar, und einer Berechnung der kurzfristigen Auswirkungen der Anpassungsvorgänge [273] steht häufig (wenn auch keineswegs generell) nichts im Wege; dennoch aber ist die Tatsache der produktionstechnisch-wirtschaftlichen Anpassungsmöglichkeit an sich und deren Wirkungen über den faßbaren Kostenbereich hinaus weitgehend unsicher und unmeßbar.

Die Produktionselastizität ist ein wesentlicher Bestimmungsgrund für die Möglichkeiten der Unternehmenspolitik. Darin liegt ihre betriebswirtschaftliche Bedeutung. Vergleichbar der Beinarbeit des Faustkämpfers, mit deren Hilfe er Angriffen ausweicht und Schläge abfängt, wird die Reagibilität des Produktionsvollzuges vielfach zur Existenzfrage der Unternehmen. Dies gilt in hervorragendem Maße für die Tuchindustrie, die besonders heftiger Konkurrenz sowie den sehr unsteten Modewechseln ausgesetzt ist [274].

Besonders die Unruhe, die von der Mode in die Betriebe getragen wird, fordert einen hohen Elastizitätsgrad des Produktionsvollzuges [275], und was Schulten [276] unter Bezugnahme auf die Verhältnisse in der Baumwollindustrie sagt, gilt erst

---

[273] Soweit diese Bestimmungen und Berechnungen – z. B. hinsichtlich der Umstellungs-, Sortenwechsel- und Leerkosten – möglich sind, wurden sie in den vorangegangenen Untersuchungen der Leistungen, Kosten und der Wirtschaftlichkeit vorgenommen.
[274] Vgl. *A. M. Wolter*, Das Problem der Wirtschaftlichkeit..., a. a. O., S. 440 und 339; ferner: Elastische Textilproduktion, in: Kölnische Volkszeitung 1937, Nr. 20, S. 10.
[275] Vgl. *Th. Beste*, Größere Elastizität durch unternehmerisches Planen vom Standpunkt der Wissenschaft, a. a. O.
[276] *W. Schulten*, a. a. O., S. 152.

recht für die modisch orientierten Betriebe der Tuchindustrie: „Bei den Produkten, deren erzielbare Preise und Absatzmengen stark durch irrationale Geschmackswünsche der Konsumenten bedingt sind, liegt der unternehmerische Erfolg überhaupt viel stärker in der Anpassungsfähigkeit an diese Wünsche, als in geringen Unterschieden bei den Produktionskosten."

Der Verzicht auf eine gründliche Prüfung der Einwirkung des technischen Fortschrittes auf die Elastizität des Produktionsvollzuges wäre demnach unverzeihlich.

b) Der technische Fortschritt und die verschiedenen Möglichkeiten produktionstechnischer Anpassung

1) Technischer Fortschritt und quantitative Elastizität des Produktionsvollzuges

Die Unternehmen der Tuchindustrie werden immer wieder vor die Aufgabe gestellt, ihre Produktion an saisonale und wetterbedingte sowie auch modeabhängige [277] Bedarfsschwankungen, die nicht durch zeitliche Verschiebungen (Auftragszusammenfassungen) auszugleichen sind, anzupassen. Häufig kann diese Anpassung nur durch die Änderung der mengenmäßigen Ausbringung erreicht werden. Dieser quantitativen Anpassungsmöglichkeit wollen wir wegen ihrer Alltäglichkeit in der Praxis zunächst nachgehen.

Die Menge der Erzeugniseinheiten, die der Produktionsvollzug (in der Zeiteinheit) auswirft, wird einmal bestimmt durch die Anzahl der Maschinen und deren maximales Leistungsvermögen, durch die Arbeitskräfte und Betriebsmittel. Ferner ist die Erzeugnismenge abhängig von der Länge der Zeit, während der die Produktionsfaktoren beschäftigt sind und drittens durch den Grad ihrer Ausnutzung (Intensität) [278].

In der Literatur werden diese Zusammenhänge sehr anschaulich erläutert durch das Beispiel des Röhrensystems, durch das Wasser gepumpt werden soll. Die Menge Wasser, die geliefert wird, hängt zum einen von der Zahl der Röhren und deren Durchmesser sowie ihrer technischen Beanspruchbarkeit, zum anderen von der Dauer des Pumpvorganges und schließlich von dem Druck ab, mit dem das Wasser durch die Leitung gepumpt wird.

---

[277] Hier sind solche Modeströmungen gemeint, die sich bedarfsmäßig quantitativ (nicht etwa qualitativ) auswirken, z. B. die Abkehr von Wolltuchen zugunsten von Baumwollgeweben (Tuchmantel – Popelinemantel) und umgekehrt oder das Überwechseln von Streichgarn- zu Kammgarnqualitäten.
[278] Vgl. *P. Riebel*, Die Elastizität des Betriebes, a. a. O., S. 12 ff. und S. 113.
E. Gutenberg, Allgemeine Betriebswirtschaftslehre, a. a. O., S. 318 ff., nimmt die Betrachtung der Anpassung in der Intensität mit Rücksicht auf die Besonderheiten in der Kostenwirksamkeit aus der Untersuchung der quantitativen Anpassung heraus. Dennoch leugnet er nicht die enge Verflechtung intensitätsmäßiger Änderungen und quantitativer Ausbringung.

Welche Auswirkungen hat nun aber der technische Fortschritt auf die Beeinflußbarkeit dieser drei Faktoren:
Kapazitäts-Querschnitt, Produktionsdauer und Intensität?

aa) Die Versteifung der Querschnittselastizität als Folge abnehmender Zerlegbarkeit des Produktionsvollzuges und steigender Fixkosten.

Die Möglichkeit, die in den Produktionsvollzug eingegliederten maschinellen Anlagen zum Zwecke der Manipulation des Produktionsausstoßes nach Bedarf zahlenmäßig zu variieren, ist um so größer, je kleiner die Produktionseinheiten sind. Je mehr sich die Kapazität in selbständige Teileinheiten zerlegen läßt, je mehr der Produktionsvollzug nach dem Baukasten- oder Batteriesystem aufgebaut ist, desto elastischer ist sein Kapazitätsquerschnitt. In der Literatur wird als Beispiel für solch einen günstigen Fall häufig die Weberei angeführt, in der jeder Webstuhl für sich eine selbständige Einheit sei, die nach Belieben in Betrieb genommen oder stillgelegt werden könne. – In der Tat ist die Verwandtschaft des Webereibetriebes mit zerlegbarer handwerklicher Fertigung in dieser Hinsicht stets auffällig gewesen, und der Vergleich zwischen Weber und Webstuhl auf der einen Seite und dem Handwerker mit seinem Werkzeug auf der anderen als jeweils kleinste Produktionseinheit lag nahe.

Dieses Beispiel hat jedoch schon von jeher gehinkt: man betrachtete den Websaal fälschlich isoliert. Dabei übersah man, daß zur Weberei außer den Webstühlen auch die Vorbereitungsmaschinen (Spul-, Zwirn- und Schärmaschinen) untrennbar gehören, deren Kapazität jeweils derjenigen einer *Vielzahl* von Webstühlen entspricht. Abgesehen davon tut aber der technische Fortschritt der Treffsicherheit dieses „Musterbeispiels" weiteren Abbruch. Die Schuld daran ist zunächst jener Erscheinung zuzuschreiben, daß im Zuge der technischen Entwicklung nicht mehr nur ein einzelner Webstuhl, sondern eine Webstuhl-Gruppe die Arbeitsplatzeinheit ausmacht. Andererseits sind infolge der durch die Technik ermöglichten Arbeitsteilung die einzelnen Gruppen wiederum auf das engste untereinander verbunden und voneinander abhängig. (Man denke an das Problem der wirtschaftlichen Mindeststuhlzahl[279].) Selbst bei der kritisierten isolierten Betrachtung des Websaales trifft die Stillsetzung (Inbetriebnahme) eines Stuhles nicht mehr nur den entsprechenden Weber, während sie den Produktionsvollzug im übrigen unberührt läßt: im Zuge der technisch bedingten arbeitsorganisatorischen Verzahnung verliert der einzelne Webstuhl seine ehemals große Bedeutung für die Elastizität des Produktionsvollzuges als kleinste selbständige Einheit. Wir erinnern uns in diesem Zusammenhang der im Rahmen der Leistungsbetrachtung (vergleiche Seite 96) gefundenen Zahl von 60 Stühlen, von der ab sich eine leistungswirksame Arbeitsteilung erst anrät. Ungeachtet der praktischen Bedeutung dieser auffälligen Entwick-

---

[279] Vgl. *E. Wedekind*, Untersuchungen zur Bestimmung der optimalen Arbeitsplatzgröße..., a. a. O., S. 23 ff.

lung zur stark anschwellenden kleinsten Produktionseinheit lassen sich keine Anzeichen dafür finden, daß ihre Folgen im allgemeinen Bewußtsein der Praxis die ihnen gebührende Beachtung gefunden hätten [280].

Hinzu kommt, daß die Stillegung eines Webstuhles wirtschaftlich wegen der steigenden Mehrkosten immer unvorteilhafter und für die Kostengebarung des Gesamtbetriebes folgenschwerer wird. Die technische Entwicklung muß mit gestiegenen Anlagekosten je Einzelaggregat bezahlt werden. Diese drängen einerseits auf eine möglichst kontinuierliche Nutzung aller vorhandenen Maschinen hin, auf der anderen Seite machen sie es schwieriger, eine Anpassung – zum Beispiel an eine besonders günstig zu beurteilende langfristige Bedarfsentwicklung – durch Hinzukauf neuer Webstühle quantitativ zu vollziehen. Außerdem fordert die Flüchtigkeit des jeweils erreichten Modernitätsstandes der technischen Ausrüstung, angesichts der schnellen Folge technischer Neuerungen auf dem Gebiet des Webstuhlbaues, eine möglichst rasche Amortisierung der Maschinen; denn Kapitalverluste oder aber – aus Konkurrenzrücksichten unhaltbare – technische Überalterung der Produktionseinrichtungen gilt es zu vermeiden [281].

In Anbetracht der hohen Opfer, die eine Variation des Kapazitätsquerschnittes verlangen würde, wird die Unternehmensleitung diese Art der Anpassung (soweit sie überhaupt technisch und organisatorisch möglich ist) zu umgehen suchen. Auf jeden Fall wird sie sie jedoch letzten Endes nur sehr widerwillig durchführen.

Allerdings darf nicht übersehen werden, daß der technische Fortschritt den Produktionsvollzug unabhängiger von dem Produktionsfaktor „menschliche Arbeit" macht. Darauf wird an anderer Stelle [282] noch näher einzugehen sein. Hier sei lediglich darauf hingewiesen, daß es mit der Abnahme des Facharbeiteranteils am Produktionsvollzug und der besseren Austauschbarkeit der übrigen Arbeitskräfte leichter wird, den durch diese Faktoren mitbestimmten Produktionsquerschnitt zu variieren.

bb) Die Beeinflußbarkeit der Produktionsdauer unter besonderer Berücksichtigung der erleichterten Mehrschichtarbeit

Nach dem – vom Elastizitätsstandpunkt aus betrachtet – nicht gerade günstigen Ergebnis der Beleuchtung der Querschnittsveränderungen wollen wir uns nunmehr der zweiten Möglichkeit zuwenden, die sich grundsätzlich bietet, um Einfluß

---

[280] Mehr oder weniger *unbewußt* werden besagte Folgen sicherlich eine Rolle bei der ablehnenden oder abwartenden Haltung vieler Unternehmer gegenüber Webautomaten spielen.
[281] Bei der Sulzer-Webmaschine sowie dem Greiftex-Stuhl, denen, wie schon mehrfach angedeutet, von mancher Seite der Praxis eine große Zukunft vorausgesagt wird, fallen die geschilderten Elastizitätsnachteile wegen der höheren Kapazität, der geringeren Beanspruchung von Arbeitskräften sowie wegen der gleichzeitig rapide ansteigenden Anlagekosten noch weit schwerer ins Gewicht.
[282] Vgl. Seite 197 ff.

auf die Menge des Produktionsausstoßes zu gewinnen: gemeint ist die Änderung der Dauer des Produktionsvollzuges. Durch sie wird im Gegensatz zu Querschnittsänderungen nicht nur ein Teil der Produktionsfaktoren (einzelne Webstühle und Weber), sondern die Gesamtheit der Faktoren in ihrem zeitlichen Einsatz berührt.

Für das Abweichen von der betriebsgewöhnlichen Produktionsdauer kommen drei Varianten in Frage: 1. Kurzarbeit, 2. Überstundenarbeit, 3. Mehrschichtarbeit.

Im Falle der Kurzarbeit, – sei es, daß anstatt acht Stunden nur während sieben, sechs ... Stunden gearbeitet wird, sei es, daß die Produktion während ganzer Tage ruht, an den übrigen Tagen aber normale Arbeitszeit eingehalten wird, – bringt der technische Fortschritt prinzipiell keine Veränderung mit sich. Natürlich spielen aber auch hier die schon erwähnten, in ihrer Dringlichkeit wachsenden wirtschaftlichen Postulate der Anlagenausnutzung eine bedeutsame Rolle.

Hinsichtlich der Überstundenarbeit macht es sich vorteilhaft bemerkbar, daß der Anteil der Arbeitskraft am Produktionsvollzug mit dem technischen Fortschritt zurückgeht. Je geringer die Zahl der Arbeitskräfte ist, um so weniger hängt die Durchführung der Überstundenarbeit von der Willigkeit der Arbeiter, beziehungsweise von gesetzlichen und gewerkschaftlichen Vorschriften ab. Kostenrechnerisch fällt die gelegentliche Einschiebung von Überstundenarbeit, wie wir bereits sahen, nicht so sehr ins Gewicht. Die progressiven Lohnzuschläge für Überstundenarbeit verlieren schon deshalb an Bedeutung, weil der Anteil der Lohnkosten an den Gesamtkosten mit fortschreitender technischer Entwicklung immer mehr zusammenschrumpft. Das Verhalten der Lohnkosten wird daher die Entscheidung über die Anpassung durch Überstundenarbeit nicht beeinflussen.

Deutlich spürbar dagegen wird der Einfluß des technischen Fortschrittes auf die dritte Möglichkeit der Änderung der Produktionsdauer. Erst im Zuge der jüngeren technischen Entwicklung nämlich wurde für die Tuchindustrie diese Möglichkeit der Mehrschichtarbeit erschlossen. Das Phänomen des „Persönlichkeitscharakters" des alten mechanischen Tuchwebstuhles hatte bislang die Übernahme eines Stuhles durch den Weber der zweiten Schicht unmöglich gemacht. Jeder mechanische Webstuhl verlangte individuelle Bedienung [283]. Weber und Meister waren auf „ihren" Stuhl eingestellt und hatten ihre eigenen, streng gehüteten „Kniffe", mit seinen „Mucken" [284] fertig zu werden. Im Verlaufe der langen Lebensdauer mechanischer Stühle wurden an ihnen Reparaturen vorgenommen, die meist nach „Fingerspitzengefühl" der Weber, Meister und Schlosser ausgeführt wurden. Eine Normung in der Herstellung von Webstühlen und Ersatzteilen war gänzlich unbekannt. Solche Zustände machten einen derartigen Individualcharakter der Webstühle möglich. Die moderne Technik hat – unterstützt freilich durch eine einheitliche Personalschulung – mit diesen Zuständen aufgeräumt [285].

---

[283] Vgl. zu diesem Problem auch die Ausführungen auf Seite 79 ff.; ferner: Die Einstellung des Webstuhles..., in: Textil-Praxis, a. a. O., S. 356 ff.
[284] Ebd., Seite 357.
[285] Vgl. W. *Bauer*, Erfolge der ... Textilnormung, a. a. O., S. 663 ff.

Moderne Webstühle – erst recht Webautomaten – können ohne Schwierigkeit von jedem geschulten Weber bedient und während mehrerer Schichten beschäftigt werden. Wirtschaftlich gesehen verlangen sie sogar, wie wir sahen, geradezu nach Mehrschichtenbeschäftigung wegen des damit verbesserten Ausnutzungsgrades. Auch hier verlieren aus den beschriebenen Gründen die zuweilen gegen die Einführung der Mehrschichtarbeit sprechenden erzwungenen oder freiwilligen sozialen Rücksichten an Durchschlagskraft.

Die technisch ermöglichte Arbeitsteilung hat auch in der Tuchweberei den Einsatz weiblicher und jugendlicher Arbeitskräfte gestattet und sinnvoll gemacht. In der dritten Schicht wird man daher die Schwierigkeiten zu berücksichtigen haben, die durch das Verbot der Nachtarbeit für Frauen und Jugendliche hervorgerufen werden.

cc) Die Ausdehnung des Intensitätsspielraumes

Obwohl theoretisch möglich, ist es in praxi wenig üblich, die Produktionsmenge durch Variation der Intensität, das heißt durch Drosselung oder Steigerung der Tourenzahl, zu verändern. Diese Abneigung gegenüber der Intensitätsänderung als Anpassungsinstrument ist wohl zu nicht geringem Teil in den technischen Schwierigkeiten, die solche Umstellungen bereiten, zu suchen. Grundsätzlich wäre bei Beschäftigungsrückgängen jedoch an Stelle einer Arbeitszeitverkürzung die Verringerung der Tourenzahl denkbar, durch die sich die geringere Produktion auf die bisherige Produktionsdauer verteilen würde.

Zuweilen sprechen sogar gewichtige Gründe, beispielsweise personalpolitischer, kreditpolitischer aber auch kostenrechnerischer Art dafür, daß ein Unternehmen während eines Überbrückungszeitraumes das Ansteigen der Stückkosten (und damit eine – je nach den Umständen mehr oder weniger spürbare – Gewinnschmälerung oder einen Verlust), die in der Regel mit derartiger intensitätsmäßiger Anpassung verbunden sind, in Kauf nimmt. Das gilt vornehmlich dann, wenn eine solche Maßnahme den indirekten, imponderablen Vorteil einer erhöhten Materialschonung erwarten läßt, die qualitätssteigernd und unter Umständen absatzanreizend wirken kann.

Was nun den technischen Fortschritt in diesem Zusammenhang betrifft, so ermöglicht er grundsätzlich durch die von ihm herbeigeführte Erhöhung der Tourenzahl eine Ausdehnung des Intensitätsspielraumes und damit die Erweiterung der Elastizität. Wegen des bereits angedeuteten Mangels an Bedeutung für die Praxis brauchen wir auf diese Zusammenhänge nicht weiter einzugehen. Der grundsätzliche Hinweis mag hier genügen.

2) Technischer Fortschritt und qualitative Elastizität des Produktionsvollzuges

Außer den soeben untersuchten Möglichkeiten für die Unternehmen, betrieblich durch mengenmäßige Manipulationen im Produktionsbereich elastisch auf Datenänderungen im Beschaffungs-, Produktions-, Absatz- und Kapitalsektor zu reagieren oder sogar von sich aus mit Hilfe quantitativer Maßnahmen aktiven Einfluß auf diese Sektoren zu nehmen, bieten sich u. U. zu den gleichen Zwecken auch solche Variationsmöglichkeiten an, die auf qualitativem Gebiet liegen.

Unter qualitativen Änderungen im Produktionsvollzug sollen grundsätzlich jene verstanden werden, die die Eigenschaften der in die Produktion gelangenden Rohstoffe, die Verfahrensweise sowie den Ausfall der Erzeugnisse betreffen. Die qualitative Elastizität des Produktionsvollzuges ist in der Tuchweberei um so größer, je mehr Variationsmöglichkeiten hinsichtlich der Wahl der Garne und deren Verarbeitung gegeben sind, das heißt, je größer die Produktionstiefe ist.

Keinesfalls will der Begriff „qualitativ" in diesem Zusammenhang etwas über die Güte oder gar über den Wert der Rohstoffe, Verfahren oder Erzeugnisse aussagen. Zu dem Fehlschluß einer derartigen Assoziation könnte man besonders leicht bei der Betrachtung qualitativer Rohstoffänderungen verführt werden, da – wie auch weiter unten deutlich wird – Verschiedenheiten der Garnsorten häufig mit Unterschieden in der Garngüte zusammenfallen. Bei dem Übergang von einer Verfahrensweise auf die andere dagegen, beispielsweise bei Umstellungen der Bindung, der Schaft- oder Schußzahl, ist die Unabhängigkeit qualitativer Änderungen im hier gebrauchten Sinne von Wertvorstellungen besser erkennbar.

aa) Die Einschränkung der Rohstoffelastizität und ihre unerfreulichen Begleiterscheinungen

Bereits an anderer Stelle[286] sahen wir, wie die Abhängigkeit der zuteilbaren Stuhlzahl je Weber, des Nutzeffektes und des Ausfalles der Ware von der *Garnqualität* mit dem technischen Fortschritt wächst. Des weiteren erkannten wir, wie mit ihm die Sensibilität der Wirtschaftlichkeit des Produktionsvollzuges gegenüber schwankender Widerstandsfähigkeit des Garnes spürbarer und achtungsgebietender wird. Deshalb darf die gerade noch wirtschaftlich zu verwendende Garnqualität nicht unter eine bestimmte Gütegrenze (Qualitätsuntergrenze) absinken. Diese Schwelle zur Unwirtschaftlichkeit steigt in der Tuchweberei von Stufe zu Stufe der Garngüteskala. Je vordringlicher der technische Fortschritt mit wachsender Anlageintensität des Produktionsvollzuges das Postulat optimaler Maschinenausnutzung werden läßt, desto höheren Anforderungen muß die Güte des Rohstoffes gewachsen sein.

Durch eine derartige Qualitätsbegrenzung nach unten sind aber offenbar gleichzeitig die Variationsmöglichkeiten des Produktionsvollzuges und damit auch die

[286] Vgl. Seite 43 ff.

des Produktionsprogrammes eingeengt. Qualitative Anpassungen im Produktionsbereich an Änderungen auf der Beschaffungs- und Absatzseite werden zumindest erschwert, teilweise sogar ausgeschlossen.

So schwindet mit zunehmender Automatisierung in der Weberei die Möglichkeit, nicht abwälzbare Preissteigerungen auf den Rohstoffmärkten dadurch aufzufangen, daß man geringerwertige Garne verwebt (in der Ausrüstung jedoch einen entsprechenden Ausgleich vornimmt). – In Zeiten erschwerter oder überhaupt unterbrochener Rohstoffbeschaffung (zum Beispiel bei Verknappung der Wolle auf dem Weltmarkt als Folge von Seuchen unter den Schafherden oder spekulativem Aufkauf und Horten der Wollbestände wie zur Zeit der Korea-Krise durch die USA, ferner beim Ausbleiben der Wolleinfuhr in Kriegszeiten usw.) wird es schwerer als je sein, die Webereimaschinen wirtschaftlich zu beschäftigen. Es erscheint ausgeschlossen, daß auf modernen Webautomaten Papier und schlechte Zellwolle verwebt werden könnten, die zur Kriegs- und Nachkriegszeit in Deutschland in den Tuchwebereien verwendet werden mußten. Schulten [287] führt in diesem Zusammenhang für die Baumwollindustrie aus: „In diesen Situationen gestörter Beschaffungsmärkte zeigt sich der Nichtautomat in vielen Fällen anpassungsfähiger. Das geht aus der Tatsache hervor, daß in Deutschland seit 1937 die meisten Automatenbetriebe stillgelegen haben."

Das Ausweichen auf eine niedrigere Qualitäts- und Preisklasse – etwa bei zu heftiger Konkurrenz in den qualitativ höheren Klassen oder bei zunehmender Nachfrage nach billigeren Tuchen – ist dem Automatenweber von einer gewissen Grenze ab aus produktionstechnischen und wirtschaftlichen Gründen verwehrt. Die Entwicklung der Webstuhlkonstruktion läßt von der rein betrieblichen Seite her in zunehmendem Maße die Vorliebe für starke, langfasrige, gezwirnte Garne wachsen; denn solche Garne leiden unter der steigenden Beanspruchung im Webstuhl (vor allem beim Passieren der automatischen Kettfadenwächter und der Litzen) weniger als zum Beispiel kurzfasrige Streichgarne (Reißwolle). Moderichtungen und Marktstellungen, die diesem Trend zuwiderlaufen, werden sich die Webereien weit widerstrebender und unter Umständen mit weit größeren Opfern anpassen als bisher.

Zu einem Teil werden die angedeuteten Nachteile dieser Elastizitätsbeschneidung, die die technischen Neuerungen mit sich bringen, dann unbedeutend, wenn sich der technische Fortschritt in der Branche auf einen weitgehend gleichen Stand durchgesetzt hat [288]. So stellt in unserem Beispiel die Qualitätsuntergrenze konkurrenz-

---

[287] W. *Schulten*, Die Auswirkungen der Automatisierung von Baumwollwebereien..., a. a. O., S. 144.

[288] Dazu wird es jedoch nur in Zeiten kommen, in denen die technische Entwicklung im großen und ganzen ruht, wie sie die Textilindustrie vor und nach dem Aufkommen des mechanischen Webstuhles erlebte. In unseren Tagen, die bereits wesentliche Neuerungen gebracht haben und erst recht zu bringen versprechen, wird der Grad der technischen Modernität in den einzelnen Unternehmen mehr oder minder unterschiedlich sein.
Vgl. *F. A. Hayek*, Grundtatsachen des Fortschritts, a. a. O., S. 26.

wirtschaftlich gesehen dann kein Handicap mehr da, wenn keine Tuchweberei mehr anzutreffen ist, die nicht automatisiert wurde[289]. Dieser Zustand wird dann erreicht sein, wenn der mechanische Webstuhl auf die Bedeutung zurückgedrängt ist, auf die er selbst den Handwebstuhl verwies.
Es hat nicht den Anschein, als würde die Begrenzung der qualitativen Rohstoffelastizität nach unten wettgemacht durch eine entsprechende Ausdehnung der qualitativen Gestaltungsmöglichkeiten nach oben. – So gesehen würde also – ceteris paribus[290] – von der zurückgehenden Elastizität im Produktionsbereich eine Konzentration des Wettbewerbs auf einen engeren Qualitätskreis ausgehen.

bb) Die Erschwerung der Verfahrenswechsel und der Trend zur unelastischen Stapelproduktion

In der Regel vermag sich der Weberei-Betrieb an bestimmte betriebsinterne und -externe Änderungen qualitativ dadurch anzupassen, daß die produktionstechnischen Verfahrensweisen geändert werden. Der Begriff „Verfahrensweise" ist in diesem Zusammenhang sehr eng gefaßt. Er soll selbstverständlich nicht grundsätzliche Abweichungen vom (Tuch-) Webverfahren an sich umfassen. Vielmehr werden als Verfahrensänderungen im folgenden Umstellungen wie die der Bindungen, der Schaftzahlen, Schußzahlen und -folgen bezeichnet. Solche Umstellungen werden bei den meisten Sortenwechseln erforderlich. Bei der Verfahrenselastizität geht es demnach in erster Linie um die Elastizität in der Artikelumstellung. Außerdem sind jedoch auch die Fragen der Elastizität gegenüber so einschneidenden Verfahrensänderungen wie beispielsweise dem Übergang vom mechanischen zum automatischen Weben in unseren Bereich der Verfahrenselastizität einbezogen. Sie treten jedoch gegenüber den alltäglichen Verfahrensänderungen wegen ihrer Seltenheit und ihrer für jeden Betrieb einmaligen Aktualität stark in den Hintergrund.
Für die Tuchindustrie, deren Marktstellung durchweg nicht dazu angetan ist, den einzelnen Betrieben eine weitgehende Freizügigkeit in der Gestaltung ihres Fertigungsprogrammes zu belassen, sondern sie im Gegenteil sowohl im Einkauf als auch in ganz besonderem Maße im modediktierten Verkauf als den schwächeren Partner zur Nachgiebigkeit zwingt[291], liegt die Bedeutung der Verfahrenselastizität auf der Hand.
Die Weite des Feldes, auf dem sich die Betriebe frei bewegen können, wird vornehmlich durch zwei Faktoren bestimmt. Primär sind dies die Möglichkeiten, die die *technische Konstruktion* des Webstuhles zuläßt. Sekundär wird – abgesehen von verkaufspolitisch notwendigen Ausnahmen – die *Wirtschaftlichkeit* der Ver-

---

[289] Vgl. *P. Riebel*, a. a. O., S. 121.
[290] Es fehlt jedoch nicht an Zeichen, die darauf hindeuten, daß der Ausgleich auf andere Weise zustande kommt, zum Beispiel durch wachsenden Tuchbedarf auf dem Weltmarkt, Kaufkraftsteigerungen sowie durch das Aufkommen von neuen substitutiven Kunstfasern.
[291] Vgl. XIX International Wool Conference, a. a. O., p. 11.

fahrenswechsel den Ausschlag geben. Auf diese beiden Faktoren hat der technische Fortschritt keinen geringen Einfluß.

Das Problem der Schußfolge beziehungsweise des Farbenwechsels stellt die Technik des automatischen Schußspulenersatzes vor bisher noch nicht zufriedenstellend gelöste Aufgaben. Mit einer Ausnahme, die jedoch bislang in der Praxis nicht recht durchzudringen vermochte [292], gibt es noch keinen Vierfarben-pic-à-pic-Automaten. Soweit automatische Webstühle bereits in Betrieb genommen worden sind, können auf ihnen weder Nouveauté-Gewebe, die unpaarigen, vierfarbigen Schuß verlangen, noch garngefärbte Stapelartikel, die zur Erreichung einer möglichst hohen Farbgleichmäßigkeit im Gewebebild unpaarigen Schußeintrag erforderlich machen, hergestellt werden.

Außerdem bereitet die Umstellung automatischer Stühle auf neue Artikel in der Regel weit größere Schwierigkeiten als bei einfachen mechanischen Stühlen. Anlaufzeit und Anlaufkosten steigen mit der technischen Verfeinerung der Maschinen. So wird von einer westdeutschen Tuchweberei, die eine Gruppe Sulzer-Automaten beschäftigt, berichtet, daß sich der auf sehr präzise, artikelgerechte Einstellung angewiesene Mechanismus dieser Webmaschinen im Verhältnis zu den gebräuchlichen Webstühlen nur sehr schwer von Artikel zu Artikel umstellen läßt. Man ist daher in dieser Weberei ganz besonders auf das äußerste bemüht, die Webmaschinen mit allen Mittel möglichst lange mit demselben Artikel zu belegen.

Die praktische Erfahrung kann mit einer Reihe weiterer Beispiele aufwarten, in denen es nur unter besonders aufwendigen Verkaufsanstrengungen und entsprechenden Preisnachlässen gelungen ist, die Automatenabteilungen der Tuchwebereien zu beschäftigen, während die mechanischen Stühle derselben Webereien die Aufträge nicht-automatengeeigneter Artikel kaum zu bewältigen vermochten. Bei der Kollektionszusammenstellung versuchen die betroffenen Betriebe, für ihre Automatenabteilungen geeignete Artikel aufzunehmen und besonders zu forcieren.

Diese Beispiele zeigen sehr auffällig die Starrheit, die der Automatenweberei – jedenfalls zur Zeit noch – anhaftet. Sie ist als einer der Hauptgründe gegen die Einführung des Webautomaten in die Tuchindustrie anzusprechen. Das ist um so verständlicher, als gerade vom technisch-fortschrittlichen Produktionsvollzug angesichts seiner zunehmenden Kapitalintensität ein besonderer Zwang zur Elastizität ausgeht: kann sich doch ein Betrieb mit hohen fixen Kosten keine Starrheit erlauben. Vielmehr „muß die Quelle, die die Fixkosten verursacht, elastisch sein" [293]. – Immerhin liegen gerade in Richtung der Verfahrenselastizität wesentliche technische Verbesserungen „in der Luft" [294].

---

[292] Der Schwabe-Automat, der hier gemeint ist, wird vielfach als zu teuer in der Anschaffung und als zu kompliziert in seiner Konstruktion, mit der die Betriebe nicht zu Rande kommen, abgelehnt.
Der erst jetzt bekanntgewordene Greiftex-Automat ist bisher noch in keiner deutschen Weberei installiert. In Frankreich wird mit dem Sammeln der ersten Erfahrungen begonnen.
[293] *Th. Beste,* Größere Elastizität..., a. a. O.
[294] Vgl. *W. C. Howl,* Recent Loom Improvements, a. a. O., p. 58.

Wirtschaftlich wirken sich die Verfahrenswechsel, wie schon an anderer Stelle aufgewiesen wurde, mit fortschreitender technischer Entwicklung in der Weberei wegen der steigenden Kosten des Sortenwechsels immer nachteiliger auf den Erfolg der Betriebstätigkeit aus. Die wirtschaftlichen Postulate der langen Ketten und der möglichst gleichen Ketten innerhalb einer Stuhlgruppe sowie der Ausnutzung der technischen Hilfsmittel beim Kettenwechsel fördern die Elastizität im Verfahrenswechsel ganz und gar nicht. „Bei den modisch bedingten häufigen Fabrikationsumstellungen steht die meist auf einen bestimmten Fabrikationszweck ausgerichtete Wirtschaftlichkeit (... automatischer Webstühle ...) zu der modischen Anpassungsfähigkeit im Gegensatz" [295]. „Das Prinzip der Vielseitigkeit entspricht eben nicht dem Wesen der Automatenweberei." [296]

Auf der anderen Seite aber wird „die Spezialisierung von Betrieben ... gefürchtet. Man glaubt, sie bedeute eine Gefahr für den Betrieb besonders deshalb, weil schon durch eine Laune des Marktes, erst recht aber durch wirtschaftliche und technische Änderungen, der Absatz des spezialisierten Betriebes sinken oder gar zum Erliegen gebracht werden könne. Diese Gefahr besteht in der Tat, namentlich für Betriebe, deren Erzeugnisse dem Geschmack oder der Mode unterworfen sind oder von dem Fortschritt der Technik bedroht werden ..." [297].

Allgemein wird man sagen müssen, daß von der technischen Entwicklung und den auf ihr fußenden Wirtschaftlichkeitsüberlegungen – entsprechend dem Ausmaß, in dem sich diese Entwicklung durchsetzt –, eine wachsende erzwungene Neigung zur Stapelware und die Abnahme der Verfahrenselastizität ausgehen.

Auch für diese Erscheinung findet sich in der Ablösung des Handwebstuhles durch das mechanische Websystem eine deutliche Parallele.

3) Technischer Fortschritt und räumliche Elastizität des Produktionsvollzuges

Mit den quantitativen und qualitativen Anpassungsmöglichkeiten haben wir die wichtigsten Alternativen der Elastizitätsformen im Produktionsvollzug hinsichtlich ihres Verhaltens gegenüber dem technischen Fortschritt untersucht. Ohne den Hinweis auf einige *räumliche* Gesichtspunkte, die die Elastizität zuweilen mitbestimmen, wäre unsere Betrachtung jedoch unvollkommen.

Die räumliche Elastizität des Produktionsvollzuges ist eine Frage der Standortgebundenheit, die sowohl von außerbetrieblichen als auch von innerbetrieblichen Faktoren abhängig sein kann. Die außerbetrieblichen Faktoren beeinflussen den Standort des Betriebes (der Produktion) als solchen, innerbetriebliche dagegen den der einzelnen Produktionsfaktoren und ihre gegenseitige Zuordnung im Gefüge

---

[295] Geschäftsbericht für das Jahr 1956 der Verseidag, Vereinigte Seidenwebereien AG, Krefeld, S. 13.
[296] *W. Schulten*, a. a. O., S. 94.
[297] *Th. Beste*, Die Mehrkosten bei der Herstellung ungängiger Erzeugnisse ..., a. a. O., S. 12.

des Produktionsvollzuges. Derartige Elastizitätsfragen können – wenngleich sie auch nur selten akut werden – zum Beispiel bei Betriebserweiterungen, bei Produktionsumsiedlungen infolge abgelaufener Verträge, bei der Gründung von Zweigbetrieben, bei Betriebsverlagerungen in günstigere Wirtschaftsräume und anderem mehr von Bedeutung sein.

aa) Die größere Unabhängigkeit des Produktionsvollzuges von den Gegebenheiten der Natur und des Arbeitsmarktes

Die klimatischen Verhältnisse, insbesondere Wetterbeständigkeit und Feuchtigkeitsgehalt der Luft, sowie die quantitative wie qualitative Beurteilung der Wasserverhältnisse sind seit jeher entscheidende Größen bei der Wahl des Standortes der Tuchmacherbetriebe [298]. Sie verdanken ihre Bedeutung der Beschaffenheit des natürlichen, organischen Rohstoffes Wolle und – seit deren Aufnahme in die Produktionsprogramme der Tuchwebereien – den spezifischen Eigenschaften der anorganischen Kunstfasern.

Wenn auch durch die Technik noch keine völlige Freiheit von der Bindung an den Standort herbeigeführt werden konnte, so hat sie doch die Bedeutung der genannten Faktoren zugunsten einer größeren Unabhängigkeit von den natürlichen Ortsgegebenheiten erheblich verringert, indem sie Klimaanlagen [299], wirksame Verfahren zur Wasserenthärtung und anderes mehr entwickelte. Die amerikanischen Tuchwebereien haben sich diese Vorteile sehr zunutze gemacht, die ganz besonders den im letzten Jahrzehnt neu errichteten Betrieben im Süden der Vereinigten Staaten und in Mittelamerika zustatten gekommen sind [300].

Ohne Zweifel hat bei diesen Neugründungen auch die weitgehende Unabhängigkeit der automatischen Weberei vom Arbeitsmarkt eine gewichtige Rolle gespielt, auf deren Bedeutung für die deutschen Tuchwebereien wir noch eingehend zurückkommen werden [301].

bb) Die Erleichterung der innerbetrieblichen Beweglichkeit

Innerbetrieblich ist der Produktionsvollzug in der Wahl des Standortes der Betriebsmittel um so unabhängiger, je weniger Anforderungen er an die räumlichen Eigenschaften (wie Konstruktion, Bauweise, Größe, Energieanschlüsse usw.) der Produktionsstätte stellt, und je beliebiger die Anordnung der Betriebsmittel im Produktionsraum vorgenommen werden kann.

[298] Vgl. *L. Köllner* und *M. Kaiser*, Die internationale Wettbewerbsfähigkeit..., a. a. O., S. 34 ff., ferner *L. Köllner*, Die westdeutsche Wollindustrie..., in: Textilwirtschaft heute, a. a. O.
[299] Klimaanlagen sind freilich noch sehr teuer, so daß sie vor allem für kleinere und kapitalschwache Betriebe unerschwinglich sind (vgl. Seite 200).
[300] Vgl. L'Industrie Lainière..., a. a. O., p. 156.
[301] Vgl. Seite 200.

Um die Jahrhundertwende begann sich die Erfindung des elektrischen Motors und des Einzelantriebes in den Webereien durchzusetzen. Dadurch wurden die Webstühle aus der Gebundenheit an das Transmissionssystem gelöst. Seitdem sind uns kaum technische Neuerungen bekanntgeworden, deren Einfluß auf das Gebiet der räumlichen Elastizität als wesentlich oder bemerkenswert angesehen werden müßte. Allenfalls wird man den neuzeitlichen Klimaanlagen und Beleuchtungsmöglichkeiten [302] zugestehen können, daß sie die Ansprüche an die baulichen Eigenschaften der Produktionsräume herabmindern. Auch sind die Bemühungen, den Lauf der Webstühle erschütterungsfreier zu halten, nicht ganz ohne Erfolg geblieben [303]. So wurde die Fundamentierung der Maschinen um ein geringes unproblematischer und daher die Versetzung der Stühle von einem Standort zum anderen geringfügig erleichtert.

Die moderne Bautechnik gestattet darüber hinaus stützenlose Decken. Auf die lästigen Säulen, die in alten Websälen die Aufstellung der Stühle weitgehend diktieren und Organisationsänderungen buchstäblich im Wege stehen, kann verzichtet werden. „Bei solchen Bauten wird der Unternehmer nicht mehr so leicht ausrufen: Wenn ich es nochmals zu tun hätte, würde ich anders bauen." [304]

Gewöhnlich aber wird es keinen Anlaß geben, den innerbetrieblichen Standort der Webstühle, deren Anordnung nach Gesichtspunkten der Arbeitsorganisation, der optimalen Raumausnutzung sowie der flüssigsten Transportwege bestimmt wird, zu ändern. Andererseits stehen nötigenfalls Standortänderungen der Stühle, zum Beispiel beim Ersatz mechanischer Stühle durch Automaten, im allgemeinen keine erschwerenden technischen Probleme im Wege.

4) Technischer Fortschritt und zeitliche Elastizität des Produktionsvollzuges

Ein wesentliches Merkmal des Grades der Reaktionsfähigkeit des Produktionsvollzuges auf inner- und außerbetriebliche Datenänderungen ist das Minimum an Zeit, das zwischen der Datenänderung und der erfolgten quantitativen, qualitativen oder räumlichen Anpassung im Produktionsvollzug verstreichen muß. Je schwerfälliger sich zum Beispiel eine Weberei in ihrer Produktion auf eine neue Moderichtung oder auf Sonderwünsche der Kunden umzustellen vermag, um so unelastischer ist sie.

Ob sich die Anpassung nach der Definition Riebels [305] „zum erforderlichen Zeitpunkt und innerhalb eines genügenden Zeitraumes" vollzieht, ist eine sekundäre Frage, deren Beantwortung von den individuellen Umständen abhängt. Mit dem objektiven Grad der Elastizität an sich hat sie jedoch nichts zu tun. Dies läßt sich an einem Beispiel veranschaulichen.

---

[302] Vgl. *C. O. Meiners*, Das Beleuchtungsproblem..., a. a. O., S. 793 ff.
[303] Die Sulzer-Maschine läuft bereits auffallend ruhiger als gewöhnliche Webstühle.
[304] *W. G. Waffenschmidt*, Technik und Wirtschaft..., a. a. O., S. 165.
[305] *P. Riebel*, a. a. O., S. 129.

Stellen wir einer Nouveauté-Weberei eine ganz auf Stapelware eingestellte Weberei gegenüber. Die Nouveauté-Weberei ist zu kurzfristigen Umstellungen stets bereit. Die Produktionsmittel der zweiten Weberei sind dagegen nach Gesichtspunkten kontinuierlicher Massenproduktion, die nur selten Änderungen erforderlich macht, ausgewählt und zusammengestellt. Beide Betriebe mögen in der Lage sein, sich im gegebenen Fall „genügend" schnell (wobei genügend ein sehr dehnbarer Begriff ist) umzustellen. Es wird jedoch schwerlich bestritten werden können, daß der Nouveauté-Weberei eine weit höhere Elastizität zuzuerkennen ist als dem Stapelwarenbetrieb, wenngleich jeder Betrieb *relativ* zeitlich „genügend schnell" reagieren kann.

Der Grad der zeitlichen Elastizität hängt von drei Faktoren ab:
1. von der Zeit, die von der Datenänderung bis zum Entschluß der Unternehmungs- beziehungsweise Betriebsleitung, sich produktionstechnisch in einer bestimmten Weise anzupassen, verstreicht;
2. von der Zeit, die unter Umständen verstreichen muß, ehe der Produktionsvollzug zum Zwecke der Umstellung unterbrochen werden kann und
3. von der Dauer des eigentlichen Anpassungsvorganges.

aa) Der indirekte Einfluß des technischen Fortschrittes auf die Reaktionsgeschwindigkeit vor der Anpassung

Der erste Faktor, sozusagen die „Schrecksekunde" vor dem Handeln, liegt nicht im Bereich der *direkten* technischen Einflüsse. Auf ihn wirken unmittelbar solche Größen, die in der dispositiven Sphäre des Unternehmens zu suchen sind. Dazu gehört die Aufmerksamkeit der Geschäftsleitung gegenüber den Datenänderungen, von der es – wenn auch nicht ausschließlich – so doch mit abhängt, wann sie sich der Tatsache, des Charakters und des Ausmaßes der Änderungen bewußt wird. Ferner fallen vor allem darunter die Entschlußfreudigkeit und -fähigkeit der Geschäftsleitung sowie die Organisation der Befehlsweitergabe und -ausführung.

Indirekt übt jedoch auch auf diese Größen der technische Fortschritt Einfluß aus. Hierzu seien wiederum einige Beispiele angeführt.

Die für die Disposition in der Textilindustrie ungemein bedeutsamen Möglichkeiten der Markterkundung wären ohne die Errungenschaften moderner Technik nicht denkbar. Man halte sich nur die in den Vereinigten Staaten von Amerika bereits verbreiteten Auswertungen von Statistiken und Befragungsergebnissen mit der Hilfe von Elektronenrechnern [306] vor Augen, jedoch auch die „alltäglichen" Mittel der Nachrichtenübermittlung und des Verkehrs. Derartige Hilfen erlauben es der Geschäftsleitung, sich auf kommende Anpassungsnotwendigkeiten bereits zu einem Zeitpunkt einzustellen, zu dem sich die Datenänderungen selbst erst vorbereiten. Umstellungsentschlüsse werden der Geschäftsleitung um so leichter (schwe-

---

[306] Vgl. *J. C. Cumming*, The New Sales Promotion in the Textile Industry, a. a. O., ferner *J. Diebold*, Die automatische Fabrik, a. a. O., S. 128 ff.

rer) fallen, je weniger (mehr) technische beziehungsweise technisch bedingte wirtschaftliche Schwierigkeiten die Umstellung verursacht, das heißt je elastischer (unelastischer) der Produktionsvollzug ist.

Die in den vorigen Abschnitten dargestellten Einschränkungen und Ausweitungen der Elastizität finden demnach auch in der zeitlichen Elastizität der Tuchwebereien ihren Niederschlag.

bb) Die Vorverlagerung der Reaktionsbereitschaft durch die Verkürzung der Anlaufzeit

Wenden wir uns nunmehr dem zweiten Bestimmungsfaktor der zeitlichen Elastizität zu, nämlich der Tatsache, daß der Produktionsprozeß nicht willkürlich unterbrochen werden kann. Die Untersuchung dieser Zusammenhänge möge die Verfolgung eines Musterbeispieles erleichtern.

In dem angenommenen Fall wird an eine vollbeschäftigte Weberei ein Kundenwunsch herangetragen, der auf die Herstellung eines besonderen Musters abzielt. Die Bedeutung des Kunden macht es ratsam, auf seinen Wunsch einzugehen und ihn, wenn nur irgend möglich, zu erfüllen. In der Regel aber kann diesem Wunsche trotz aller Dringlichkeit nicht nachgekommen werden, ehe nicht die zu seiner Erfüllung nötige Anzahl von Stühlen zur Verfügung steht, das heißt ehe nicht die entsprechende Anzahl von Ketten abgelaufen ist. Eine halbe Kette im Stuhl abzuschneiden und durch eine andere zu ersetzen, wäre – abgesehen von äußerst ungewöhnlichen Ausnahmen – wider alle Vernunft.

Vergleicht man nun die Zeit, die eine Kette in einem älteren mechanischen Stuhl und in einem modernen hochtourigen Automaten gebunden ist, so zeigt sich, daß der Webautomat bedeutend früher für eine neue Kette zur Verfügung steht als der mechanische Webstuhl. Nehmen wir an, die Kette sei 700 m lang und je cm seien 25 Schuß in das Gewebe einzutragen; der mechanische Stuhl mache 110 U/min bei einem Nutzeffekt von 80 v. H., der Automat 130 U/min mit 90 v. H. Nutzeffekt. Dann liegt im mechanischen Stuhl die Kette rund 330 Stunden, im Automaten nur rund 250 Stunden. Das bedeutet 80 Stunden (25,25 v. H.) weniger Arbeitszeit oder 9 Arbeitstage frühere Bereitschaft des Stuhles für eine neue Kette. Um diese Zeit kann dem erwähnten Sonderauftrag eher nachgekommen werden, wenn zu seiner Erfüllung technisch-fortschrittliche Maschinen an Stelle von älteren mechanischen Stühlen Verwendung finden. Berücksichtigt man darüber hinaus, daß Automaten durchweg in zwei Schichten beschäftigt werden können, dies aber im allgemeinen bei einem herkömmlichen mechanischen Webstuhl nicht ohne weiteres der Fall ist [307], so kann festgestellt werden, daß der Automat zeitlich um rund 25 Tage in der Elastizität voraus ist.

---

[307] Immerhin muß zugegeben werden, daß die Möglichkeit der Überstundenarbeit bei mechanischen Stühlen den Unterschied zur Mehrschichtarbeit bei Automaten zeitlich etwas verringert.

Will man mit der Auslieferung der Ware nicht warten, bis die ganze Kette von 12 Stücken fertiggestellt ist, so ist interessant zu wissen, daß das erste Stück Ware von 50 m Länge in dem angenommenen – keineswegs ungewöhnlichen – Beispiel vom Automaten nach weniger als 18 Stunden, also zu Beginn der dritten Schicht, abgezogen werden kann. Beim mechanischen Stuhl müßte der Betrieb 23,7 Stunden, das sind mehr als 5 Stunden länger, warten, ehe er das erste Stück der Kette weiter bearbeiten kann.

Allerdings hieße es einem gefährlichen Irrtum verfallen, wollte man aus der aufgezeigten zeitlichen Vorverlagerung der Umstellungsbereitschaft des einzelnen Stuhles auch auf eine Überlegenheit in der Häufigkeit der Wechselmöglichkeiten in der Gesamtweberei auf lange Sicht schließen. Dies wäre nur dann der Fall, wenn man Webereien mit der gleichen Anzahl von Webstühlen gegenüberstellt, das heißt wenn 100 mechanische Stühle mit 100 Automaten verglichen würden. Ein solcher Vergleich ist jedoch nicht angängig. Vielmehr ergibt sich unter Verwendung der Daten des vorstehenden Beispiels, daß 100 mechanische Stühle der Kapazität von nur 75 Automaten entsprechen[308]. Vergleicht man nun diese beiden Webereien in einem Zeitraum von 1000 Stunden, der etwa einer Saison entspricht, so zeigt sich, daß sowohl in der einen wie auch anderen Weberei rund dreihundertmal die Möglichkeit zum Kettwechsel besteht[309], nur daß die Möglichkeiten in dem einen Fall von 100 Stühlen geschaffen, in dem anderen jedoch von nur 75 Automaten ermöglicht werden. Bezogen auf den Gesamtbetrieb und auf einen längeren Zeitraum ergibt sich in der Automatenweberei nicht etwa häufiger als in einer vergleichbaren mechanischen Weberei die Gelegenheit, eine neue Kette einzulegen. Der große Vorteil der Automaten-Weberei liegt allein darin, daß die Kette im Einzelfall wesentlich kürzere Zeit im Stuhl festgehalten wird. Dadurch kann sich der Produktionsvollzug kurzfristiger – elastischer – auf neue Daten einstellen. Es ist schwer zu verstehen, daß wir diesen auffälligen Vorteil des technischen Fortschrittes in der Textilliteratur nicht erwähnt finden und daß wir befürchten müssen, auch in der Praxis werde diesen Zusammenhängen nicht die Beachtung gegönnt, die ihnen zukommt.

cc) Die unterschiedliche Empfindlichkeit der Dauer der Anpassungsvorgänge gegenüber dem technischen Fortschritt

Als letztes bleibt uns die Beantwortung der Frage, ob der technische Fortschritt einen Einfluß auf die Dauer des eigentlichen Anpassungsvorganges, die wir als den dritten Bestimmungsfaktor der zeitlichen Elastizität erwähnt haben, ausübt. Diese Antwort kann nicht generell gegeben werden. Sie richtet sich nach der jeweiligen Art der Anpassung, für die sich – wie gezeigt – nicht nur eine Möglichkeit anbietet.

---

[308] Vgl. Tabelle 10, Seite 96.
[309] 100 mechanische Stühle à 110 U/Min. und 1000 Stunden Laufzeit = 100 000 Stunden; 100 000 Stunden : 330 Stunden je Kette = 303 mal Kettablauf. 75 Automaten à 1000 Stunden : 250 Stunden je Kette = 300 mal Kettablauf.

Auf den zeitlichen Ablauf der quantitativen Anpassungsform hat der technische Fortschritt keinen sonderlichen Einfluß. Es macht zeitlich keinen Unterschied, ob ein mechanischer Stuhl oder ein Automat stillgelegt beziehungsweise zusätzlich in Benutzung genommen wird. Dabei ist allerdings unterstellt, daß die stillgesetzten Stühle stets betriebsbereit gehalten werden. Andernfalls würde das Säubern und Entrosten eines automatischen oder halbautomatisierten Stuhles wegen der komplizierteren Mechanismen längere Zeit in Anspruch nehmen als das Herrichten eines „glatten" mechanischen Stuhles.

Auf die Änderung der Produktionsdauer kann sich der technische Fortschritt zeitlich höchstens indirekt auswirken, indem er, wie schon dargelegt, den Produktionsfaktor Arbeit leichter und daher auch rascher verfügbar macht.

Die Frage, ob der technische Fortschritt den zeitlichen Ablauf der qualitativen Anpassungsvorgänge beeinflußt, kann hinsichtlich der Rohstoffänderungen rundweg mit „nein" beantwortet werden. Geringfügige Einstellungsänderungen der automatischen Wechselmechanismen mit Rücksicht auf neue Rohstoffe sind zeitlich so unbedeutend, daß im Hinblick auf sie nicht von einer Änderung der zeitlichen Elastizität die Rede sein kann.

Schwieriger wird die Antwort dagegen bezüglich der Verfahrenswechsel bei Umstellungen auf neue Artikel. Wir erinnern uns in diesem Zusammenhang der Erörterungen über den Sortenwechsel und seine Kosten[310]. Dabei war bereits deutlich geworden, daß die Dauer des Sortenwechsels, die im wesentlichen mit der Anpassung des Stuhles und seiner Vorrichtungen an die neue Kette identisch ist, von Fall zu Fall variiert, da sie in erster Linie von der Verwandtschaft der beiden aufeinanderfolgenden Artikel abhängt. Sie bestimmt zum Beispiel, ob die Ketten mit modernen technischen Hilfsmitteln angeknüpft werden können oder ob Geschirr, Riet usw. ausgewechselt werden müssen. Gegenüber diesen Arbeiten tritt, wie wir sahen, die Arbeitsvermehrung, die durch die technischen Neuerungen im Webstuhlbau zu den Anpassungsarbeiten hinzukommt, in den Hintergrund, zumal diese Arbeiten auch gleichzeitig mit anderen Umstellungsarbeiten verrichtet werden können.

In der Zeitbeanspruchung räumlicher Anpassungsvorgänge schließlich ist ebenfalls keine nennenswerte Änderung durch die Entwicklung in der Webtechnik zu bemerken.

Mit der Betrachtung der zeitlichen Elastizität haben wir die Erörterungen über die Elastizität des Produktionsvollzuges abgeschlossen.

---

[310] Vgl. Seite 59 ff., ferner Seite 154 f.

3. Der Einfluß technischen Fortschrittes auf den sozialen Bereich des Produktionsvollzuges

Über allen spezifisch ökonomisch-sachlichen Wertmaßstäben, die der Betriebswirt an die Auswirkungen technischen Fortschrittes auf den Produktionsvollzug zu legen gehalten ist, darf er es nicht versäumen, dem *Menschen* seine Aufmerksamkeit zu widmen, der mit seiner vielschichtigen Individualität und -Vitalität in den Produktionsvollzug eingegliedert ist, ihm dient, ihn steuert und befehligt. Es gilt, sich darüber im klaren zu sein, in welcher Weise der arbeitende Mensch von den technischen Entwicklungen im Betrieb betroffen wird. Dabei steht bei diesem Postulat für den nüchternen Betriebswirt nicht einmal die alle Aufmerksamkeit verdienende Menschenwürde im Vordergrund. Vielmehr gibt ihm allein schon die Erkenntnis, daß für den handgreiflichen wirtschaftlichen Erfolg der Leistungserstellung die physischen, intellektuellen und psychischen Anforderungen von Bedeutung sind, denen sich der Arbeiter im Produktionsvollzug gegenübergestellt sieht, genug Anreiz, sich mit diesen – in ihrem wirtschaftlichen Effekt nicht quantifizierbaren – sozialen Imponderabilien zu beschäftigen [311].

a) Die Umgestaltung der Arbeitsanforderungen

1) Die Wandlungen der physischen Anforderungen

Immer wieder stießen wir im Verlaufe unserer früheren Betrachtungen darauf, daß dem Automatenweber ein Teil seiner ihm vom Handwebstuhl beziehungsweise mechanischen Webstuhl her vertrauten Aufgaben abgenommen worden ist, sei es nun, daß diese Arbeiten von der Maschine selbst (Spulenwechseln, Schützeneinwerfen, Fachaufsuchen usw.) oder infolge der durch den technischen Fortschritt herbeigeführten Arbeitsteilung von anderen Arbeitskräften ausgeführt werden (Hilfsarbeiten beim Kettwechsel usw.). Auf diese Weise wurde der Weber gerade von denjenigen Arbeiten „befreit", die seine Muskelkraft vordem am meisten beanspruchten (Kettentransport und -einlegen, Stuhlputzen, Reparaturen und anderes mehr). Verblieben sind ihm nurmehr die körperlich weniger anstrengenden Kettpflege- und Fadenbruchheilarbeiten. Die zusätzlichen Wege, die innerhalb des mehrstelligen Arbeitsplatzes zurückzulegen sind, werden in der Regel gegenüber dem ermüdenden Stillstehen vor dem mechanischen Stuhl eher als angenehm denn als zusätzliche physische Belastung empfunden. Dies trifft nur dann nicht zu, wenn sich der Weber wegen einer zu hohen Stuhlzahl in seinem Aufgabenbereich oder ungewöhnlich zahlreicher Fadenbrüche über die Maßen „abhetzen" muß, was jedoch auf Kosten der Kettbeobachtung und -pflege ginge und schon aus diesem

---

[311] Vgl. *H. Gümbel*, Mechanisierung und Menschenführung, a. a. O., ferner *derselbe*, Rationalisierung auf psychologischem Gebiet, a. a. O., S. 294, ferner *E. Eigenbertz*, Aufgaben und Auswirkungen..., a. a. O., S. 732 ff.

Grunde unter allen Umständen zu vermeiden ist. Hält man sich dazu vor Augen, daß auch die ermüdende „Fesselung an den monotonen Rhythmus der Maschine" [312] zum großen Teil vom technischen Fortschritt überwunden wurde und daß der Weber im modernen Websaal unter kontrollierten, gleichmäßigen und angenehmen klimatischen Verhältnissen [313] arbeiten kann, so darf man sich zu der Schlußfolgerung berechtigt sehen, daß die physischen Anforderungen an den Weber im technisch fortschrittlichen Produktionsvollzug merklich geringer geworden sind. In den Überlegungen und ersten erfolgreichen Versuchen einiger Betriebe, in der automatisierten Tuchweberei *Weberinnen* an Stelle der bisher ausschließlich verwendeten männlichen Arbeiter einzusetzen, findet sich diese Folgerung ebenfalls bestätigt.

Da die übrigen selbständigen (Hilfs-)Arbeiten im automatisierten Websaal erst im Zuge der jüngeren technischen Entwicklung aufgekommen sind, ist ein Vergleich ihrer physischen Anforderungen an den Menschen mit früheren Zuständen nur insofern möglich, als diese Arbeiten vordem bereits vom Weber selbst ausgeführt wurden, das sind vor allem Kettwechseln und Stuhlputzen. Beide Arbeiten sind ebenfalls physisch zumindest nicht anstrengender geworden. So wurden die technischen Hilfsmittel beim Kettwechsel (zum Beispiel hydraulische oder mechanische Kettentransporthubwagen) verbessert und vervollständigt. Das schwierige und umständliche Putzen und Ölen der offenen Gleitlager ist durch die geschlossenen Kugellagerungen der modernen Automaten überflüssig geworden. Da das Putzen und Ölen wegen des relativ raschen Ablaufs der Kette bei hochtourigen Webautomaten häufig am bedeutend leichter zugänglichen „nackten" Stuhl [314] vorgenommen werden kann, ist auch von dieser Seite eine Erleichterung der Arbeitsbedingungen zu verzeichnen. Lamellenstecken und Spuleneinlegen, beides bisher unbekannte Arbeiten, fordern keine besonderen physischen Anstrengungen, stellen aber um so höhere Ansprüche an Geschicklichkeit und Emsigkeit, weshalb sich für diese Arbeiten Frauen in besonderem Maße eignen.

Die physischen Anforderungen an den Webmeister endlich haben im automatisierten Websaal gegenüber dem mechanischen Websystem nur insofern eine Änderung erfahren, als der Automatenmeister nicht mehr mit den eigentlichen Kettwechselarbeiten betraut ist, sondern lediglich noch eine Kontrollfunktion beim Kettwechsel ausübt.

Freilich dürfen über den Erleichterungen der Arbeitsbedingungen im Zuge technischen Fortschrittes nicht die Nachteile des – erst mit fortschreitender technischer Entwicklung möglich und notwendig gewordenen – mehrschichtigen Produktionsvollzuges vergessen werden, der wegen der wechselnden und teilweise oder ganz in die Nachtstunden fallenden Arbeitszeit erhöhte körperliche Belastung mit sich bringt.

---

[312] *K. Schwabe*, Der Großraumschützen..., a. a. O., S. 255, vgl. auch *W. E. Moore*, Industrial Relations, a. a. O., p. 207 a. f., ferner *F. Walz*, Automation..., a. a. O.
[313] Vgl. *W. Bauer*, Klimatisierung..., a. a. O., S. 785.
[314] Vgl. Seite 57.

2) Die Wandlung der verstandesmäßigen Anforderungen

Man könnte nun erwarten, der rein körperlichen Entlastung des Webers müsse eine entsprechende Steigerung der Anforderungen an seine Aufmerksamkeit, Umsicht, Eigenverantwortlichkeit und andere mehr verstandesmäßige und geistige Fähigkeiten gegenüberstehen. Auf den ersten Blick scheint das – räumlich – größere Arbeitsfeld des Webers diese Erwartung zu unterstützen. Bei näherem Hinsehen aber zeigt sich, daß in Wirklichkeit eher das Gegenteil der Fall ist, daß nämlich auch die geistigen Anforderungen an den Weber im großen und ganzen gesunken sind.

Zwar erwächst dem Weber aus der Mehrstellenarbeit dann das Erfordernis besonderer Umsicht, Dispositions- und Entscheidungsfähigkeit, wenn er seine Stuhlgruppe „im Sprung", das heißt fallweise, betreut [315], da er in diesem Fall seine eigene Tätigkeit werten muß und über seinen Einfluß auf die Überlappungszeiten eine besondere Verantwortung für die Höhe des Nutzeffektes seiner Stuhlgruppe trägt. Bei kontinuierlichem Stuhlrundgang, der um so eher anzutreffen sein wird, je größer die Stellenzahl ist, entfällt dieser persönliche Einfluß des Webers zum größten Teil und wird auf seine Geschicklichkeit und seinen Eifer beschränkt.

Im übrigen hat der Automatenweber sein ganzes Augenmerk ausschließlich auf die Beobachtung und prophylaktische Pflege der Kette und der Ware zu richten, da ihm Fadenbrüche vom automatisch aussetzenden Stuhl durch Aufleuchten von Signalen angezeigt werden, wodurch der Weber von der „nervösen Spannung" [316] befreit ist, in der er am nichtautomatisierten Stuhl gehalten wird. Die Beobachtung wird dem Automatenweber zudem noch dadurch wesentlich erleichtert, daß er die Stühle leichter überblicken kann, weil moderne Webstühle oberbaulos (vergleiche weiter unten) gebaut sind. Dagegen muß der Weber am mechanischen Webstuhl seine Aufmerksamkeit auf die Beobachtung des Schützen, der Kett- und Schußfäden, auf die vorbeugende Kettpflege sowie auf die Kettspannung und anderes mehr aufteilen, so daß ihm – wenn auch auf kleinerem Raum – mehr geistige Wendigkeit und größeres technisches Einfühlungsvermögen, größere Übung und Geschicklichkeit abverlangt werden als dem Automatenweber und er weit mehr persönlichen Einfluß auf den qualitativen und quantitativen Erfolg der Webstuhltätigkeit ausübt als jener.

Der Ablauf der Hilfsarbeiten ist genau vorgeschrieben. Besondere geistige, eigenverantwortliche Leistungen, die hervorzuheben wären, erfordert er nicht.

Um so strengere Maßstäbe sind an die Fähigkeiten der Automaten-Webmeister zu legen, die ohne gediegene technische (praktische und theoretische) Ausbildung, ohne disziplinierte Gründlichkeit und Zuverlässigkeit, ohne Geschick zur Koordinierung der verschiedenen Arbeitsgruppen und ohne Talent zu ihrer menschlichen Führung den gleichbleibend exakten, störungsfreien Lauf der modernen komplizierten Webmaschinen nicht gewährleisten können.

---

[315] Vgl. Seite 78.
[316] *F. Pollock*, a. a. O., S. 244.

3) Die Wandlung der psychischen Anforderungen

Die Webereien, die einen Teil ihres Webstuhlparkes automatisiert haben, berichten übereinstimmend, daß die Automatenweber – wenn sie erst einmal an ihren Arbeitsplatz gewöhnt sind – mit weit größerer Freude ihre Arbeit verrichten als die Ein- oder Zweistuhlweber desselben Betriebes. Man ist versucht, diese größere Arbeitsfreude auf die in der Regel höhere Entlohnung [317] der Automatenweber zurückzuführen. Sicherlich wird dieser Unterschied seinen Teil zu der Steigerung der Arbeitslust beitragen. Aber sicher ist er nicht der alleinige Grund, denn es konnte aus Beobachtungen und Befragungen festgestellt werden, daß der Automatenweber sich bei seiner Arbeit wohler fühlt als der Einstuhlweber, so daß ein Mehrstuhlweber auch dann nur widerstrebend seinen Arbeitsplatz mit dem Einstuhlweber tauscht, wenn ihm gleicher Lohn gewährt wird.

Es bleibe dahingestellt, ob die Bevorzugung des automatischen mehrstelligen Arbeitsplatzes trotz – oder gerade wegen der geringeren physischen und geistigen Anforderungen besteht. Ein Urteil darüber kann eher ungerecht als allgemeingültig sein. Auf Grund zahlreicher Befragungen kann dagegen kein Zweifel an dem – bei näherem Hinsehen durchaus einleuchtenden – Argument aufkommen, daß der Arbeitsplatz des Automatenwebers dem Menschen *psychisch* angenehmer ist. Dazu trägt mancherlei bei.

Einmal vermittelt die räumlich größere Ausdehnung des Arbeitsplatzes sowie die größere Zahl der zu betreuenden Maschinen dem Weber – nicht einmal ganz zu Unrecht – den Eindruck, daß seine Tätigkeit größere Bedeutung und Tragweite habe, daß sein Einfluß weiter reiche. Dadurch wird sein Selbstbewußtsein gehoben.

Zum anderen ist, wie bereits beschrieben, die Tätigkeit des Automatenwebers infolge des Fortfallens des Spulenwechsels von Hand sowie der andauernden, zum Teil quälend-spannenden Erwartung von Fadenbrüchen weniger an den Rhythmus der Maschine gebunden als die des Webers am mechanischen Webstuhl, die in bezug auf die zwangsläufigen Verrichtungen wie das Spulenwechseln „nichts weiter als eine zusätzliche Funktion der Maschine und – da kein Faktor die immer gleichen Handlungen zu immer gleichen Zeiten auf gleichem Platz verändert – monoton ist"[318]. Der Automatenweber kann sich daher mit Recht eher als Überwacher denn als Sklave der Maschine fühlen.

Mehr als nur ein Symbol dieser errungenen Erhabenheit über die Maschine ist die vom Weber mehr oder weniger bewußt ebenfalls als äußerst angenehm empfundene Tatsache, daß er sich schon rein äußerlich über seine Stühle erhebt. Auf den ersten Blick nämlich muß dem unbefangen vergleichenden Betrachter zweier Websäle, von denen der eine auf der Entwicklungsstufe des mechanischen Websystems steht, während der andere modern und vollautomatisiert ist, der große Unterschied zwischen den „Gesichtern" der Arbeitsplätze im einen und im anderen Fall

---

[317] Vgl. Seite 105 f.
[318] *K. Schwabe*, a. a. O., S. 256.

ins Auge springen. Bei näherem Hinsehen erkennt er, daß die oberbaulose Konstruktion der neuzeitlichen Webstühle [319] an diesem Unterschied schuld ist. Die Stühle erheben sich nurmehr bis Hüfthöhe vom Boden, so daß der Weber von jeder Stelle seines Arbeitsplatzes aus seine Stuhlgruppe übersehen – auf sie hinabsehen – kann, während er in der alten mechanischen Weberei im „Webstuhl-Wald" völlig untertauchte [320]. Auch in dieser Hinsicht fühlt sich der Automatenweber bei seiner Arbeit freier, unbeschwerter.

Ohne Zweifel kommt die Steigerung der Arbeitsfreude in der Leistung der Weber zum Ausdruck und spiegelt sich daher auch im Nutzeffekt der technisch-fortschrittlichen Webstühle.

b) Die Umgestaltung der Arbeitsentlohnung

Infolge der größeren „Selbständigkeit" des automatischen Webstuhles sowie der straffen Arbeitsteilung im technisch-fortschrittlichen Produktionsvollzug wurde, wie wir sahen, dem einzelnen Arbeiter sein persönlicher direkter Einfluß auf die Höhe der Maschinenleistung erheblich geschmälert. Abgesehen von dieser verminderten Verantwortlichkeit für den quantitativen Erfolg seiner Tätigkeit, die er weit mehr als der Weber im mechanischen Websystem mit dem Hilfspersonal teilt, liegt jedoch auf der anderen Seite der qualitative Ausfall der Ware nach wie vor in hohem Maße in der Hand des Webers, ja, er hängt im Verhältnis zur Fehlermöglichkeit mehr denn je vom Weber ab.

Unter diesen Umständen hat es sich als unzweckmäßig erwiesen, den Weber wie bisher im reinen Mengenakkord zu entlohnen. Vielmehr zeigte es sich in einigen Webereien als sinnvoll, praktikabel und wirksam, den Automatenweber im Zeitlohn zu bezahlen und ihm – je nach den Ansprüchen der zu webenden Artikel – eine Qualitätsprämie zu gewähren beziehungsweise Abschläge wegen schlechter Qualität aufzuerlegen. Außerdem kann von einer bestimmten Leistung an eine Quantitätsprämie anreizend – und gerecht – sein, die jedoch gegebenenfalls als *Gruppenprämie* festzulegen ist, das heißt unter Webern und Hilfskräften aufzuteilen ist, deren Zusammenarbeit und gemeinsame Anstrengung für einen besonders hohen Nutzeffekt der Stühle notwendig ist. Begreiflicherweise stößt eine solche Gruppenprämie, vor allem da mehrere Weber mit nur einer Kettwechselgruppe zusammenarbeiten, in erster Linie auf psychologische Schwierigkeiten, die jedoch,

---

[319] Moderne Webautomaten kennen keinen sogenannten Oberbau mehr, von dem aus bei Stühlen älterer Bauart die Schäfte bewegt und gesteuert werden, da bei Automaten durch eine entsprechende Verlagerung der Schaftsteuerung aus dem äußeren – praktisch *über* dem eigentlichen Stuhl liegenden – Bereich in den unteren, *inneren* Stuhlraum der übermannshohe, klobige Stuhlaufbau überflüssig geworden ist. Mit nur wenigen Ausnahmen werden heute alle Stühle oberbaulos gebaut.

[320] Dies mag nur von wenig brauchbaren Arbeitskräften als angenehm empfunden werden.

e nach dem Grad der Arbeitsteilung, der Organisation der Kettwechsel und je nach dem Fertigungsprogramm, betriebsindividuell mehr oder minder überwindbar sind.

Die veränderte Entlohnung sowie die Einführung der im Tuchwebsaal bisher kaum bekannten Gruppenarbeit (team-work) finden, abgesehen von den kostenmäßig genau und organisatorisch bedingt wägbaren Auswirkungen [321], erfahrungsgemäß einen spürbaren Niederschlag im Betriebsklima und verlangen vom einzelnen Weber und Webereiarbeiter eine völlig neue Einstellung zu seiner Arbeit. Gerade diese vom herkömmlichen Websystem grundverschiedene Einstellung, weniger dagegen die Unterschiede in den praktischen Arbeitsanforderungen hat vielfach dazu geführt, daß die automatisierenden Webereien mit Vorliebe junge und neuangelernte Arbeitskräfte im automatisierten Websaal einsetzen [322] und nicht auf solche Weber zurückgreifen, die seit langen Jahren an das Ein- oder Zweistuhlsystem gewöhnt sind. Aus demselben Grunde sowie auch aus allgemeinen organisatorischen Erwägungen heraus ist eine klare räumliche Trennung der Automatenweberei, die als „vollständig gesonderter Produktionszweig betrachtet werden soll" [323], von der (noch) nicht automatisierten Weberei mit Nachdruck anzuraten.

4. Die Überwindung der Abhängigkeit des Produktionsvollzuges vom Arbeitsmarkt

a) Die kritische Lage auf dem Arbeitsmarkt in der Tuchindustrie

Auf den für die europäische, insbesondere aber für die deutsche Textilindustrie maßgeblichen Arbeitsmärkten zeichnet sich in den letzten Jahren eine Entwicklung ab, die den Tuchwebereien in zunehmendem Maße in zweifacher Weise Kopfzerbrechen bereitet.

1. Die Klagen über einen akuten Arbeitskräftemangel häufen sich auffällig. Die unbesetzten Arbeitsplätze in den Webereien werden beständig zahlreicher, nicht allein, weil in der gesamten Wirtschaft der Bedarf an Arbeitskräften die Nachfrage nach Arbeitsplätzen auf Grund der derzeitigen wirtschaftspolitischen Lage übersteigt, sondern auch, zum Teil als indirekte Konsequenz daraus, weil alte Arbeitskräfte aus der Tuchindustrie in andere Industriezweige abwandern, beziehungsweise der Arbeitskräftenachwuchs von vornherein anderen Branchen zuströmt. Die Schuld an dieser Fluktuation, die bezeichnenderweise mit besonderem Nachdruck von solchen Webereien und Arbeitsämtern bestätigt wird, die im Einflußbereich höhere Löhne zahlender Industriezweige liegen, trägt das für die

---

[321] Der Rahmen dieser Arbeit gestattet nicht, auf sie näher einzugehen.
[322] Vgl. E. Köster, Probleme der Automatenweberei..., a. a. O., S. 65.
[323] Vgl. derselbe, ebd.

Textilindustrie ungünstige Lohngefälle [324]. Das hat bereits dazu geführt, daß einige Webereien Zweigbetriebe in industriearmen Gegenden errichten oder Fertigungsaufträge in Lohnarbeit vergeben [325]. Dies geschieht nicht in erster Linie, um etwaige regionale Lohnunterschiede auszunutzen, die durch die arbeitsrechtliche Tarifierung ohnehin nur noch eine untergeordnete Rolle spielen, sondern vor allem, um die rein quantitative Lücke im Arbeitskräfteangebot zu schließen.

Neuerdings kommt, wie aus Pressemeldungen zu entnehmen ist, hinzu, „daß sich industriell bisher wenig entwickelte Länder, in denen als erste Industrie Textilwerke entstehen, in Deutschland intensiv um Facharbeiter bemühen. Geboten wird das Doppelte des hiesigen Lohnes, oft mehr. ... Wertvolle Arbeitskräfte gehen verloren" [326].

2. Die Verknappung der Arbeitskräfte hat – zumal sich die Tuchindustrie „aus der Tendenz steigender Löhne in der Gesamtindustrie nicht lösen kann, weil sie hinsichtlich der Arbeitskräfte mit den zahlreichen Industriezweigen im Wettbewerb steht" [327], – notwendigerweise zu einem fühlbaren Anstieg des Lohnniveaus in der Tuchindustrie geführt [328], so daß zu der rein zahlenmäßigen Kalamität der Kostendruck tritt.

Sowohl der quantitative Arbeitskräftemangel als auch der Kostendruck werden verschärft durch die anscheinend unaufhaltsame Verkürzung der Arbeitszeit, die, kaum auf 45 Stunden in der Woche beschränkt, auf die Vierzigstundenwoche zustrebt.

b) Der technische Fortschritt als wirksames Mittel zur Überwindung der Arbeitskräfteverknappung sowie des Lohnkostenanstieges

Den folgenschweren Nachteilen der geschilderten Entwicklung kann nur durch die Steigerung der Arbeitsproduktivität bei gleichzeitiger Hebung des Lohnniveaus (Angleichung an lohn-konkurrierende Branchen) der Wind aus den Segeln genommen werden. Beiden Postulaten wird offenbar der technische Fortschritt in Gestalt des automatischen Webstuhles gerecht. Er ist, wie wir sahen, in der Lage,

---

[324] Vgl. *L. Köllner*, Die internationale Wettbewerbsfähigkeit..., a. a. O., S. 38, ferner: Textildienst, Reihe A, September/Oktober 1955, a. a. O., S. 4; danach lagen im Jahre 1955 die durchschnittlichen Bruttostundenverdienste für männliche und weibliche Arbeiter in der eisenschaffenden Industrie um rund 70 Pf, in der chemischen Industrie um rund 40 Pf, in der metallverarbeitenden Industrie um rund 33 Pf, im Baugewerbe um rund 32 Pf und in der Bekleidungsindustrie um rund 10 Pf über den durchschnittlichen Bruttoverdiensten in der Textilindustrie.
[325] Vgl. Mead Carney International Corporation, a. a. O., S. 3 f.
[326] Frankfurter Allgemeine Zeitung vom 1. 2. 1958; dieselbe Nachricht weist mit Recht auch darauf hin, daß diese Abwanderung außerdem dazu beitragen kann, „die neuen ausländischen Gründungen im Laufe der Zeit zu einer fühlbaren Konkurrenz zu entwickeln".
[327] Textildienst, Reihe A, a. a. O., S. 3.
[328] Vgl. Seite 107/108.

die Arbeitsproduktivität um nicht weniger als 580 v. H. (gegenüber dem mechanischen Einstuhlsystem), beziehungsweise um 210 v. H. (gegenüber halbautomatischen Stühlen) zu heben, so daß dort, wo früher 100 Arbeitskräfte für den Produktionsvollzug zur Verfügung stehen mußten, heute 17 beziehungsweise – wenn man vom halbautomatischen Dreistuhlsystem ausgeht – 48 Arbeitskräfte ausreichen.

Um das Maß der erübrigten Zahl von Arbeitskräften schließt sich die Lücke in der Nachfrage auf dem Arbeitsmarkt. Trotzdem aber besteht angesichts der Höhe des Nachfrageüberschusses kein Grund zur Sorge vor einer durch technischen Fortschritt herbeigeführten Arbeitslosigkeit der Tuchweber oder -webereihilfsarbeiter. Die Einsparung ist jedoch immerhin so groß, daß den verbleibenden Arbeitskräften nicht unbedeutend höhere Löhne als vor der Automatisierung bezahlt werden können, ohne daß dadurch das Kostengefüge allzu gefährlich ins Wanken geriete [329]. Und in der Tat liegen in praxi die Löhne für Automatenweber in der Regel beträchtlich über den Löhnen in der technisch überholten Weberei [330]. Auf diese Weise kann der Abfluß von Arbeitskräften in andere Industriezweige abgebremst, wenn nicht sogar völlig aufgehalten werden.

Es kommt noch hinzu, daß auf Grund der Änderungen in den Arbeitsanforderungen der Einsatz von Frauen, zum Beispiel als Lamellensteckerinnen, Spuleneinlegerinnen, sogar als Weberinnen, der bislang in der Tuchweberei ungewohnt war, möglich wird, und daß eine Reihe von Arbeiten in der Weberei (wozu in gewissen Grenzen auch die des Webers zu zählen ist) von verhältnismäßig kurzfristig angelernten Arbeitskräften ausgeführt werden kann. Dadurch trifft die Nachfrage nach Webereiarbeitern auf einen weiteren und weniger rasch erschöpften Bereich des Arbeitsmarktes.

Es kann kein Zweifel daran aufkommen, daß diesen geschilderten Vorzügen des technischen Fortschrittes in unseren Tagen eine Bedeutung beizumessen ist, die der der Kostenvorteile wenigstens ebenbürtig ist, beziehungsweise sogar etwaige Kostennachteile automatisierten Produktionsvollzuges ausgleicht oder überkompensiert. Auf jeden Fall ist die Aussicht, mit der Automatisierung der Weberei die imponderablen Schwierigkeiten der Arbeitskräftebeschaffung und -bezahlung zu meistern, dazu angetan, die Verwirklichung des technischen Fortschrittes im Produktionsvollzug unserer Webereien erheblich zu beschleunigen.

---

[329] Vgl. Seite 111 und Seite 171.
[330] Vgl. Seite 106 ff.

VI. Die Finanzierung technischen Fortschrittes im Produktionsvollzug der Tuchweberei

Mit der Untersuchung der Leistungs-, Kosten-, Wirtschaftlichkeits- und Imponderabilien-Bereiche der *betrieblichen* (= Produktions-)Sphäre der Tuchweberei ist unser Versuch, den betriebswirtschaftlichen Einflüssen technischen Fortschrittes im Produktionsvollzug nachzuspüren, an sich abgeschlossen. Dennoch müßte es als Lücke empfunden werden, wenn wir unseren Ausführungen nicht den Hinweis auf ein weiteres, allerdings nicht so sehr betriebliches wie unternehmerisches Problem anfügten, nämlich den Hinweis auf die besonderen Schwierigkeiten der Finanzierung des technischen Fortschrittes im Produktionsvollzug der Tuchindustrie. Der Verzicht auf die Erwähnung der Finanzierungsprobleme würde zu dem Vorwurf berechtigen, daß es versäumt wurde, auf ein beachtenswertes Gegengewicht gegenüber einer Reihe von aufgezeigten Vorteilen leistungs- und kostenmäßiger Art zu verweisen und daß damit einer der wesentlichen Gründe für die überaus zögernde Verwirklichung des technischen Fortschrittes in den Websälen, die zu erklären wir uns zu Beginn unserer Untersuchung vorgenommen haben, übergangen wurde.

1. Die engen Grenzen der Selbstfinanzierung

Die Tuchweberei, die grundsätzlich entschlossen ist, sich von ihren veralteten mechanischen Stühlen zu trennen, um in den Genuß der Vorteile technisch fortschrittlichen Produktionsvollzuges zu gelangen, sieht sich vor die Frage gestellt, aus welchen Mitteln die Anschaffung der neuen Maschinen bestritten werden soll. Sie wird zunächst in Erwägung ziehen, die Investition mit eigenen Mitteln über die Erlöse, aus Abschreibungen und Gewinnen, selbst zu finanzieren. Dieser Weg erscheint jedoch insofern für die wenigsten Tuchwebereien gangbar, als die Höhe der „stoßweise anfallenden" [331] Investitionssumme die Möglichkeiten weit übersteigt, die dem Durchschnitt der Unternehmen auf Grund ihrer Kapitalkraft und Betriebsgröße gegeben sind.

Wie wir sahen, müssen für einen fortschrittlichen Webautomaten je nach der Vielseitigkeit seiner Verwendungsmöglichkeit zwischen 13 000,— DM und 20 000,— DM [332] aufgebracht werden. Die Mindeststuhlzahl wird durch die Stellenzahl eines Webers bestimmt. Danach müssen rund 10 Automaten als untere

---

[331] *K. Bauer*, Ursachen und Wirkungen der Automatisierung, a. a. O.
[332] Ein seit kurzem auf dem Markt angebotener Vielfarben-pic-à-pic-Automat kostet sogar 30 000,— DM, die Sulzer-Webmaschine 40 000,— DM. (Vgl. auch Seite 117.)

Anschaffungsgrenze gelten (wobei zu bedenken ist, daß bei einer Zahl von nur 10 Automaten die wirtschaftlichen Vorteile automatisierten Produktionsvollzuges noch kaum zur Geltung kommen), was einer Investitionssumme von minimal 130 000,— bis 200 000,— DM entspricht. Dazu kommt die Anschaffung einer Schußspulmaschine, die bei rund 4 Spulstellen für 10 Webstühle etwa 7000,— DM kostet.

Dieser Investitionssumme steht nun aber die – infolge der bereits an anderer Stelle [333] veranschaulichten geringen durchschnittlichen Betriebsgröße – ungenügende Finanzierungskraft gegenüber, die durch den starken Konkurrenzkampf, sei es durch die noch ständig wachsende [334] Überkapazität des Inlandes, sei es durch den wachsenden Importdruck, weiter geschwächt wird.

Geht man beispielsweise von dem Ergebnis einer Erhebung [335] aus, die sich auf 11 Tuchfabriken für das Jahr 1956 bezog, dann haben diese 11 Betriebe (Streichgarnwebereien ohne Spinnerei), die im Durchschnitt einen Umsatz von 6,9 Millionen erzielten und deren gesamtbetriebliche Abschreibungen 1,4 v. H. des Umsatzes betrugen, während der steuerpflichtige Gewinn bei 2,9 v. H. des Umsatzes lag, nur über äußerst geringe eigene Mittel für Investierungszwecke verfügen können. Für den gesamten Betrieb fielen 96 600,— DM an Abschreibungen an. Von dem Gewinn von rund 200 000,— DM blieb nach Abzug der Steuern sowie der Kosten der Lebenshaltung der Unternehmer (die Unternehmen waren Personengesellschaften) für Investitionszwecke kaum etwas übrig.

Bei diesem Beispiel ist jedoch zu berücksichtigen, daß es sich auf Betriebe mit überdurchschnittlicher Betriebsgröße bezieht, was daraus ersichtlich ist, daß die untersuchten Betriebe durchschnittlich 120 Beschäftigte in der Weberei angaben, während wir (auf Seite 168) für die gesamte Tuchindustrie feststellen mußten, daß etwa 64 v. H. der Webereien unter 100 Beschäftigte und mehr als 40 v. H. unter 50 Beschäftigte zählen.

Das weiteren gilt es zu bedenken, daß gerade die kleinen Betriebe auf solche Webstühle angewiesen sind, die möglichst vielseitig verwendbar sind, daß aber gerade diese Automaten besonders hohe Investitionssummen erfordern.

So kann an der Tatsache nicht vorbeigesehen werden, daß die Mehrzahl der Unternehmen der Tuchindustrie

1. infolge ihrer geringen Betriebsgröße,
2. infolge der zwischen Kosten- und Preisdruck ständig schrumpfenden Ge-

---

[333] Seite 167 ff.
[334] Laut ifo-Institut/München (Investitionstest 1956/57, Nr. 36. 23) nahm die Kapazität der Tuch- und Kleiderstoffindustrie im Jahre 1956 gegenüber Ende 1955 um 7 v. H. und im Jahre 1957 um weitere 3 v. H. zu.
[335] Nicht veröffentlichter Bericht über einen von mehreren westdeutschen Industrie- und Handelskammern unter Federführung der Kammer M.-Gladbach durchgeführten Betriebsvergleich.

winnspanne, die ihrerseits wiederum nur durch Modernisierungsinvestitionen aufgebessert werden kann [336] und
3. infolge der hohen und kurzfristig aufzubringenden Investitionssummen die Verwirklichung des technischen Fortschrittes nicht aus eigener Kraft bestreiten kann.

2. Die geringe Bedeutung der Eigenfinanzierung für die Tuchindustrie

Noch weit weniger Bedeutung als der Selbstfinanzierung kommt der Eigenfinanzierung, das heißt der Verstärkung der Eigenkapitalkraft der Unternehmen durch die Zuführung neuer Mittel von außen (nicht über den Preis), für die Tuchwebereien zu.

Das augenfälligste Hindernis, das sich der Zuführung neuen Eigenkapitals in die Unternehmen der Tuchindustrie – sei es durch Neueinlagen der alten Gesellschafter, sei es durch Einlagen neu aufgenommener Gesellschafter – entgegenstemmt, liegt in der *Rechtsform* der Unternehmen begründet, die ihnen den Zugang zum Börsenkapitalmarkt versperrt. Nur 3 v. H. der Tuchwebereien sind Aktiengesellschaften [337], die de iure die Möglichkeit haben, eine Eigenfinanzierung durch die Emission von Aktien vorzunehmen. De facto aber ist selbst für diese wenigen Unternehmen der Weg der Aktien-Emittierung nicht gangbar, einerseits weil im Verhältnis zur Größe der Unternehmen und des Investitionsobjektes die Beanspruchung des Börsenmarktes zu kostspielig wäre, sodann weil der größte Teil dieser Aktiengesellschaften Familiengesellschaften [338] sind, die ihre Unternehmen fest in der Hand zu halten wünschen, jedoch selbst nicht kapitalkräftig genug sind, die Aktien zu zeichnen, schließlich aber auch deshalb, weil die von den Aktien zu erwartende Rendite für das Börsenpublikum in der Regel nicht attraktiv genug sein würde [339].

---

[336] Der Vorwurf, der den Klagen der Tuchindustrie über ihre kritische finanzielle Lage häufig entgegengehalten wird, daß man nämlich während des Booms in den Jahren 1949 bis 1951 hätte investieren sollen, ist nur in den wenigsten Fällen berechtigt. Abgesehen davon, daß solcherlei Reminiszenzen an der heutigen Situation nichts ändern, war es zumeist in jenen Jahren gar nicht möglich, im gewünschten Ausmaß zu investieren, da sich die deutsche Textilmaschinenindustrie noch im Aufbau befand und ausländische Maschinenfabriken untragbar lange Lieferfristen forderten. Außerdem beanspruchten die Beschaffung von Rohstoffen sowie die überaus hohe Besteuerung die monetären Mittel der Unternehmen in außerordentlich starkem Maße.
[337] Nach der für die Tuch- und Kleiderstoffindustrie repräsentativen Mitgliederliste des „Verbandes der deutschen Tuch- und Kleiderstoffindustrie e. V." sind 10 v. H. der Webereien Gesellschaften mit beschränkter Haftung, etwa ebenso viele Kommanditgesellschaften und der Rest von 77 v. H. Personengesellschaften (nach dem Stand vom 1. 1. 1958).
[338] Nur der dritte Teil der Aktiengesellschaften in der Tuchindustrie gehört größeren Konzernen an.
[339] In der Tat ist in der Nachkriegszeit kein Unternehmen der Tuchindustrie mit einer Aktien-Emission an die Börse herangetreten.

Für die überwiegende Mehrzahl der Tuchwebereien bleibt nur die Möglichkeit der Aufnahme neuer Gesellschafter übrig, da die alten Gesellschafter, wie im Zusammenhang mit den Ausführungen zur Selbstfinanzierung hinlänglich deutlich wurde, nicht über die nötige Finanzkraft verfügen. Da die Führung einer Tuchweberei jedoch außerordentlich persönlichkeitsabhängig ist und überaus schnelle Reagibilität der Unternehmensleitung erfordert, würde die Aufteilung der Geschäftsführung auf mehrere Gesellschafter nur zu leicht zu Schwierigkeiten in der Geschäftsleitung führen, beziehungsweise ihrer Wendigkeit abträglich sein. Schon aus diesem Grunde scheint man in der Regel, wenn es darum geht, die finanziellen Mittel für die Modernisierung der Produktionsanlagen zu beschaffen, vor der Aufnahme neuer Teilhaber zurückzuscheuen, es sei denn, es fänden sich solche Teilhaber, die an der Geschäftsführung keinen Anteil haben, wie es beispielsweise in den meisten Fällen für den Kommanditisten zutrifft.

3. Die Finanzierung mit fremden Mitteln

So sind die Unternehmen der Tuchindustrie hinsichtlich der Finanzierung des technischen Fortschrittes im Produktionsvollzug auf fremde Finanzierungsmittel, z. B. Bankkredite, hypothekarische oder sonstige Darlehen[340], angewiesen. Angesichts der sowieso schon weiter um sich greifenden Fremdfinanzierung in der Tuchindustrie, die Tabelle 23 veranschaulicht und die bis heute zu dem Verhältnis von Eigen- zu Fremdkapital von 40 : 60 geführt hat[341], wird es immer schwerer[342] – zugleich aber auch immer gefährlicher –, Investitionskredite aus privater Hand verfügbar zu machen und ihre hohen (fixen) Zinskosten zu tragen.

Tabelle 23

Die Entwicklung der Tendenz des Verhältnisses von Eigen- zu Fremdkapital in der Tuchindustrie[343]

	1948/49	1950	1951	1952	1953	1954	1955
Eigenkapital:	60 %	55 %	57 %	54 %	47 %	46 %	45 %
Fremdkapital[344]:	40 %	45 %	43 %	46 %	53 %	54 %	55 %
	100 %	100 %	100 %	100 %	100 %	100 %	100 %

[340] Unter Umständen können die Maschinenfabrikanten für die Gewährung solcher Darlehen gewonnen werden.
[341] Dadurch werden unsere Ausführungen zu den Schwierigkeiten der Selbst- und Eigenfinanzierung nachdrücklich unterstützt.
[342] Andererseits sollten die Banken gerade wegen ihres hohen Engagements in der Tuchindustrie ein besonderes Interesse daran haben, durch akzeptabel ausgestattete Rationalisierungskredite ihre übrigen Kredite zu sichern.
[343] Vgl. Fußnote 335 auf Seite 201.
[344] Langfristig und kurzfristig.

Obligationen können ebensowenig wie Aktien [345] für die Tuchindustrie als Finanzierungsmittel in Erwägung gezogen werden.

Da es nun aber, wie unsere früheren Untersuchungen zeigten, auf mehr oder weniger lange Sicht gesehen den sicheren Ruin der deutschen Tuchindustrie bedeuten würde, wenn sich keine Möglichkeit der Finanzierung der Modernisierung ihres Produktionsvollzuges fände, und da die weitere Überfremdung der Kapitalstruktur der Unternehmen nicht ohne die Hilfe der mit technischem Fortschritt gesteigerten Wirtschaftlichkeit des Produktionsvollzuges abgewendet werden kann, sind als ultima ratio vorübergehende Hilfen von seiten des Staates in vorsichtige Erwägung zu ziehen.

Obwohl unserer Wirtschaftsverfassung nicht adäquat, können vorübergehende gezielte Hilfsmaßnahmen des Staates, etwa in der direkten Form besonders günstig ausgestatteter Investitionskredite oder indirekt durch angemessene degressive Abschreibungssätze [346], die zinslosen Krediten gleichkämen, dennoch ratsam sein. Für die gesamte Volkswirtschaft wird eine „lungenkranke", mehr und mehr dahinsiechende Tuchindustrie auf die Dauer kostspieliger sein als vorübergehende Gesundungs-Investitionshilfen.

---

[345] Vgl. Seite 202 f.
[346] Vgl. *H. A. Niemeyer*, Westdeutsche Textilwirtschaft im Kostendruck, a. a. O., S. 5.

VII. Hemmnisse und Schrittmacher technischen Fortschrittes im Produktionsvollzug der Tuchweberei

Die Ergebnisse unserer Untersuchungen lassen schwerlich Zweifel daran aufkommen, daß die Tuchindustrie in unseren Tagen in einer Periode entscheidenden technischen Fortschrittes steht, dem sie sich immer weniger zu widersetzen in der Lage ist und dessen Probleme sie notgedrungen bewältigen muß. Zumindest dürfte klargeworden sein, daß derjenige in verantwortungsloser Weise seinen Kopf im Sand vergräbt, der aus dem bisher geringen Anteil automatischer Webstühle in der Tuchindustrie die Folgerung zieht, die Probleme des technischen Fortschrittes „dürften damit ... in der Wollweberei zunächst keinerlei Fragen aufwerfen" [347].

Im Verlaufe unserer Beobachtungen haben sich Erklärungen für die zögernde Verwirklichung technischen Fortschrittes im Produktionsvollzug der Tuchwebereien gefunden. Andererseits aber kann auf eine Reihe von Schrittmachern verwiesen werden, die der allgemeinen Verbreitung der technischen Neuerungen den Weg ebnen, indem sie die bisherigen Hindernisse aus dem Wege räumen.

1. Als fundamentales Hemmnis stemmte sich, wie wir erkannten, die aus technischen Gründen beschränkte Verwendbarkeit vollautomatischer Webstühle ihrer raschen Aufnahme – vor allem durch die Nouveauté-Webereien – entgegen. In letzter Zeit ist es jedoch gelungen, dieser Schwierigkeiten Herr zu werden, so daß vom technischen Standpunkt aus keine ernsthaften und nicht zu bewältigenden Bedenken gegen den technischen Fortschritt in Gestalt des Webautomaten ins Feld geführt werden können.

2. Ein weiterer Grund ist in der Unsicherheit hinsichtlich der technischen Entwicklung zu sehen. In den vergangenen Jahren lagen so viele technische Neuerungen „in der Luft", daß die wenigsten Tuchfabrikanten es wagten, den jeweiligen Stand des technischen Fortschrittes mit erheblichem Aufwand im eigenen Betrieb zu verwirklichen, weil bereits nach kurzer Zeit die Überholung und Überalterung der Maschinen zu befürchten war. Diese Furcht ist noch heute nicht unbegründet und lähmt daher nach wie vor den Investitionswillen der Unternehmensleitungen.

Außerdem spielt die – allerdings in der Regel wenig „unternehmerische" – Einstellung eine Rolle, den Konkurrenten das Lehrgeld zahlen zu lassen, das die ersten Versuche mit den neuen Produktionsmethoden nun einmal ohne Zweifel reichlich fordern, was die zum Teil jahrelangen Schwierigkeiten beweisen, von denen die wenigen Webereien berichten, die sich bislang mit der Automatisierung befaßt haben.

---

[347] *E. O. Hesse*, Hat der Schützenautomat ... noch eine Zukunft?, a. a. O., S. 465.

Hinzu kommt das Beharren an den hergebrachten Produktionsmethoden, das in der traditionsverwurzelten Textilindustrie besonders ausgeprägt ist. Abromeit [348] bemerkt hierzu treffend: „Ganz allgemein ist zu beobachten, daß in vielen Betrieben eine gewisse Trägheit besteht, ... eingelaufene Verhältnisse und damit auch bestehende Anlagen ohne dringenden Anlaß zu ändern. Der ‚dringende Anlaß‘, der endlich den Entschluß zur Erneuerung herbeiführt, ist häufig erst die unmittelbare Existenzbedrohung oder der völlige Verschleiß der Maschinen." Diesem Stadium des totalen Maschinenverschleißes sowie auch dem der unmittelbaren Existenzbedrohung ist bereits eine Reihe von Tuchwebereien sehr nahegekommen.

3. Die Überlegenheit in der Wirtschaftlichkeit des Produktionsvollzuges mit technisch-fortschrittlichen Webstühlen gegenüber veralteten kam bisher vor allem aus zwei Gründen nicht voll zur Geltung:

a) Die Tuchindustrie verfügt über eine übergroße Zahl von mechanischen Stühlen, die zum größten Teil bereits amortisiert, jedoch noch nicht schrottreif sind. Auf Grund dieser Tatsache unterlagen viele Unternehmen der Versuchung, sich im überaus harten Konkurrenzkampf dadurch zu behaupten, daß sie in ihren Preiskalkulationen auf den Ansatz von (kalkulatorischen) Abschreibungen verzichteten. Mag dieses Vorgehen auch kurzfristig unumgänglich sein, auf lange Sicht würde es den sicheren Untergang bedeuten. Der Hinweis auf die geringen – oder gar völlig fehlenden – Kapitalkosten der vorhandenen mechanischen Stühle im Gegensatz zu den hohen Kapitalkosten der Automaten büßt daher ständig an Überzeugungskraft ein.

b) Der Druck, der von der Lohnkostenseite her die Lohn einsparende Automatisierung begünstigt, hat bis in die letzten Jahre hinein für die Tuchweberei – vor allem für die material- und musterungskostenintensiven Nouveauté-Webereien – noch keinen Zwang zur Automatisierung ausüben können. Er gewinnt jedoch im Verein mit der hohen Leistungskraft moderner Webmaschinen in jüngerer Zeit erheblich an Durchschlagskraft, da die Löhne anscheinend unaufhaltsam ansteigen und die Arbeitszeit gekürzt wird.

4. Die Verknappung der Arbeitskräfte hat sich – unterstützt durch Arbeitszeitverkürzung, Wehrdienst, Abwanderung von Arbeitskräften in andere Industriezweige beziehungsweise deren Bevorzugung durch den Arbeitskräftenachwuchs und ähnliches mehr – erst seit verhältnismäßig kurzer Zeit auszuwirken begonnen. Da ein Wiederanwachsen des Arbeitskräfteangebotes nicht zu erwarten ist, sondern im Gegenteil mit der Verschärfung des Arbeitermangels gerechnet werden muß, wird der von dieser Situation ausgehende imponderable Druck immer spürbarer und schließlich unerträglich, zumal auch die Versuchung vordringt, den wachsenden sozialen Betriebsproblemen durch den vermehrten Einsatz von Maschinen auszuweichen beziehungsweise sie zu mildern.

---

[348] *H. G. Abromeit*, Das Problem der Anlagenerneuerung, a. a. O., S. 89, vgl. ferner *J. Diebold*, a. a. O., S. 212.

5. Wie wir sahen, ist der Kapitalmangel, unter dem der größte Teil der Tuchwebereien leidet, eine weitere Hürde auf dem Weg zur Automatisierung der Tuchindustrie, die es noch zu nehmen gilt. Vorerst will es jedoch scheinen, als fehle es den Unternehmen an eigener Kraft, dieses Hindernis zu überwinden. Es sollten sich aber auch hier Mittel und Wege finden lassen, die den Tuchwebereien den Teil der Anstrengungen abnehmen, den sie, vornehmlich aus strukturellen Gründen, zu tragen objektiv nicht in der Lage sind.

6. Schließlich gilt die Zersplitterung des Fertigungsprogrammes und die Breite und Vielseitigkeit der von Saison zu Saison neu zu entwickelnden Kollektionen mit Recht als eines der schwerwiegendsten Hemmnisse gegen die Wirtschaftlichkeit der Automatisierung in der Tuchindustrie. Jedoch auch diese Situation ist nicht ausweglos. Sie ließe sich meistern, wenn sich die Unternehmen darauf verstünden, ihr Fertigungsprogramm zu beschränken und zu spezialisieren.

Das ist freilich leichter gesagt als getan. Die mehrmals im Jahr fällige Neugestaltung der Kollektion sowie ihre Vorlage auf dem Markt werden von der Sorge überschattet, daß die Musterung nicht „einschlagen" könne. Das verleitet die Mehrzahl der Unternehmen dazu, in sie „für jeden etwas" einzubauen, um sich eine möglichst hohe Zahl von Aufträgen von vornherein zu sichern. Über die Zweckmäßigkeit dieses Vorgehens kann man geteilter Meinung sein. Das Für und Wider in aller Breite auszutragen, verbietet jedoch der Rahmen dieser Arbeit. Nur einige wenige Möglichkeiten, wie nach unserer Meinung dem Problem gesteuert werden kann, seien angedeutet.

Abgesehen von dem Risiko der treffsicheren Produktgestaltung, dessen Übernahme von jedem Unternehmer bis zu einem gewissen Grade erwartet werden muß, bietet sich ihm die Möglichkeit, durch *gezielte* Anreize seiner – auf Grund einer genauen Kalkulation entwickelten Preispolitik die Aufmerksamkeit des Marktes auf ganz bestimmte Artikel oder gar Dessins zu lenken. Diese Möglichkeit hat die deutsche Tuchindustrie bisher kaum ausgeschöpft. Zwar werden Mengenrabatte und ähnliches mehr in vielen Fällen im Einzelgespräch mit dem Kunden ausgehandelt, in den allgemeinen Preislisten jedoch finden sich keine entsprechenden Preisstaffelungen. Auch die Möglichkeiten der Werbung hat man in den wenigsten Fällen zu nutzen begonnen. Freilich: oft fehlt es für die Werbung in der Textilindustrie infolge der Kurzlebigkeit und Nachahmbarkeit der Artikel an nachhaltigen Ansatzpunkten sowie auch an der Verbindung zum Konsumenten[349], die vor allem von der marktmächtigen Konfektion und dem Einzelhandel unterbrochen wird, und schließlich auch an der nötigen Kapitalkraft für eine breitangelegte erfolgssichere Werbekampagne. Dennoch bieten sich dem findigen, einfallsreichen und energischen Unternehmer auch in der Tuchindustrie Möglichkeiten einer gezielten Werbung, wofür es in der Praxis – wenn auch vorerst nur wenige – Beweise gibt.

[349] Vgl. *J. C. Cumming*, The New Sales Promotion in Textile Industry, a. a. O., ferner *H. Liffers*, a. a. O., S. 259.

Des weiteren würde die Einigung der Tuchindustrie auf ein einheitliches Kalkulationsschema, das einer – heute häufig aus Unkenntnis über die wahre Kostensituation betriebenen – ruinösen Preisstellung wenigstens in gewissem Maße entgegenwirken würde, einer „Arbeitsteilung" zwischen den Unternehmen der Tuchindustrie förderlich sein. Eine solche Arbeitsteilung könnte auch durch das Zueinanderfinden mehrerer Unternehmen zu Verkaufsgemeinschaften unterstützt werden [350]. Der Einwand, die Beschränkung des Fertigungsprogrammes auf wenige Artikel würde der Geschmacksindividualität der Konsumenten entgegenlaufen, wird schon durch die Beobachtung entkräftet, daß sich in jeder Saison die Artikel und Dessins vieler Unternehmen für den Laien zum Verwechseln ähneln, so daß im Endeffekt doch ein (relativ) großes Angebot der gleichen Ware, zusammengesetzt aus den kleinen Auflagen mehrerer Webereien, auf den Markt trifft.

Ohne besonderes Zutun der Tuchfabrikanten kommen der Spezialisierung ihrer Fertigungsprogramme und damit auch der Verwirklichung technischen Fortschrittes im Produktionsvollzug der Webereien zwei Entwicklungen zu Hilfe, die an sich außerhalb ihres Einwirkungsbereiches liegen, die es jedoch zu erschließen und zu nutzen gilt.

Die erste Hilfe liegt im Vordringen der zur Massenverarbeitung tendierenden Konfektion unter den Abnehmern der Tuchwebereien. Die zweite Hilfe bedeutet die zu erwartende rapide Erweiterung des Weltmarktes, an dem die deutsche Tuchindustrie schon in früheren Zeiten einen beträchtlichen Anteil besaß [351], den sie zwar nach den Weltkriegen wieder verlor, den sie nun aber in aller Wachsamkeit und Aktivität zurückzugewinnen bestrebt sein sollte. Im Zuwachs der Weltbevölkerung sowie in der steigenden Kaufkraft der Entwicklungsvölker wie auch der traditionellen Absatzländer, denen zufolge der Tuchverbrauch je Kopf der Weltbevölkerung ansteigt [352], liegen erhebliche Absatzreserven, die sich die Tuchindustrie allgemein und speziell auch hinsichtlich der Erhöhung ihrer Auflagen durch eine sinnvolle Sortenbeschränkung zunutze machen sollte. Ja, angesichts der sich stark vermehrenden Weltbevölkerung kann sogar von einer *Verpflichtung* zu schnellem technischen Fortschritt gesprochen werden, die Hayek [353] wie folgt begründet:

„Das Verlangen der großen Mehrheit der Weltbevölkerung kann heute allein durch sehr schnellen technischen Fortschritt gestillt werden, und es gibt nur geringe Zweifel, daß irgendeine Enttäuschung dieser Erwartung in ihrer augenblicklichen Stimmung zu ernsten Friktionen ... führen würde. ... Wir haben keine Wahl, wir müssen entweder vorwärtsgehen oder vernichtet werden. Wir sind nicht nur

---

[350] Vgl. *A. Flaitz*, Kostensenkung ..., a. a. O., S. 20.
[351] Vgl. Textildienst, Reihe A, Juli 1955, a. a. O., S. 6.
[352] Im Jahre 1953 teilten sich 50 v. H. der Menschheit in den Verbrauch von nur 18 v. H. der Hauptbekleidungsfasern, während die übrigen 50 v. H. nicht weniger als 82 v. H. für sich in Anspruch nahmen. (Vgl. Textilwirtschaft heute, a. a. O., S. 33.)
[353] *F. A. Hayek*, Grundtatsachen des Fortschritts, a. a. O., S. 40.

die Schöpfer, sondern auch die Gefangenen des Fortschrittes: auch wenn wir es gerne wollten, könnten wir uns nicht zurücklehnen ... Im jetzigen Augenblick, da der größere Teil der Menschheit soeben erst zu der Möglichkeit einer Abschaffung von Hungersnot, Seuchen und Schmutz erwacht ist, da über die Hälfte der Weltbevölkerung nach Jahrhunderten oder Jahrtausenden relativer Stabilität eben erst von der sich ausbreitenden Welle moderner Technik berührt worden ist – und als erstes mit einer erschreckenden Steigerung der Bevölkerungszahlen reagiert hat –, könnten die Auswirkungen von einem, wenn auch nur geringen Nachlassen im Fortschrittstempo verhängnisvoll sein."

Literaturverzeichnis

1. Bücher

Abromeit, G., Erzeugnisplanung und Produktionsprogramm, Wiesbaden 1955.
Beckerath, v. H., Der moderne Industrialismus, Jena 1930.
Beste, Th., Die Entflechtung der eisenschaffenden Industrie, Köln und Opladen 1949.
–, Die Mehrkosten bei der Herstellung ungängiger Erzeugnisse im Vergleich zur Herstellung vereinheitlichter Erzeugnisse, Forschungsberichte des Wirtschafts- und Verkehrsministeriums Nordrhein-Westfalen, Nr. 364, Köln und Opladen 1957.
Branscheid, P., Leistungssteigerung in der Textilindustrie, Coburg 1950.
Clapham, J. H., The Woollen and Worsted Industries, London 1907.
Comité Central de la Laine, L'Industrie Lainière, son organisation corporative nationale et internationale, Paris 1935.
–, Industrie Lainière et Productivité, Paris 1952.
Cumming, J. C., The New Sales Promotion in the Textile Industry, New York 1955.
Diebold, J., Die automatische Fabrik, Nürnberg 1954.
Frackenpohl, H., Probleme der Begutachtung der Wirtschaftlichkeit in Seidenwebereien, Dissertation Köln 1950.
Fridenberg, K. E., Organisation und Planung in der Textilindustrie (Der Webereibetrieb), Berlin 1956.
Gerbel, B. M., Die Rentabilität industrieller Anschaffungen, 1. Aufl. Wien 1947, 2. Aufl.: Rentabilität, Wien 1955.
Gräbner, E., Die Weberei, 13. neubearb. Aufl., Leipzig 1953.
Gutenberg, E., Allgemeine Betriebswirtschaftslehre, Bd. 1, Die Produktion, 1. Aufl., Berlin-Göttingen-Heidelberg 1951.
Jecht, Deppe, Dick, Habig, Kahmann, Köllner, Oberhauser, Textilwirtschaft heute, Stuttgart 1955.
Kaiser, M., Probleme einer Analyse der internationalen Wettbewerbslage eines Industriezweiges, dargestellt am Beispiel der westeuropäischen Wollindustrie, Dissertation, Münster 1956.
Köllner, L., und *Kaiser, M.*, Die internationale Wettbewerbsfähigkeit der westdeutschen Wollindustrie, Forschungsberichte des Wirtschafts- und Verkehrsministeriums Nordrhein-Westfalen, Nr. 222, Köln und Opladen 1956.
Lederer, E., Technischer Fortschritt und Arbeitslosigkeit, Genf 1938.
Lehmann, M. R., Die industrielle Kalkulation, Berlin, Wien 1925.
Lipson, E., The History of the Woollen and Worsted Industries, London 1921.
Matzeit, H., Die Investitionsrechnung, Dissertation Nürnberg 1954.
Mellerowicz, K., Kosten und Kostenrechnung, Bd. I: Theorie der Kosten, 2. Aufl., Berlin 1951.

Moore, W. E., Industrial Relations and the Social Order, New York 1946.
Moritz, W., Die Entwicklung der westdeutschen Textilindustrie bis 1954, Berlin 1954.
Neuwahl, H., Die Ermittlung und Verrechnung der Einrichtekosten sowie der übrigen von der Auflagenhöhe unabhängigen Kosten, Dissertation Berlin 1933.
Oppel, A., Die deutsche Textilindustrie, Leipzig 1912.
Pohl, L., Die wirtschaftliche Bedeutung des Standes der Technik in der Textilindustrie, Dissertation Bonn 1947.
Pollock, F., Automation, Materialien zur Bewertung der ökonomischen und sozialen Folgen, Frankfurt 1956.
Riebel, P., Die Elastizität des Betriebes, Köln und Opladen 1954.
Rummel, K., Einheitliche Kostenrechnung, 3. Aufl., Düsseldorf 1949.
Schmalenbach, E., Selbstkostenrechnung und Preispolitik, 6. Aufl., Leipzig 1934.
–, Kapital, Kredit und Zins, 3. Aufl., Köln und Opladen 1951.
Schmidt, F., Kalkulation und Preispolitik, Berlin, Wien 1930.
Schneider, E., Wirtschaftlichkeitsrechnung, Bern, Tübingen 1951.
Schulten, W., Die Auswirkungen der Automatisierung von Baumwollwebereien auf die Kostengestaltung, Dissertation Münster 1949.
Schulz-Mehrin, O., Die kalkulatorischen Posten, Berlin 1943.
Smith, J., Memoirs of Wool and Trade, Vol. I, London 1756.
Sustmann, C., Betriebs- und Selbstkostenprobleme der Wollindustrie, Berlin 1937.
Trades Union Congress, General Council's Report, London 1955.
Wachs, A., Die volkswirtschaftliche Bedeutung der technischen Entwicklung der deutschen Wollindustrie, Leipzig 1909.
Waffenschmidt, W., Technik und Wirtschaft der Gegenwart, Berlin-Göttingen-Heidelberg 1956.
Weber, A., Die neue Wirtschaft, München 1947.
Wedekind, E., Untersuchungen zur Bestimmung der optimalen Arbeitsplatzgröße bei Mehrschichtarbeit in der Weberei, Köln und Opladen 1955.

2. Aufsätze

Abromeit, H. G., Probleme der Anlagenerneuerung, ZfB., 23. Jg., 1953, S. 89 ff.
Ashcroft, P., How to point out waiting-times of automatic looms, Textile World, H. 12, 1952.
Bauer, W., Erfolge der deutschen und internationalen Textilnormung, Melliand, Jg. 36, H. 6, 1955, S. 663 ff.
–, Klimatisierung in der Textilindustrie, ZfdgT., H. 17, 1952, S. 784 f.
Baugut, E. F., Kollektionsanalysen und Artikelprognosen bei Feststellung von Mindestauftragsgrößen, Melliand, 36. Jg., H. 5, 1955, S. 495 ff.
Bedorf, H., Die betriebswirtschaftliche Bedeutung von Arbeits- und Zeitstudien, ZfhF., 1954, S. 172 ff.
Beste, Th., Was ist Leistung in der Betriebswirtschaftslehre? Sonderdruck aus ZfhF.
Bissinger, E., Die Automation hängt am Wollfaden, Die Welt, v. 31. 12. 1956.
Böcker, A., Vorbeugende Instandhaltung der Textilmaschinen, ZfdgT., 1956, H. 14, S. 546.
Breitenbach, K., Universal- oder Spezialwebstühle? TP, 11. Jg., Nr. 4, S. 358 ff.

Croon, H., Das Sortenproblem in der Tuchwirtschaft, Der Deutsche Volkswirt, 10. Jg., 1936, Nr. 35, S. 1700 f.

Deussen, J., Buntautomaten, Mischwechselautomaten oder Großraumschützen? ZfdgT., April 1957, H. 8, S. 292 ff.

Diekmann, K., Transportprobleme in der Textilindustrie, ZfdgT., H. 21, 1956, S. 822.

Eigenbertz, E., Aufgaben und Auswirkungen der Rationalisierung, ZfdgT., H. 19, 1956, S. 53 f. und S. 113 ff.

–, Betriebsindividuelle Vergleichsrechnungen, ZfdgT., Jan. 1957, S. 732 ff.

Ephraim, H., Organisation und Betrieb einer Tuchfabrik, Separatabzug aus der Zeitschrift f. d. ges. Staatswissenschaft, Tübingen.

Flaitz, A., „Kostensenkung" in der Baumwollindustrie, Textil Report, 12. Jg., Nr. 33/34, S. 7 und S. 20.

Geldmacher, E., Grundbegriffe und systematischer Grundriß des betrieblichen Rechnungswesens, ZfhF, 23. Jg., H. 1, S. 1 ff.

Groß, M., Leistungsvorrechnung bei Mehrmaschinenbedienung, TP., 1949, H. 3, S. 113 ff.

Gümbel, H., Mechanisierung und Menschenführung, Melliand, 36. Jg., H. 7, 1955, S. 747.

–, Rationalisierung (auf psychologischem Gebiet), Melliand, 36. Jg., H. 3, 1955, S. 294/295.

Gutenberg, E., Der Stand der wissenschaftlichen Forschung auf dem Gebiet der betrieblichen Investitionsplanung, ZfhF, 1954 6. Jg., H. 12, S. 557 ff.

Hayek, F. A., Grundtatsachen des Fortschrittes, Ordo, Jahrbuch für die Ordnung von Wirtschaft und Gesellschaft, 1957, Bd. IX, S. 19 ff.

Hermann, F., Abschreibungssätze für Textilmaschinen, TP., 10. Jg., 1955, H. 6, S. 607 f.

Hesse, E. O., Hat der Schützenautomat gegenüber dem Spulenautomaten noch eine Zukunft?, ZfdgT., 1956, H. 12, S. 464 f.

–, Produktionsausfälle in der Weberei, ZfdgT., 1952, H. 16, S. 748 f.

Hoffmann, A., Die Mischwechsel-Webmaschine in der Wollindustrie, ZfdgT., 1953, H. 5, S. 215 ff.

Howl, W. C., Recent Loom Improvements, Modern Textiles Magazine, March 1957, Vol. 38, No. 3, p. 58.

Illetschko, L., Betriebswirtschaftliche Probleme der Automation, Neue Betriebswirtschaft, 9. Jg., 1956, Nr. 5, S. 81.

Jakeschky, M. W., Die Tuch- und Kleiderstoffindustrie im Blickfeld der Rationalisierung und Leistungssteigerung, Melliand, 36. Jg., H. 3, 1955.

Keller, H., Sollen wir unsere Webereien automatisieren? Sonderdruck aus: Mitteilungen über Textilindustrie, Zürich, 1932, Nr. 8–11.

Köster, E., Probleme der Automatenweberei in der Tuch- und Kleiderstoffindustrie, Der Spinner und Weber, 74. Jg., H. 13.

Krause, R., Moderne Betriebsplanung in der Textilindustrie, Melliand, 36. Jg., H. 12, 1955, S. 1305 ff.

Krebs, Hj., Der Übergang vom mechanischen Webstuhl zum Automaten in der Wollweberei, Melliand, 36. Jg., 1955, H. 7.

Lang, A., Der Schönherr'sche Buckskin-Webstuhl, TP., 1955, H. 6, S. 566 ff.

Lang, H. D., Kritische Betrachtung der Zeitstudienarbeit in der Weberei, TP., 12. Jg., 1957, Nr. 4, S. 345 ff.

Liffers, H., Die Absatzwirtschaft in der amerikanischen Baumwollindustrie, ZfdgT., 1956, H. 8, S. 258 f.

Löffelholz, J., Der Stand der methodologischen Forschung in der Betriebswirtschaftslehre, ZfB., 27. Jg., 1957, H. 9, S. 473 ff.
Meiners, C. O., Das Beleuchtungsproblem an Textilmaschinen, ZfdgT., 1956, H. 19, S. 739 ff.
Meyer, W., Automation verlangt weitere Qualitätssteigerung, ZfdgT., 1957, H. 19, S. 795.
Nicodano, M., Die Verwendung der Chemiefasern in wollartigen Geweben, Reyon-Zellwolle und andere Chemiefasern, H. 3, 1955, S. 155 f.
Niemeyer, H. A., Westdeutsche Textilwirtschaft im Kostendruck, Mitteilungen über Textil-Industrie, 1954, S. 5.
Rüstow, A., Kritik des technischen Fortschritts, Ordo, 1951, S. 373.
Rummel, K., Wirtschaftlichkeitsrechnen, Archiv für das Eisenhüttenwesen, 10. Jg., 1936, H. 2, S. 73 ff.
Schirmeisen, W., Elektrische Überwachungsanlagen an Webstühlen, Melliand, 38. Jg., H. 4, 1957, S. 390 ff.
Schneider, J., Vollautomatische Schußspulmaschine, ZfdgT., 1953, H. 5.
Schulze, H., Musterung in der Nouveauté-Weberei, ZfdgT., 1956, H. 5, S. 154 ff.
Schwabe, K., Texteltechnische Probleme (im Lichte menschlicher Zielsetzung), Textilmaschinen-Rundschau, 1953, H. 3.
–, Der Übergang vom mechanischen Webstuhl zum Automaten in der Wollweberei, Melliand, 36. Jg., H. 5, 1955, S. 440 ff.
–, Die natürlichen Grenzen des Großraumschützens, TP., 1955, H. 3, S. 255.
Schwantag, K., Der Zins als Kostenfaktor, ZfB., 23. Jg., 1953, S. 483.
Stussig, H., Die Leistungswirtschaft in der amerikanischen Tuchindustrie, Melliand, 36. Jg., H. 5, 1955, S. 411 ff.
Swatek, W. T., Aus der historischen Entwicklung des Webstuhles, ZfdgT., 1956, H. 1, S. 18 ff.
Wagner, E., Von der Handarbeit über die Mechanisierung zur Automatisierung, ZfdgT., 1957, H. 19, S. 774 ff.
Walz, F., Probleme der Automatenweberei, TP., 1954, H. 2, S. 159 ff.
–, Direktspinnen oder Umspulen des Schußgarnes bei Automatenwebstühlen, TP., 1955, H. 1, S. 47 ff.
–, Gewebe mit umgespultem Schuß sind wertvoller, TP., 1957, H. 1, S. 34 ff.
–, Automation in der Textilindustrie, TP., 1956, H. 11.
Wedekind, E., Mehrstellenarbeit, Refa-Nachrichten, 1950, S. 6 ff.
Wolter, A. M., Das Problem der Wirtschaftlichkeit bei der industriellen Sortenproduktion, ZfhF, 31. Jg., 1937, S. 331 ff.

Ohne Verfasserangabe

... Das Wollhaar, Ciba-Rundschau, Basel, 1955, Nr. 119.
... Der Maschinenbestand der Textilindustrie Nordrhein-Westfalens 1956, Sonderdruck aus: Statistische Rundschau für das Land Nordrhein-Westfalen, Mai 1957, H. 5.
... Die Maschineninvestitionen in den einzelnen Sektoren der Textilindustrie von 1952 bis 1956, ZfdgT., 1958, H. 8, S. 298 ff.
... Die Berechnung beziehungsweise Ermittlung der Überlappungszeiten bei Mehrmaschinenbedienung, TP., 1955, H. 6, S. 561 ff.
... Die Einstellung des Webstuhls nach festgesetzten Normen, TP., 1957, H. 4, S. 356 ff.

... Die textilwirtschaftliche Lage in der Bundesrepublik, Textildienst, Reihe A, Münster Juli 1955 und September/Oktober 1955.
... Die Sulzerwebmaschine, Mitteilungen über Textilindustrie, 1953, 60. Jg., S. 167.
... Sulzer-Webmaschine (Patentbericht), TP., 1957, H. 4, S. 395.
... Die Textilindustrie muß modernisieren, Der Volkswirt, 1955, H. 8., S. 20.
... Die Textil-Gewerkschaft fordert weniger Typen, Frankfurter Allgemeine Zeitung, 6. 7. 1957.
... Investitionstätigkeit und Kapazitätsausnutzung in der Textil- und Bekleidungsindustrie, ifo-Schnelldienst A 4, Nr. 36, 4. 8. 1952.
... Neuzeitliche Bauweise für Websäle, Melliand, 36. Jg., H. 3, 1955, S. 309 f.
... The German Wool Textile Industry, World Wool Digest, 1954, Vol. V, No. 2.
... Wachsender Marktanteil der Chemiefasern, Reyon-Zellwolle und andere Chemiefasern, Berlin, 1955, H. 4, S. 211 f.

3. Sonstige Quellennachweise

Bauer, K., Ursachen und Wirkungen der Automatisierung in der Bundesrepublik, Referat, gehalten im Industrieseminar der Universität zu Köln am 7. 11. 1957.
Beste, Th., Größere Elastizität durch unternehmerisches Planen vom Standpunkt der Wissenschaft, Referat, gehalten anläßlich der Arbeitstagung der Schmalenbach-Gesellschaft am 29. 11. 1957 in Köln.
... Die Textilindustrie der Bundesrepublik Deutschland, Veröffentlichung der Textilstatistik G.m.b.H., Düsseldorf, für die Jahre 1950 bis 1956.
... Organisation und Planung für Wollspinnereien und -webereien, Bericht des Rationalisierungs-Kuratoriums der deutschen Wirtschaft, Berlin, Köln 1955.
... XIXth International Wool Conference, Stockholm, June 1950.
... XXth International Wool Conference, Barcelona, May 1951.
Melliand   Melliand-Textilberichte, Heidelberg

4. Verwendete Abkürzungen

TP.	Textil-Praxis, Stuttgart.
ZfB.	Zeitschrift für Betriebswirtschaft.
ZfdgT	Zeitschrift für die gesamte Textilindustrie, M.-Gladbach.
ZfhF.	Zeitschrift für handelswissenschaftliche Forschung.

MIX
Papier aus verantwortungsvollen Quellen
Paper from responsible sources
FSC® C105338

If you have any concerns about our products,
you can contact us on
ProductSafety@springernature.com

In case Publisher is established outside the EU,
the EU authorized representative is:
**Springer Nature Customer Service Center GmbH
Europaplatz 3, 69115 Heidelberg, Germany**

Printed by Libri Plureos GmbH
in Hamburg, Germany